SULLIVAN Am Rande des Raums, am Ende der Zeit

WALTER SULLIVAN

Am Rande des Raums, am Ende der Zeit:
Schwarze Löcher

AUS DEM AMERIKANISCHEN VON RUPRECHT SCHATTNER

CIP-Kurztitelaufnahme der Deutschen Bibliothek

Sullivan, Walter
Am Rande des Raums, am Ende der Zeit: Schwarze
Löcher / Walter Sullivan. Aus dem Amerikan. von
Ruprecht Schattner. [Kt. von Andrew Sabbatini.
Diagr. von Bob Michaels]. — Frankfurt am Main:
Umschau-Verlag, 1980.
    Einheitssacht.: Black holes [dt.]
    ISBN 3-524-69023-8

Die Originalausgabe erschien 1979 unter dem Titel „Black Holes — The Edge
of Space, the End of Time" by Anchor Press/Doubleday, Garden City, New York
Karten von Andrew Sabbatini · Diagramme von Bob Michaels

© Walter Sullivan (amerikanische Originalausgabe)
© 1980 Umschau Verlag Breidenstein GmbH, Frankfurt am Main (deutsche Ausgabe)
Alle Rechte der Verbreitung in deutscher Sprache, auch durch Film, Funk, Fernsehen,
fotomechanische Wiedergabe, Tonträger jeder Art, auszugsweisen Nachdruck oder
Einspeicherung und Rückgewinnung in Datenverarbeitungsanlagen, sind vorbehalten.
Gesamtherstellung: Salzer - Ueberreuter, Wien
ISBN 3-524-69023-8
Printed in Austria

INHALT

ÜBER DEN AUTOR

Walter Sullivan, Redakteur des wissenschaftlichen Teils von The New York Times, trat 1940, unmittelbar nach seinem Studium an der Yale University, als Lehrling in den Dienst der Zeitung.

Er machte Reportagen in China, Frankreich und Deutschland und berichtete in den fünfziger Jahren von sechs Expeditionen in die Antarktis. Er erhielt zahlreiche Auszeichnungen für seinen wissenschaftlichen Journalismus, darunter den Doctor of Humane Letters ehrenhalber von seiner Universität und den Distinguished Public Service Award der National Science Foundation.

Sein Buch *We Are Not Alone* (deutsche Übersetzung: *Wir sind nicht allein,* Econ), erschienen 1964, gewann den International Nonfiction Book Price. Weiterhin schrieb er *Quest for a Continent* über die Antarktis, *Assault on the Unknown* über das internationale geophysikalische Jahr, *Continents in Motion* (deutsche Übersetzung: *Warum die Erde bebt,* Umschau) und zwei Kinderbücher, *White Land of Adventure* und *Polar Regions.*

VORWORT

Das Thema dieses Buches erfordert es, daß der Leser mit Phänomenen und Begriffen vertraut gemacht wird, die weit außerhalb der unmittelbaren menschlichen Erfahrung liegen. Das Ausmaß, in dem dies gelingen konnte, hing von der großzügigen Hilfe vieler ab. Meine Frau Mary las das Manuskript Wort für Wort; sie bestand darauf, daß dem Uneingeweihten der Weg durch das Buch so leicht wie möglich gemacht werden müsse. Fachleute überprüften die einzelnen Kapitel auf ihre sachliche und begriffliche Richtigkeit. Keiner von ihnen hat jedoch die letzten Korrekturen gesehen, und keiner kann für verbleibende Fehler verantwortlich gemacht werden.

George B. Field, der Direktor des Harvard-Smithsonian Center for Astrophysics, las das ganze Manuskript, und seine Kollegen Riccardo Giacconi, William Liller und William Press lasen jene Kapitel, in denen sie an prominenter Stelle genannt werden. Das gilt auch für Geoffrey Burbidge, Frank Drake, Herbert Friedman, Thomas Gold, Allan R. Sandage, Kip Thorne, Beatrice M. Tinsley und John Archibald Wheeler. Andere Spezialisten lasen kürzere Abschnitte. Subrahmanyan Chandrasekhar und Gerald Holton wiesen auf einschlägige frühe Schriften Albert Einsteins hin. Fotografien und grafische Darstellungen wurden von William van Altena, Jocelyn Bell-Burnell, dem Bohr-Institut, Subrahmanyan Chandrasekhar, John Cocke, Frank D. Drake, dem Goddard Space Flight Center der NASA, E. L. Krinow, Roger Linds, George Michanowsky, Guido Munch, Martin Schwarzschild, Richard Tousey und Virginia Trimble großzügig zur Verfügung gestellt.

Arthur F. Davidsen und andere, William J. Kaufmann (entnommen aus seinem Buch *Relativity and Cosmology,* 2. Auflage, Harper & Row, 1977), G. K. Miley, Allan R. Sandage und Harvey D. Tananbaum gaben die Erlaubnis, ihre veröffentlichten Diagramme zu verwenden.

Meine Tochter Elisabeth und Theodor Shabad halfen mit Übersetzungen aus dem Russischen. Die Bibliotheken der Columbia University, der Yale University sowie des California Institute of Technology waren besonders hilfsbereit. Ebenso hilfsbereit zeigte sich die Mid-Manhattan-Abteilung der New York Public Library und ihre Abteilung für Wissenschaft und Technik. Nützliche Hinweise verdanke ich Elizabeth Frost-Knappman von Doubleday & Co.

Brenda Nicolson schrieb bis spät in die Nacht hinein an meinem Manuskript. Die meisten der in diesem Buch erwähnten Personen besitzen den Doktorgrad und andere Titel, diese werden aber im allgemeinen der Kürze halber nicht mitgeschrieben.

1 Der 30. Juni 1908

Nur wenige Ereignisse in geschichtlicher Zeit waren furchtgebietender – und verwirrender – als die enorme Explosion, die am 30. Juni 1908 um 7.14 Uhr Ortszeit über Sibirien stattfand (der genaue Zeitpunkt konnte vor kurzem durch die Auswertung seismischer Aufzeichnungen bestimmt werden). Nichts Gleichartiges ist je beobachtet worden, und alle Erklärungsversuche sind gleich schwer zu begreifen – und zu glauben.

Ernstzunehmende Wissenschaftler haben so weit hergeholte Möglichkeiten in Betracht gezogen wie eine natürliche Kernexplosion, den Einschlag eines „Antifelsens" oder den Aufprall eines kleinen Schwarzen Loches. Hierbei würde es sich um ein Objekt handeln, das so dicht ist, daß nichts – nicht einmal Licht – seiner Schwerkraft entkommen könnte. In seinem Inneren befindet sich nach der Theorie eine „Singularität", in der Raum und Zeit ausgelöscht werden.

Dieses Buch will den Leser in möglichst einfachen Schritten auf den Weg der Spekulationen und Entdeckungen führen, der viele Wissenschaftler davon überzeugt hat, daß Schwarze Löcher existieren und daß sie entdeckt worden sind. Es versucht zu erklären, was dies für die Natur von Raum, Zeit und Materie bedeutet – die Schlußfolgerungen werden weiter reichen als das meiste, das je ein menschlicher Geist hervorgebracht hat. Es ist die feste Überzeugung des Autors, daß jeder, der nachts zum Himmel hinaufblickt und sich fragt, wie alles begann und wie es enden wird, die doch etwas beschwerliche Reise anzutreten wünscht, die zur Beantwortung dieser Fragen führt.

Die – immer noch unentschiedene – Auseinandersetzung über die Ursache der Explosion in Sibirien liefert ein aufschlußreiches Beispiel für die

Phänomene, die – wie Personen und Beweisstücke in einem Kriminalroman – in den folgenden Kapiteln die Hauptrolle spielen. Vieles zeigt sich sonderbarer als ein Science-fiction-Roman. Die hier behandelten Phänomene beziehen sich auf Extreme weit außerhalb dessen, was wir sehen, hören, fühlen und riechen können. Sie betreffen das Kleinste (die Bausteine der Materie – Atome und ihre Bestandteile) ebenso wie das Größte (riesige Ansammlungen von Sternen oder Galaxien sowie das ganze Universum). Sie umfassen das Schnellste (Bewegungen fast so schnell wie das Licht) und das Stärkste (Kräfte, die einen Menschen zur Unkenntlichkeit zerdrücken würden). Sie bedeuten Materie, die so dicht ist, daß ein Fingerhut voll 10 Millionen Tonnen wiegen würde, und sie beziehen sich auf die hellsten und entferntesten Objekte im Universum. Doch trotz all ihrer Seltsamkeit ist diese Welt der Extreme genauso real wie die der Naturerscheinungen, die für so alltägliche Dinge wie Fernsehen oder Überschallflugzeuge verantwortlich sind.

Das Ereignis

Obwohl die Explosion von 1908 unseren ganzen Planeten erschütterte und das Magnetfeld der Erde störte, blieb sie der Welt lange Zeit verborgen, da sie sich in einer äußerst entlegenen Gegend ereignete. In den folgenden Nächten war der Himmel über Nordwesteuropa außergewöhnlich hell, so daß Londoner Bürger bei der Polizei anfragten, ob der Norden der Stadt in Flammen stehe. Die Apparate zur Aufzeichnung geringer atmosphärischer Druckschwankungen (Mikrobarographen) von sechs britischen Wetterstationen hielten Schwingungen des Luftdrucks fest, die im Bericht von Sir Napier Shaw als unerklärt aufgeführt werden. In Potsdam wurden Schockwellen aufgezeichnet, die in der Atmosphäre in beiden Richtungen um die Welt liefen. Einige Leute vermuteten einen gewaltigen Vulkanausbruch, wie den des Krakatau 25 Jahre früher.

Erst als 19 Jahre später Wissenschaftler die Gegend erreichten, wurde das katastrophale Ausmaß des Ereignisses bekannt. Man fand, daß in einem Umkreis von 30 bis 40 Kilometern beinahe alle Bäume entwurzelt worden waren; ihre Wurzelenden zeigten zur Stelle der Explosion. Innerhalb eines Radius von 500 bis 1000 Metern vom Zentrum waren manche Bäume stehengeblieben, doch Rinde und Äste waren abgerissen, so daß sie wie Telegrafenmasten aussahen. Die gesamte Fläche war bis zu einer Entfernung von 20 Kilometern verkohlt.

10

Würde die Erde auf ein immer kleineres Volumen zusammengedrückt, wüchse das Gewicht aller Gegenstände sehr schnell an. Die Erdanziehung vergrößerte sich erdrückend stark, das Verlassen der Erde mittels einer Rakete gestaltete sich zunehmend schwieriger. *(Nach einer grafischen Darstellung von Victor Constanza, Astronomy.)*

Da die Gegend dünn besiedelt war, gab es nur wenige Augenzeugen, hauptsächlich von Tungusenstämmen – einem Volk, das vorwiegend von seinen Rentierherden lebt – und einigen wenigen Russen, die von der zaristischen Regierung verbannt worden waren. Unter den ersten Besuchern waren I. M. Suslow, ein Anthropologe, der sich auf die Eingeborenenvölker des Nordens spezialisiert hatte, und Leonid A. Kulik vom mineralogischen Museum der Sowjetischen Akademie der Wissenschaften. Kulik, der von der Akademie auf Drängen der Russischen Gesellschaft der Freunde der Kenntnis von der Welt gesandt worden war, war der erste, der 1927 den Ort selbst erreichte. Mit Hilfe eines eingeborenen Führers brach er von Wanawara, einer Handelsstation an der Steinigen Tunguska, zu seiner Erkundungsfahrt auf. Mit einem Floß drang er in die nördlichen Nebenflüsse ein. Im Juni hatte er den Punkt gefunden, in dem die Richtungen der umgestürzten Bäume zusammenliefen. „Ich kann meine chaotischen Eindrücke noch nicht ordnen", schrieb er in sein Tagebuch ... „Von unserem Beobachtungspunkt aus ist kein Anzeichen von Wald zu erkennen, denn alles ist verwüstet und verbrannt." Es schien, sagte er, daß die Zerstörungen von kurzzeitiger großer Hitze und nicht von einem gewöhnlichen Waldbrand verursacht worden waren.

Suslow, der im Auftrag des Komitees von Krasnojarsk für die Zusammenarbeit mit den Völkern des Nordens unterwegs war, erreichte nahegelegene Ortschaften, wo ihm eine nicht endenwollende Reihe haarsträubender Geschichten erzählt wurde. In einer wurde berichtet, wie drei Tungusen die Explosion in ihrem Zelt von 40 Kilometer entfernt erlebten:

Am frühen Morgen [überliefert Suslow] – alle schliefen noch – wurde das Zelt zusammen mit seinen Bewohnern in die Luft gewirbelt. Als sie wieder zu sich kamen, hörten sie einen großen Lärm, der Wald um sie herum stand in Flammen und war zu einem großen Teil verwüstet.

S. B. Semjenow, ein Bauer in Wanawara (65 Kilometer vom Ort des Geschehens), gab Kulik einen schriftlichen Bericht, der besonders diejenigen beeindruckte, die eine Kernexplosion (oder ein Schwarzes Loch) als Ursache vermuteten.

Ich saß auf der Veranda, die nach Norden liegt, als im Nordwesten für einen Augenblick ein Feuerball aufglühte, der eine solche Hitze ausstrahlte, daß es unmöglich war, sitzen zu bleiben, denn mein Hemd war fast verbrannt. Aber der Feuerball glühte nur sehr kurz; ich hatte gerade die Zeit zu sehen, wie groß er war, und einen Moment später war alles vorbei . . . Danach wurde es finster, und es folgte eine Explosion, die mich von der Veranda riß . . . Ich war nicht sehr lange bewußtlos. Ich kam zu mir, und dann vernahm ich diesen Lärm, der das ganze Haus erschütterte und es beinahe aus seinen Fundamenten hob. Fenster und Balken der Häuser brachen, und an der Stelle, wo die Hütten standen, spaltete sich die Erde.

Im Laufe der Jahre trug Kulik noch mehr Berichte zusammen; darunter einen von Brjuchanow, einem Bauern, der nahe bei Keschma am Angarafluß lebte, einige 100 Kilometer von der Stelle der Explosion entfernt. Er pflügte gerade sein Land:

Ich hatte mich eben zum Frühstück neben meinen Pflug gesetzt [berichtete er], als ich plötzlich eine Explosion hörte, ähnlich dem Gewehrfeuer. Mein Pferd fiel auf die Knie. Im Norden schoß eine Flamme aus dem Wald. Ich dachte, der Feind feuere auf uns, denn damals sprach man von Krieg. Dann sah ich, daß die Fichten vom Wind gebogen wurden, und glaubte an einen Orkan. Ich ergriff meinen Pflug mit beiden Händen, damit er nicht fortgetrieben werden konnte. Der Wind war so stark, daß ein Teil des Bodens weggeblasen wurde, dann trieb der Sturm eine Flutwelle den Angarafluß hinauf. Ich sah alles ziemlich deutlich, denn mein Land lag auf einem Hügel.

Ein Flußlotse namens Kokorin befuhr die trügerischen Mura-Stromschnellen der Angara, 800 Kilometer südwestlich. Nach seinem Bericht (der von Kulik aufgenommen wurde) flog ein Feuerball, dem Aussehen nach beträchtlich größer als die Sonne, quer über den Himmel:

Dann brach ein solcher Kanonendonner los, daß die gesamte Besatzung sich schleunigst in den Kabinen versteckte; dabei vergaßen sie völlig die Gefahr, die von den Stromschnellen drohte. Der erste Knall war schwach, die folgenden wurden immer lauter. Der Lärm dauerte nach seiner Schätzung drei bis fünf Minuten. Die Lautstärke war so groß, daß die Matrosen völlig die Disziplin verloren. Viel Überzeugungskraft war nötig, bevor sie wieder ihre Plätze auf dem Boot einnahmen.

Weit im Süden war der Güterzug Nr. 92 der Transsibirischen Eisenbahn auf dem Weg von Kansk nach Ljalka. Der Lokführer dachte, eine Explo-

Von der Explosion umge-
worfene und verkohlte
Bäume.
(Mit freundlicher Genehmi-
gung von E. L Krinow.)

sion hätte den Zug zum Entgleisen gebracht. Er hielt an, doch da alles in Ordnung schien, fuhr er zu einer gründlicheren Inspektion zum nächsten Bahnhof weiter.

Diese Beschreibungen wurden fast zwanzig Jahre nach dem Ereignis aufgeschrieben. Manche stammten aus zweiter Hand, andere waren widersprüchlich in bezug auf Zeit, Richtung und andere Details. Da zumindest einige der russischen Forscher nicht Tungusisch sprachen, waren viele der Erzählungen dem Einfluß von Dolmetschern ausgesetzt.

Auf der Suche nach unmittelbareren Berichten wurden die Archive der Provinzzeitungen durchforscht. Eine Zeitung sprach von „einem Geräusch wie dem Schwirren der Flügel aufgeschreckter Vögel". Eine andere beschrieb „ein unterirdisches Grollen, das dem Lärm mehrerer vorbeifahrender Züge glich", gefolgt von fünfzig oder sechzig Explosionen.

Sibir (Sibirien), eine Zeitung, die in Irkutsk erscheint, hatte einen Bericht ihres Korrespondenten aus Nischne-Karelinsk gebracht, das etwa 1000 Kilometer südöstlich der Explosionsstelle liegt. Er verglich den Einschlag mit einem feurigen „Rohr" oder Zylinder, der viel zu hell war, als daß man ihn unmittelbar betrachten konnte:

... er schien zu zerstäuben, und an seiner Stelle bildete sich eine riesige schwarze Rauchwolke. Ein lauter Schlag – nicht wie Donner, sondern wie von herabfallenden Steinen oder Gewehrfeuer – war zu hören. Alle Gebäude erbebten, und gleichzeitig brach eine lodernde Flamme aus der Wolke hervor.

Die stattliche Zahl von 56 Ponyschlitten wurde bei der Expedition von 1929 benutzt. Hier sieht man sie auf der zugefrorenen Steinigen Tunguska im April.

Links unten: Der Angehörige eines Tungusenstammes Ilja Potapowitsch Petrow (Ljuschetkan), der von Kulik nach dem Ereignis befragt wurde.

Rechts unten: S. B. Semjenow, der durch die Explosion von seiner Veranda geschleudert wurde.
(Fotos mit freundlicher Genehmigung von E. L. Krinow.)

17

Alle Einwohner des Dorfes rannten in Panik auf die Straße. Die alten Frauen brachen in Tränen aus. Schließlich beschloß man, einen Boten nach Kirensk zu senden, um die Bedeutung des Ereignisses herauszufinden.

DIE ERKLÄRUNGEN

Die ersten Besucher der Gegend vermuteten, daß ein riesiger Meteorit eingeschlagen hatte. Wenn ein solches Objekt mit großer Geschwindigkeit auf die Erde stürzt, erhitzt es sich sehr stark und explodiert beim Aufprall. Hierbei bildet sich ein riesiger Krater. Das beste Beispiel ist der Krater in Arizona, der auf einen Meteoreinschlag vor 15 000 bis 40 000 Jahren zurückzuführen ist. Sein Durchmesser beträgt mehr als einen Kilometer. Das Objekt, das für die sibirische Katastrophe verantwortlich ist, wurde lange Zeit als Tunguska-Meteorit bezeichnet, aber bei keiner Expedition konnte auch nur ein kleiner Krater im Mittelpunkt der Verwüstungen entdeckt werden. Vielmehr fanden die Forscher unmißverständliche Anzeichen dafür, daß die Explosion in einer Höhe von mehreren Kilometern über dem Erdboden stattgefunden haben mußte. Versengte Baumäste hatten eine neue Rinde gebildet, aber wenn man die neu gebildete Schicht abschabte, fand man verbranntes Holz an der Oberseite.

Der führende sowjetische Meteoritenforscher Wassili G. Fesenkow betonte, daß solche Objekte nur selten morgens auf die Erde treffen. Die Morgenseite der Erde weist auf der Erdbahn nach „vorne", während die meisten Meteorite die Erde überholen und sie dabei von hinten, also auf der Nachmittags-Abend-Seite, treffen. Es handelt sich bei diesen Objekten um Körper, die, wie Planeten und Asteroiden, die Sonne entgegen dem Uhrzeigersinn umkreisen.

Kometen, die auf einer Vielzahl von Bahnen um die Sonne fliegen, bemerkte Fesenkow, hätten eine größere Chance, die Erde frontal zu treffen. Es wird allgemein angenommen, daß der Kern eines Kometen gemäß Fred L. Whipple vom Smithonian Astrophysical Observatory in Cambridge, Massachusetts, als schmutziger Schneeball beschrieben werden kann, der aus gefrorenen, mit staub- bis sandgroßen Körnern verunreinigten Gasen besteht. Wenn solche Objekte in Sonnennähe geraten, schmilzt der flüchtige Teil des Materials und wird vom Sonnenwind (Teilchen, die von der Sonne ausgestrahlt werden) fortgeblasen. Er bildet so den Schweif des Kometen (welcher daher stets von der Sonne wegdeutet, ohne Rücksicht auf die Bewegungsrichtung des Kometen).

18

Daß das Tunguska-Objekt ein Komet gewesen sein könnte, war schon in den dreißiger Jahren vermutet worden. Die hellen Nächte, die in Europa dem Ereignis folgten, wurden nach dieser Theorie von abgedampften Teilen des Kerns und vom Schweif des Kometen verursacht. Fesenkow schätzte das auf diese Weise in die Atmosphäre gelangte Material auf mindestens eine Million Tonnen. Der Kern, nicht groß genug, um den Erdboden zu erreichen, sei dann in der Luft explodiert.

Bodenproben aus dem betroffenen Gebiet enthielten mikroskopische Kügelchen von magnetischem Eisen und Silikat (im Zentrum wurde jedoch kein Eisen gefunden). Man argumentierte, daß dies genau dem entspräche, was man an Resten von einem Kometen erwarte. Dieses Material regnet jedoch ständig auf die ganze Erde infolge Verglühens von Meteoren in der oberen Atmosphäre („Sternschnuppen"). Meteore selbst sind oft die Reste eines Kometen; jedes Jahr kommt es zu Meteorschauern, wenn die Erde die Bahn eines sich auflösenden Kometen kreuzt.

Doch auch die Kometenhypothese blieb nicht unwidersprochen: Warum, so fragte man, sah man ihn nicht, als er auf die Erde zustürzte. Außerdem läßt sich aus den beobachteten Bahnen der aktiven Kometen (d. h. solcher, die einen Schweif und eine im Sonnenlicht leuchtende Hülle besitzen) berechnen, daß der Einschlag eines Kometen in Festland durchschnittlich nur alle zweihundert Millionen Jahre stattfindet.

Da keine konventionelle Erklärung allgemein anerkannt wurde, blieb das Feld für exotische Hypothesen offen, die in neuen, revolutionären Entwicklungen der Physik wurzelten. Dazu gehören die Entdeckung von Kernenergie, von Antimaterie und superdichten Zuständen der Materie; Schwarze Löcher möglicherweise eingeschlossen.

Nach der Explosion der ersten Atombomben über Japan und nach späteren Kernwaffentests in großer Höhe wurden Ähnlichkeiten mit der Tunguska-Explosion offenbar. Ein heller Feuerball, der noch viele Kilometer entfernt starke Verbrennungen hervorrief, eine Druckwelle von außerordentlicher Stärke und Störungen des Erdmagnetfeldes traten in beiden Fällen auf. Die Bäume, deren Stämme gleich Telegrafenmasten im unmittelbaren Zentrum der Tunguska-Explosion noch aufrecht standen, glichen denen in Hiroshima.

Da die physikalischen Kenntnisse, die nötig waren, um eine Kernexplosion hervorzurufen, 1908 nicht vorhanden waren, suchte man andere Erklärungen. Der sowjetische Science-fiction-Schriftsteller Alexander Kasantsew propagierte den Vorschlag, daß Besucher von einem anderen

Stern für die Explosion verantwortlich seien. Kasantsews These, 1946 zum erstenmal veröffentlicht, war, daß einem nuklear angetriebenen Raumschiff in der Atmosphäre eine Katastrophe zugestoßen sei. Kasantsew hatte Hiroshima nach dem Krieg besucht. Daher kannte er die Wirkung von Kernexplosionen aus erster Hand. Er zitierte die Ähnlichkeiten mit dem Tunguska-Ereignis. Eine Gruppe aus Tomsk, die 1959 das Gebiet besuchte, berichtete, daß die Radioaktivität in Boden und Pflanzen größer war, als von dem Fallout von damaligen zahlreichen Kernwaffenversuchen zu erwarten war.

Das sowjetische wissenschaftliche Establishment verwarf nicht nur die Idee von außerirdischen Besuchern als grotesk, sondern bezweifelte auch den Nachweis außergewöhnlicher Radioaktivität durch „Amateurexpeditionen", obwohl nach einem 1978 in der britischen Zeitschrift *Nature* erschienenen Bericht die neuesten Nachforschungen eine geringe – aber deutliche – Zunahme der Radioaktivität in den überlebenden Bäumen ergeben haben.

Einige angesehene Wissenschaftler zögerten, die Idee einer – möglicherweise natürlichen – Kernexplosion beiseitezulegen. Nichtexplosive Kettenreaktionen wie in einem Kernkraftwerk haben sich in der Natur ereignet, zum Beispiel in Uranlagerstätten in Gabun vor 1,8 Milliarden Jahren, als der Anteil an Uran-235 (das man in Bomben und Reaktoren verwendet) im Vergleich zum nichtexplosiven Uran-238 höher war als heute, so daß unter bestimmten Umständen eine Kettenreaktion eintreten konnte. Dies war 1972 von den Franzosen entdeckt worden, die scheinbare Verluste in ihrer militärischen Anreicherungsanlage bemerkt hatten. Sie befürchteten Diebstahl, bis sie erkannten, daß das Uran-235 der Mine durch Kettenreaktionen vor langer Zeit verbraucht worden war.

Sir William Penney und zwei Kollegen von der britischen Atomenergiebehörde, die 1959 die zugänglichen Erkenntnisse über die Tunguska-Explosion zusammenfaßten, fanden viele Anhaltspunkte für eine Art Kernexplosion. Sir William und seine Kollegen zitierten Berichte der Atomenergiekommission der Vereinigten Staaten und machten in einem Artikel in den *Philosophical Transactions of the Royal Society* den Vorschlag, daß eine Explosion in mehreren Kilometern Höhe von zehn Megatonnen Trinitrotoluol (TNT) Stärke die Bäume umgestürzt und entwurzelt habe. Eine Megatonne entspricht der von einer Million Tonnen TNT freigesetzten Energie. Nur größere Wasserstoffbomben haben eine solche Zerstörungskraft. „Wir vermuten, daß die Abstrahlung von Licht und Hitze

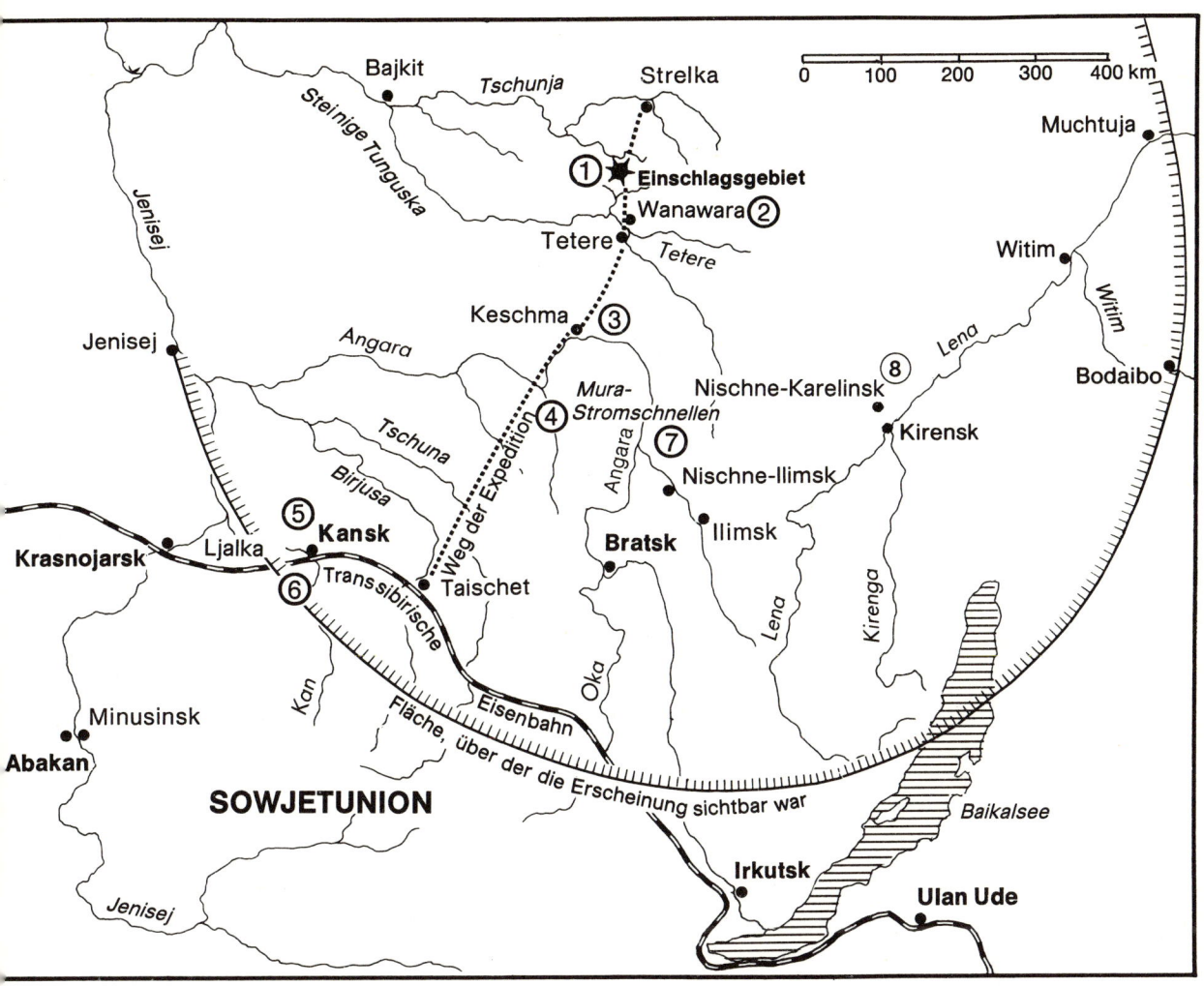

Die Explosion ereignete sich über einem Gebiet (1) nördlich der Handelsstation Wanawara (2). Hier wurden Bauwerke beschädigt und ein Mann von seiner Veranda gerissen.
In Keschma (3) wurde die Erde von gepflügtem Land geblasen, und in den Mura-Stromschnellen (4) der Angara verließen Matrosen ihren Posten. In der Nähe von Kansk (5)
konnten „Pferde nicht aufrecht stehen bleiben". Ein Güterzug der Transsibirischen Eisenbahn (6), der von Kansk nach Ljalka fuhr, wurde kräftig durchgeschüttelt. In Nischne-
Ilimsk (7) und Nischne-Karelinsk (8) kam es beinahe zu einer Panik, da einige Dorfbe-
wohner glaubten, das Ende der Welt sei hereingebrochen.

geringer als bei einer Kernexplosion war", schrieben sie. Sie bemerkten jedoch, daß ein Meteorit, der mit 260 000 Stundenkilometern in die Atmosphäre eintritt, extrem komprimiert wird. In 18 Kilometern Höhe wäre der Druck auf seiner Vorderseite größer als sechs Tonnen pro Quadratzentimeter. Hieraus ergibt sich die Möglichkeit, daß extreme Kompression eine Kernexplosion hervorgerufen habe, zum Beispiel in einem an schwerem Wasserstoff reichen Objekt. In einer Wasserstoffbombe werden die schweren Formen von Wasserstoff (Deuterium und Tritium) zu Helium geschmolzen, wobei riesige Energien frei werden. Der Druck und die Temperatur, die zur Fusion nötig sind, werden von einer auf Kernspaltung (zum Beispiel von Uran) basierenden Atombombe erzeugt. Doch 1976 bezweifelte *Nature* in einem Kommentar die Möglichkeit eines Meteoriten mit genügend hohem Gehalt an Deuterium und Tritium. Der Artikel stellte auch die Frage, ob das Material durch den Eintritt in die Atmosphäre auf mehrere Millionen Grad erhitzt und ausreichend lange in diesem Zustand erhalten werden könne, um eine Explosion zu ermöglichen.

Aleksej W. Solotow vom A.-F.-Joffe-Institut für technische Physik der Sowjetischen Akademie der Wissenschaften, der vor Ort gearbeitet hatte, schloß daraus, daß die Explosion der einer Wasserstoffbombe geglichen haben mußte und daß die Vegetation der Gegend sieben- oder achtmal schneller gewachsen sei als üblich, als ob sie durch eine Strahlendosis stimuliert worden wäre. (Kiril Florenski, Leiter einer 80 Mitglieder zählenden Expedition der Akademie, schrieb das schnelle Wachstum nach der Zerstörung dem Mangel an Konkurrenz durch andere Vegetation zu, während Fesenkow, der die Kometentheorie vorgeschlagen hatte, meinte, der Boden sei durch organische Verbindungen aus dem Kern des Kometen gedüngt worden.)

Solotow führte an, daß das Muster der umgestürzten Bäume auf eine äußerst konzentrierte Energiequelle hinwies, so zum Beispiel auf eine Wasserstoffbombe; doch auch dies wurde von Fesenkows Gruppe zurückgewiesen, die die Explosion simulierte, indem sie einen Wald von drei Zentimeter hohen Drahtstoppeln mit zylindrischen Kronen benutzte. Ihre Versuche ergaben, daß der Wald von der Schockwelle (einer extrem starken Schallwelle) eines Objekts umgeweht worden war, das in einem Winkel von dreißig Grad zum Erdboden herabstürzte und vor dem Aufschlag explodierte. G. H. S. Jones vom Canadian Defense Research Board (Kanadische Behörde für Verteidigungsforschung) schätzte anhand eines

22

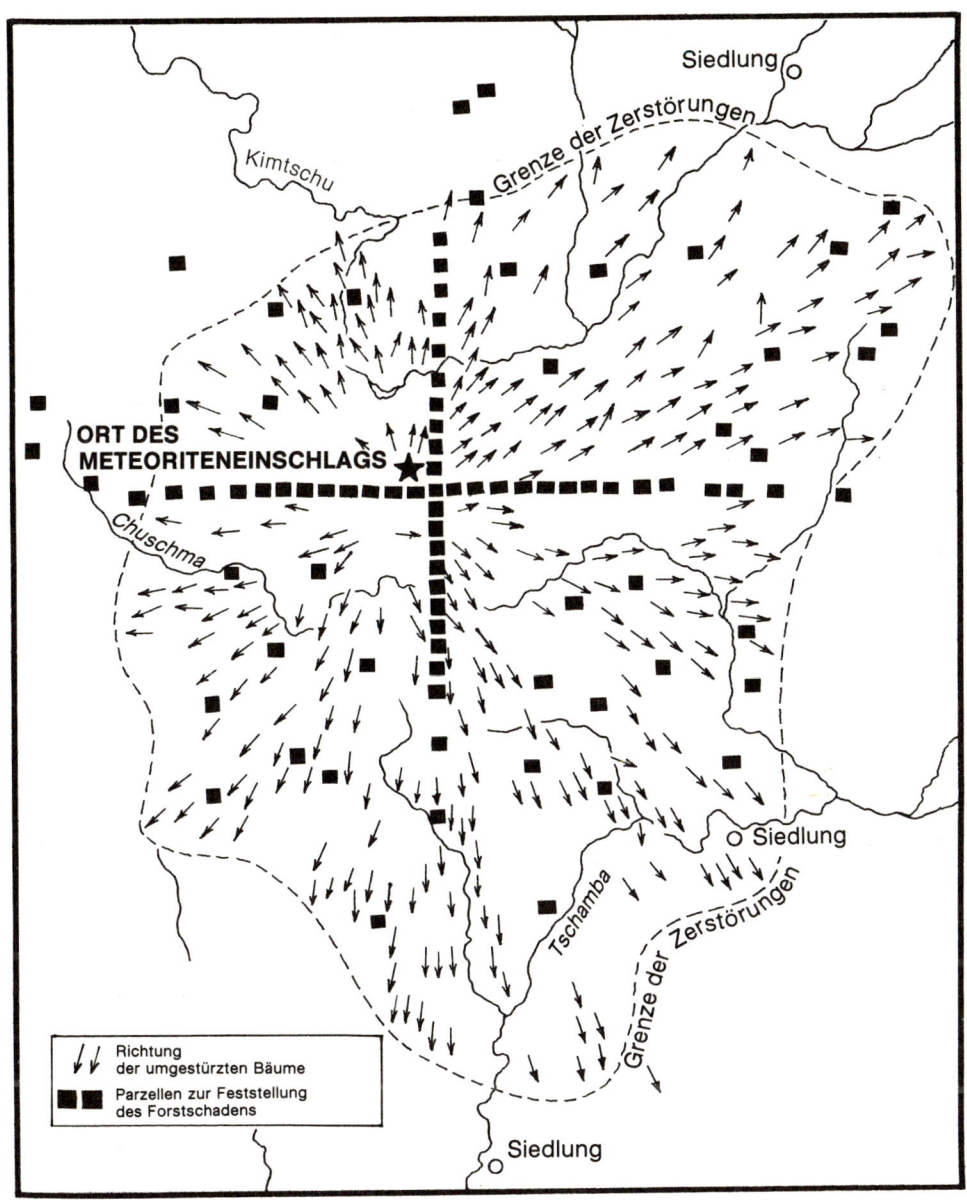

Siedlung

Kimtschu

Grenze der Zerstörungen

**ORT DES
METEORITENEINSCHLAGS**

Chuschma

Siedlung

Tschamba

Grenze der Zerstörungen

↓↓ Richtung
der umgestürzten Bäume

■■ Parzellen zur Feststellung
des Forstschadens

Siedlung

Diese Karte gibt die Ergebnisse der Expedition von 1961 wieder, die anschaulich demonstrieren, in welche Richtung die umgestürzten Bäume zeigen.

Tests, bei dem 50 Tonnen TNT über einem echten Wald gezündet wurden, daß die Tunguska-Explosion äußerst gewaltig gewesen sein müsse – mehr als 200 Megatonnen – für eine Kernexplosion aber nicht genügend konzentriert gewesen sei.

1967 wurde Solotows Argument in einer angesehenen Zeitschrift der Sowjetischen Akademie der Wissenschaften *(Soviet Physics-Doklady)* veröffentlicht. Seine Schlußfolgerung freilich, daß ein Raumschiff beteiligt gewesen war, wurde nur von der sowjetischen Presse ernstgenommen, während sich die Zeitschrift *Nature* darüber lustig machte, indem sie schrieb, daß Solotow nicht wegen seines wissenschaftlichen Scharfsinnes für diese Expedition ausgewählt worden sei, sondern als Erdölsucher aufgrund seiner Kenntnis der örtlichen Verhältnisse.

Trotzdem wurde die Kernexplosionshypothese am Leben erhalten, insbesondere von Ari Ben-Menahem, einem Professor für angewandte Mathematik am Weizmann-Institut in Israel. Er verglich akustische und seismische Aufzeichnungen von der Explosion 1908 mit entsprechenden Daten sowjetischer und chinesischer Kernwaffentests in der Atmosphäre und studierte Berichte über die Auswirkungen amerikanischer Versuche. 1975 berichtete er, daß seine Untersuchungen die Hypothese einer „außerirdischen Atomrakete" mit zehn bis fünfzehn Megatonnen Sprengkraft unterstützten. Er sprach wiederholt von einem UFO (unidentifiziertes fliegendes Objekt), ohne jedoch ein Raumschiff nahezulegen. Keine Theorie, sagte er, scheint alle Beobachtungen zu erklären. „Vielleicht werden wir dieses Problem nie lösen können", fügte er hinzu, „bevor sich ein ähnliches Phänomen wiederholt." Dies könnte das Problem lösen, doch sollte es sich über bewohntem Gebiet ereignen, könnte es als Raketenangriff fehlinterpretiert werden und einen nuklearen Holocaust auslösen.

Während die Russen mit künstlichen Explosionen herumexperimentierten, schlugen drei amerikanische Physiker eine Möglichkeit vor, die als absurd zurückgewiesen worden wäre, hätten nicht zwei von ihnen weltweites Ansehen genossen. Der eine, Willard Libby, hatte den Nobelpreis für Physik für die Entdeckung der Carbon-14-Uhr (^{14}C) zur Bestimmung des Alters prähistorischer Gegenstände erhalten. Der andere, Clyde Cowan, hatte dem Zwei-Mann-Team angehört, das als erstes die geisterhaften subatomaren Teilchen, die man Neutrinos nennt, nachgewiesen hatte. Der dritte war C. R. Atluri, ein Doktorand von Libby an der Universität von Kalifornien in Los Angeles. Cowan arbeitete an der katholischen Universität von Amerika in Washington, D. C.

In einer Beurteilung der früheren Vorschläge sagten sie von der Kometenhypothese: „Es erscheint ungewöhnlich, daß ein Komet auf Kollisionskurs mit der Erde nicht beobachtet worden wäre, es sei denn, sein Winkelabstand zur Sonne sei äußerst klein gewesen.“

Statt dessen zogen sie die Möglichkeit in Betracht, daß das Objekt ein „Antifelsen“, gebildet aus Antimaterie, gewesen sei. Hierbei handelt es sich – ebenso wie bei den Argumenten, die zum Begriff des Schwarzen Lochs führen – um Erscheinungen, die ebenso real sind wie Feuer, Erde und Wasser, aber jenseits der menschlichen Sinne liegen.

Selbst mit dem stärksten Mikroskop können wir Atome nicht so wie größere Dinge sehen. Ein derartiger Versuch mit gewöhnlichen Lichtquellen gliche dem Versuch, die Form einer Amöbe oder Mikrobe mit den Fingern zu ertasten. Nur mit Wellen sehr kurzer Länge – wie zum Beispiel Röntgenstrahlen – ist es möglich, einzelne Atome zu „sehen“. Es gibt jedoch andere Möglichkeiten, etwas über Atome zu erfahren. Man kann ihr Verhalten mit einer Vielzahl von Methoden untersuchen und Vorhersagen machen, die von großer praktischer Bedeutung sind. Das Verständnis atomarer Vorgänge führte nicht nur zur Kernfusion, sondern auch zu Transistorradios, Fernsehen, Taschenrechnern und vielen anderen technischen Dingen, die unser Leben beeinflussen.

Wir wissen, daß Atome aus drei Arten von Teilchen bestehen: Protonen und Neutronen (die zusammen den winzigen, extrem dichten Kern bilden) sowie Elektronen (die den Kern „umkreisen“). Und diese Elektronen sind es, die durch unsere Drähte fließen, unsere Lampen zum Leuchten bringen und viele andere nützliche Aufgaben erfüllen. Während es irreführend ist, sich vorzustellen, daß Elektronen den Kern wie Planeten die Sonne umkreisen, so belegen sie doch wohlbestimmte „Orbitale“. Darüber hinaus kann das Atom – wie das Sonnensystem – als hauptsächlich leerer Raum betrachtet werden.

Das Proton ist etwa 1836,1mal schwerer als das Elektron (eine merkwürdige und unerklärte Tatsache) und trägt eine positive Einheitsladung. Die Ladung des Elektrons ist, trotz seiner geringeren Masse, gleich groß, aber negativ. Im Normalzustand besitzt ein Atom ein Elektron je Proton, die entgegengesetzten Ladungen heben sich auf, das Atom ist somit elektrisch neutral. Die Neutronen sind, wie schon ihr Name sagt, elektrisch neutral. Sie tragen zum Gewicht des Kerns (und damit des Atoms) bei, haben aber keinen Einfluß auf sein chemisches Verhalten, das allein von den elektrischen Kräften bestimmt wird. Protonen und Neutronen (die geringfügig schwerer sind) haben unter dem Bombardement mit anderen Teilchen, wie zum Beispiel mit Elektronen, eine Art innerer Struktur gezeigt: Sie bestehen aus „etwas", und diese Bestandteile heißen Quarks. Protonen und Neutronen können zertrümmert werden, wobei sie ein weites Spektrum kurzlebiger Teilchen produzieren, doch nie (bis jetzt zumindest) kamen Quarks zum Vorschein. Niemand konnte bis heute zeigen, daß Elektronen eine „Größe" besitzen; sie werden von den Physikern stets als unendlich klein behandelt.

Eines der merkwürdigsten Forschungsergebnisse auf diesem Gebiet war, daß zu jedem Teilchen – Elektron, Proton, Neutron und all den anderen Produkten der Atomzertrümmerung – ein Geschwisterteilchen existiert, das in vielen Eigenschaften, wie zum Beispiel elektrischer Ladung, entgegengesetzt ist. Diese Teilchen bilden die Antimaterie.

Wie häufig in der Wissenschaft, kam die Idee nicht wie ein Blitz aus heiterem Himmel, sondern entwickelte sich Schritt um Schritt. Ihr Vater war P. A. M. Dirac, ein britischer Theoretiker, den viele mit Einstein auf eine Stufe stellen. 1928 versuchte er, das Verhalten von Materie und Energie auf „symmetrische" Weise zu beschreiben, so daß es nicht schien, als ob die Natur positive Ladung negativer oder rechtsdrehende Rotation linksdrehender vorzog. Um dies zu erreichen, schien es nötig, Energie nicht nur in positiver, sondern auch in negativer Form erscheinen zu lassen. Diese Zustände negativer Energie interpretierte Dirac als Antiteilchen, die in manchen Eigenschaften (zum Beispiel Masse) den Teilchen gleich, in anderen (zum Beispiel Ladung) entgegengesetzt sind. 1932 entdeckte man tatsächlich ein solches Spiegelbild zum Elektron. Da seine elektrische Ladung positiv ist (entgegengesetzt zur negativen des Elektrons), nannte man es Positron. Nach und nach fand man die Antimaterie-Gegenstücke anderer bekannter Teilchen: Antiproton, Antineutron und so weiter. Begegnet ein Teilchen seinem Antiteilchen, vernichten sie einander und werden zu „reiner" Energie in Form von Gammastrahlen (einer hochenergetischen Form von Licht).

Da unsere Welt von Materie beherrscht wird, trifft jedes Antiteilchen praktisch sofort auf ein Atom aus Materie und zerstrahlt. Dies geschieht ständig, da Antiteilchen gebildet werden, wenn hochenergetische Teilchen aus dem Weltraum (kosmische Strahlen), denen die Erde ständig ausgesetzt ist, mit Atomen der Lufthülle zusammenstoßen. In dieser flüchtigen Form ist Antimaterie ein Teil unserer Umwelt. Wären unsere Augen dazu in der Lage, könnten wir ständig um uns herum winzige Gammastrahlenblitze aus Materie-Antimaterie-Begegnungen wahrnehmen.

Während eine Atom- oder Wasserstoffbombenexplosion nur einen Bruchteil des Brennstoffes (zum Beispiel Uran) in Energie verwandelt, ist die Umwandlung bei einer Materie-Antimaterie-Begegnung vollständig. Die Überlegungen von Libby und seinen zwei Kollegen gingen nun dahin, daß schon ein sehr kleiner „Antifelsen" bei seinem Eintritt in die Atmosphäre mit ungeheurer Energie zerbersten müßte.

Da die Theoretiker die Symmetrie lieben, gibt es nicht nur viele, die glauben, daß das Universum eine gleiche Anzahl von positiv und negativ geladenen Teilchen enthält (so daß das ganze elektrisch neutral ist), sondern auch einige, die gleichviel Materie und Antimaterie fordern. Vielleicht, sagen sie, gibt es weit draußen im Raum Galaxien mit Sternen und Planeten aus Antimaterie. Sie sähen nicht anders aus als unsere Milchstraße, denn das Licht einer Kerze oder eines Sterns aus Antimaterie ist nicht unterscheidbar.

Wenn solche Galaxien existieren, überlegten Libby und seine Kollegen weiter, dann könnte vielleicht ab und zu ein Steinbrocken entkommen und seinen Weg durch das All zu unserer Galaxis finden: Ein Meteor aus Antimaterie. Träte er in die Atmosphäre ein, entstünde ein fürchterlicher Feuerball mit den beobachteten Erscheinungen (Blitz, Verbrennungen, Hitze, Schockwellen) als Folge.

Es war bekannt, daß bei Kernwaffentests in großer Höhe eine erhebliche Menge C-14 erzeugt wird (radioaktive Form von Kohlenstoff, über die Libby seine nobelpreiswürdigen Arbeiten geschrieben hatte). Eine Materie-Antimaterie-Explosion wie in Tunguska sollte noch mehr C-14 freigesetzt haben, das möglicherweise von Pflanzen aufgenommen wurde, die unmittelbar nach der Explosion wuchsen. Es sollte also im Holz der Bäume nachgewiesen werden können, wenn man die Jahresringe von 1909 untersucht.

Das Isotop von Kohlenstoff heißt C-14, da sein Kern aus vierzehn Teilchen – sechs Protonen und acht Neutronen – besteht. Die häufigeren Formen von Kohlenstoff – C-12 und C-13 – enthalten ebenfalls sechs Protonen, aber weniger Neutronen. Die verschiedenen Arten von Kohlenstoffkernen besitzen unterschiedliches Gewicht, aber gleiche Ladung. Sie – und nur sie – enthalten sechs Protonen, weshalb die chemischen Eigenschaften der verschiedenen Kohlenstoffatome identisch sind.

Anders als die anderen Isotope ist C-14 instabil – das heißt, es ist radioaktiv und zerfällt mit einer durchschnittlichen festen Rate in Stickstoff-14.

Die Halbwertszeit beträgt 5730 Jahre, das bedeutet, daß nach dieser Zeit die Hälfte der gegebenen Menge zerfallen ist. Es gäbe kein C-14 in der Luft (abgesehen von dem durch Atombomben und ähnlichem erzeugten), würde nicht ständig neues C-14 in der oberen Atmosphäre durch kosmische Strahlung erzeugt.

Ein Großteil des Kohlenstoffs in lebender Materie kommt direkt oder indirekt aus der Luft und enthält einen gewissen Prozentsatz von C-14. Pflanzen atmen Kohlendioxid ein und Sauerstoff aus, sie ersetzen so den Sauerstoff, den wir Menschen verbrauchen. Die Pflanzen bilden Kohlenhydrate, die wir verzehren. Doch in dem Augenblick, in dem wir oder ein anderes Lebewesen sterben, hört die Kohlenstoffaufnahme aus der Atmosphäre auf: Das Verhältnis von C-14 zu den stabilen Formen von Kohlenstoff in Skeletten, totem Holz und ähnlichem nimmt kontinierlich ab. Das ist die C-14-Stoppuhr. Schon beim „Start" ist der Anteil von C-14 äußerst klein. In der Atmosphäre kommt nur ein C-14-Atom auf 1000 Milliarden Atome. Aber da sie radioaktiv sind, können auch kleinste Mengen noch gemessen werden. Auf diese Weise verwendet man, wie Libby bewies, C-14, um das Alter früher, lebender Materie bis zu einer Grenze von 50 000 Jahren zu bestimmen.

Künftige Generationen werden diese Methode nur schwerlich auf irgend etwas, was nach den ersten Atombombenexplosionen lebte, anwenden können, da diese Explosionen zu dem natürlich erzeugten C-14 weiteres hinzufügten. Libby und seine Mitarbeiter berechneten, daß 1961 Bomben von insgesamt 70 Megatonnen in der Atmosphäre und weitere 100 Megatonnen auf der Erdoberfläche gezündet worden waren. Die Folge war, daß die Pflanzen 25 Prozent mehr C-14 aufnahmen als unter normalen Bedingungen. Würden Untersuchungen von dem Holz, das 1909 in Tunguska wuchs, einen ähnlichen Effekt ergeben?

Um die Antwort zu finden, verschafften Libby und seine Mitarbeiter sich Holz des „Hitchcock-Baums", einer dreihundertjährigen Douglas-fichte, die von einem Wintersturm in den Santa-Catalina-Bergen Arizonas umgestürzt worden war. Das gleiche taten sie mit einer Eiche aus dem Simi-Tal bei Los Angeles. Bei beiden Bäumen fanden sie, daß 1909 das einzige Jahr war, in dem die C-14-Werte deutlich höher als normal lagen. Der Überschuß betrug jedoch nur ein Siebtel dessen, was man von einer Explosion erwartet hätte, die ausschließlich auf Antimaterie beruhte.

Die Idee mit dem Antifelsen wurde noch zweifelhafter, als im gleichen Jahr (1965) berichtet wurde, daß in einer Fichte nahe der Grenze zwischen Oregon und Kalifornien weder der Jahresring von 1908 (dem Jahr der Explosion) noch der von 1912 ungewöhnlich hohe C-14-Werte aufwies. Daraufhin bemerkte jedoch Robert V. Gentry vom Oak Ridge National Laboratory in Tennessee, daß Libby und seine Kollegen einen Effekt übersehen haben könnten, der die von einer Materie-Antimaterie-Explosion erzeugte zusätzliche C-14-Menge reduzieren würde. Deshalb, sagte er, sind die Resultate „mit der Hypothese, daß der Tunguska-Meteor aus Antimaterie bestand, vereinbar". Er hielt eine derartige Erklärung der Explosion auch für wahrscheinlicher als eine thermonukleare Reaktion, weil amerikanische Wasserstoffbombentests nahelegten, daß ein mit der Tunguska-Explosion vergleichbarer Feuerball 33 Sekunden dauern würde. Im Gegensatz hierzu, sagte er, „scheint es sicher möglich", daß eine Antimaterie-Explosion dieser Stärke nur wenige Sekunden dauern würde. Dies stimmt überein mit Berichten vom Augenzeugen Semjenow.

Trotzdem gewann diese Idee niemals allgemeine Zustimmung, und der Weg war frei für einen noch exotischeren Vorschlag: Die Explosion sei von einem „Schwarzen Miniloch" verursacht worden. Die Autoren dieser Theorie waren A. A. Jackson und Michael P. Ryan, Jr., beide arbeiteten damals am Zentrum für Relativitätstheorie der Universität von Texas in Austin.

In einem Schwarzen Loch wird die Schwerkraft – normalerweise die schwächste unter den fundamentalen Kräften der Natur – zum Tyrannen. Die Schwerkraft, die ein Körper wie Erde, Mond oder Sonne ausübt, ist – wie es Sir Isaac Newton vor drei Jahrhunderten herausfand – proportional zu seiner Masse. Da die Masse der Erde einundachtzigmal so groß wie die des Mondes ist, ist die Schwerkraft der Erde in einem gegebenen Abstand von ihrem Zentrum einundachtzigmal stärker als die des Mondes im gleichen Abstand.

Die Schwerkraft nimmt mit wachsendem Abstand von einer „Quelle" nach dem gleichen Gesetz ab, das auch für die Helligkeit des Lichtes gilt: Verdoppelt man den Abstand, so sinken Helligkeit und Schwerkraft auf ein Viertel ihres ursprünglichen Wertes. (Dies nennt man das „Eins-durch-r-Quadrat-Gesetz", da die Schwerkraft entsprechend dem Quadrat des Abstandes abnimmt.) Nähert man sich der Quelle, wächst die Schwerkraft im gleichen Maße an.

Doch nun wollen wir in Bahnen denken, die Newton noch völlig fremd waren. Stellen Sie sich vor, jemand hätte die Erde auf die Hälfte ihres Durchmessers zusammengequetscht, während Sie sich auf einer Reise im

Weltraum befinden. Wenn Sie dann zu dem Punkt, an dem sich die Erdoberfläche ursprünglich befand, gelangen, besitzt die Schwerkraft denselben Wert, den wir aus unserem heutigen Leben kennen. Doch wenn Sie die neue, zusammengedrückte Erdoberfläche erreichen, ist die Anziehungskraft viermal so groß. Wäre die Erde jedoch auf ein Viertel ihres ursprünglichen Durchmessers geschrumpft, hätte sich die Schwerkraft an ihrer Oberfläche bereits versechzehnfacht.

Strapazieren wir unsere Vorstellungskraft etwas mehr: Denken Sie sich, die gesamte Erde sei auf die Größe eines Ping-Pong-Balls zusammengepreßt worden. Dann übten die Milliarden und Abermilliarden Tonnen Gewicht in diesem winzigen Volumen eine so starke Anziehungskraft aus, daß – aus Gründen, die wir später sehen werden – nicht einmal Licht entkommen könnte. Die Erde wäre unsichtbar – ein Schwarzes Loch.

Normalerweise stellt man sich unter einem Schwarzen Loch einen Stern vor, der in einen superdichten Zustand zusammengestürzt und unsichtbar geworden ist. Doch 1971 schlug Stephen Hawking von der Universität Cambridge in England vor, daß es Schwarze „Minilöcher" geben könnte, die als Überbleibsel des Urknalls, in dem das Universum geboren wurde, durch das Weltall ziehen: Die unglaublich heftige Turbulenz, die dem Urknall folgte, könnte Materie so komprimiert haben, daß submikroskopische Schwarze Löcher entstanden.

Obwohl er an einer fortschreitenden Nervenkrankheit (einer Form von Muskelatrophie) leidet, ist Hawking einer der brillantesten und kreativsten Theoretiker auf dem Gebiet der Schwarzen Löcher geworden. Auf wissenschaftlichen Tagungen ist sein motorisierter Rollstuhl umringt von anderen Theoretikern, die darauf aus sind, mit diesem Mann Ideen auszutauschen, dessen offenes, lebendiges Gesicht dem eines Fünfzehnjährigen ähnelt. Da seine Stimme sehr schwach ist, müssen sie sich vornüberbeugen, um ihn zu verstehen, und seine Gleichungen für ihn niederschreiben. Seine Fähigkeit, lange Rechnungen im Kopf durchzuführen, wurde von einem Kollegen mit der Mozarts verglichen, eine Symphonie im Kopf zu komponieren.

Jacksons und Ryans Erklärungen des Tunguska-Phänomens gingen davon aus, daß die Erde einem Schwarzen Miniloch, das der Masse nach einem großen Asteroiden, dem Durchmesser nach aber einem einzelnen Atom glich, begegnet sei. Wenn Schwarze Minilöcher, wie es Hawking angeregt hat, durch das Universum irren, dann könnte eines von ihnen auf die Erde gefallen sein. Es wäre genügend schnell gewesen, um die unter-

Stephen Hawking in seinem elektrischen Rollstuhl.
(Godrey Argent, Camera Press London.)

sten dreißig Kilometer der Atmosphäre in etwa einer Sekunde zu durchqueren. Die hierbei entstehende Schockwelle hätte genügt, um Temperaturen zwischen zehn und 100 000 Grad zu erzeugen. Das ursprünglich ausgestrahlte Licht hätte hauptsächlich im ultravioletten Teil des Spektrums gelegen, doch aufgrund von Absorption und erneuter Emission durch die Luft wäre die von vielen Zeugen beschriebene „blendend helle, bläuliche Röhre" oder „feurige Säule" entstanden. Hitze und Strahlung könnten die blitzartigen Verbrennungen und das Verkohlen von Holz hervorgerufen haben. Die Druckwelle hätte die Bäume entwurzelt.

„Da ein Schwarzes Loch weder einen Krater noch materielle Rückstände hinterlassen würde", sagten die Autoren, „erklärt es das Mysterium des Tunguska-Ereignisses. Es würde in die Erde eindringen, doch wegen der Starrheit des Gesteins entstünde keine unterirdische Schockwelle. Das Schwarze Loch sollte im Erdinneren mit hoher Genauigkeit einer Geraden folgen, weil es sehr schnell wäre und kaum abgebremst würde . . ."

Unter Verwendung publizierter (aber jüngst korrigierter) Schätzungen der Einschlagsrichtung ergab sich, daß es im Nordatlantik, etwa in der Mitte zwischen Spanien und Neufundland, wieder aus der Erde hervorgetreten sein müßte. Hierbei sollte es das Meer aufgerührt und eine neue Schockwelle erzeugt haben. Die Autoren regten mit Nachdruck an, daß meteorologische Aufzeichnungen „auf ein um die richtige Zeitspanne versetztes, dem Aufprall ähnliches Ereignis" untersucht werden sollten. „Ozeanografische und nautische Berichte sollten überprüft werden, um zu sehen, ob irgendwelche Störungen über oder unter Wasser beobachtet worden seien."

Es würde natürlich Aufsehen erregen, wenn ein Schwarzes Miniloch in der Nähe eines vorbeifahrenden Schiffes aus dem Meer hervorbräche; es scheint jedoch weder einen derartigen Bericht noch Aufzeichnungen über zusätzliche Schockwellen zu geben. Wäre es möglich, daß ein Schwarzes Miniloch in der Atmosphäre oder im Erdinneren zerfiele? Könnte es den von Libby gefundenen erhöhten C-14-Gehalt im Holz des folgenden Jahres erklären? Sir William Penney und seine Kollegen hatten vorgeschlagen, daß das überschüssige C-14 aus einer Kernexplosion stammen könnte, während 1977 John C. Brown und David W. Hughes von den Universitäten Glasgow und Sheffield in Großbritannien anführten, daß die Explosion eines Kometen genügend Hitze erzeugen könnte, um Kernreaktionen zu ermöglichen.

Es bleibt ungewiß, was am 30. Juni 1908 geschah; die Diskussion geht weiter. Die sowjetische Presse hielt die Raumschiffthese von Aleksej Solotow am Leben und brachte im Oktober 1978 ein Interview mit einem anderen Anhänger dieser Theorie (Felix Ziegel). Die Wissenschaftler ziehen jedoch fast alle nicht so ausgefallene Erklärungen vor. 1978 trug L. Kresák vom Astronomischen Institut der Slowakischen Akademie der Wissenschaften in Preßburg die Idee vor, daß es sich nach dem wenigen, was man über die Flugrichtung des Objekts weiß, um ein Stück des Kometen Encke handeln könnte, der die Sonne alle 3,3 Jahre einmal umkreist. (Das ist die kürzeste Umlaufzeit aller Kometen.) Er nahm einen Brocken von

100 Meter Durchmesser an, der „erloschen" war, das heißt, er besaß keine Hülle mehr aus flüchtigem Material, das den Schweif eines „aktiven" Kometen erzeugt. Solche „kometenartigen Felsblöcke" , sagte er, bilden wahrscheinlich „die überwältigende Mehrheit" unter den interplanetaren Objekten in der Größenordnung von einem bis 100 Meter.

Jedes Jahr zur Zeit der Tunguska-Katastrophe durchquert die Erde, wie Kresák ausführte, einen Strom von Bruchstücken des Kometen Encke, der einen Sternschnuppenschwarm (Tauriden) erzeugt. Er gab jedoch die Existenz anderer Möglichkeiten zu, so zum Beispiel die eines Meteoriten eines Typs, der besonders leicht in der Atmosphäre zerfällt (eine Form von kohlenstoffhaltigem Chondrit), wie Fred Whipple angeregt hatte.

Was immer auch die Ursache war, die Diskussion darüber hat einige der erstaunlichsten Entwicklungen der modernen Physik ins Licht des öffentlichen Interesses gerückt. Sie hat aus Schwarzen Löchern ein populäres (wenn auch verwirrendes) Gesprächsthema gemacht. Für die Naturwissenschaftler fiel sie mit allgemeiner Erregung über die Tatsache zusammen, daß derartige Objekte – lange wurden sie als theoretische Absurdität betrachtet – wirklich existieren und somit eine ganze Reihe von Fragen beantworten könnten. Manche Astronomen vermuten, daß sie einen großen Teil – vielleicht den Hauptteil – unseres Universums ausmachen. Schwarze Löcher sind herangezogen worden, um Phänomene zu erklären, die sich von Quarks bis hin zu den gewaltigen Vorgängen in den Herzen der Galaxien erstrecken. Dieser Berg von Spekulationen ist der Höhepunkt einer Reihe von Entdeckungen, die zeigten, daß die Dichte der Materie manchmal das Maß dessen bei weitem übersteigen kann, was nach der Alltagserfahrung glaubhaft erscheint.

2 Eine Tonne pro Kubikzentimeter

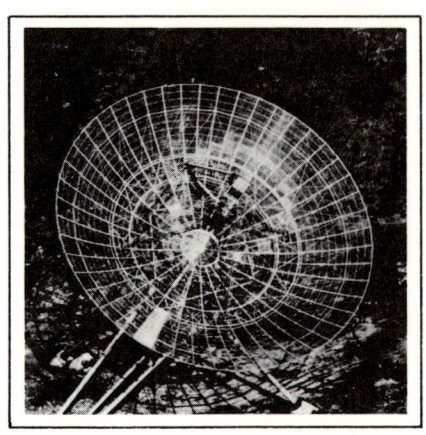

In einem bemerkenswerten Umfang haben wir aus dem Studium der Sterne Dinge über die Natur erfahren, die wir nie gelernt hätten – oder gelernt haben könnten –, hätten wir nicht über die Erde hinaus geblickt. Newtons revolutionäre Erkenntnisse über die Gravitation basieren in großem Umfang auf Beobachtungen der Bewegungen von Mond und Planeten. Lockyer entdeckte Helium nicht im Labor, sondern durch seine charakteristischen Wellenlängen im Sonnenlicht. Er nannte es „Helium" nach dem griechischen Wort für Sonne. Das gleiche gilt auch für die Tatsache, daß Materie zu unglaublicher Dichte komprimiert werden kann.

Ein erstes Indiz fand Friedrich W. Bessel 1844 an der Sternwarte von Königsberg in Ostpreußen: Er beobachtete, daß sich Sirius, der hellste aller Sterne, nicht geradlinig, sondern etwas unregelmäßig bewegte.

Wir betrachten die Sterne als fest zueinander bezogene Einheit. Der Große Bär oder das Sternbild Orion scheinen von Jahr zu Jahr gleichzubleiben. In Wirklichkeit aber bewegen sich die Sterne relativ zueinander. Über die Jahre und Jahrhunderte ändern sich die Positionen der hellsten (und daher nächsten) geringfügig.

Die Tatsache, daß die Bewegung von Sirius längs einer Wellenlinie statt einer Geraden erfolgte, brachte Bessel auf den Gedanken, daß der Stern einen unsichtbaren Begleiter haben müsse. Die Astronomen wußten schon, daß die Erde auf ihrem jährlichen Gang um die Sonne keiner glatten Ellipse folgt. (Alle umlaufenden Körper folgen, wie Kepler vor beinahe vier Jahrhunderten entdeckte, eher elliptischen als kreisförmigen

Bahnen.) Infolge des Einflusses des Mondes ist ihre Bahn stets etwas gewellt.

Könnte ein außerirdischer Astronom in großer Entfernung zwar die Erde, nicht aber den Mond sehen, so wäre er dennoch imstande auf Grund des beschriebenen Effekts auf seine Existenz zu schließen. So war es auch bei Bessel. Die Astronomen waren durch ihre Untersuchungen und ihre Klassifikation der Sterne (zum Beispiel größer oder kleiner, heller oder dunkler, röter oder blauer als die Sonne) fähig, die Masse des Sirius ziemlich genau zu berechnen. Der Begriff „Masse" bezeichnet hier die Menge an Materie in einem Objekt, sei es ein winziges Elektron oder ein Stern wie die Sonne. Er ist allgemeiner als der Terminus „Gewicht", der angibt, wie stark die Schwerkraft auf das Objekt wirkt. Die Schwerkraft variiert von Ort zu Ort (sie ist zum Beispiel in Hamburg ein bißchen stärker als in München), während die Masse eines Objekts, die durch seine Trägheit (den Widerstand, den es Beschleunigungen entgegensetzt) bestimmt wird, überall die gleiche ist, sei es auf der Erde oder weit draußen im Weltraum. Die Masse eines Sterns wird im allgemeinen auf die der Sonne bezogen. Die des Sirius beträgt 2,28 Sonnenmassen.

Aus der wellenförmigen Bewegung von Sirius konnte man die Umlaufzeit des Begleiters bestimmen. Hieraus und aus dem Ausmaß, in dem Sirius – ein gigantischer Stern – von seiner Bahn abwich, ließ sich seine Masse abschätzen. Sie ist etwa gleich groß wie die der Sonne. Doch obwohl er einer der nächstgelegenen Sterne ist, schien er unsichtbar zu sein. Dies war nur schwer zu verstehen.

Neunzehn Jahre nach Bessel fand Alvan Clark, der aus einer berühmten amerikanischen Teleskopbauerfamilie stammt, den Begleiter, als er ein 18-Zoll-Teleskop ausprobierte, welches in der Dearbon-Sternwarte der Northwestern-Universität in Illinois installiert werden sollte. Der Begleiter von Sirius leuchtete nur äußerst schwach. Aus dem gleichen Abstand wie die Sonne betrachtet, hätte er nur ein Vierhundertstel ihrer Leuchtkraft. Unter den normalen Sternen brennen die kleinen, schwachen bei niedrigen Temperaturen und sind röter. Die großen, heißen brennen weiß. Dieser neu entdeckte Stern war weiß wie Sirius und beträchtlich weißer als die Sonne. Warum war er dann aber so schwach?

Die einzige Erklärung, die sich die Astronomen vorstellen konnten, war, daß seine Oberfläche sehr klein war. Doch um den beobachteten Einfluß auf Sirius auszuüben, mußte er sehr massereich und daher sehr dicht sein. Material, das der Masse nach der Sonne gleich war, mußte auf das Volumen eines Planeten zusammengepreßt sein. Das hieße – auf irdische Verhältnisse übertragen –, daß das Material eines großen Steines auf die Größe eines Sandkorns komprimiert würde.

Oder, wie es Sir Arthur Eddington 1927 ausdrückte: „Die Botschaft des Sirius-Begleiters lautete nach ihrer Entzifferung: ‚Ich bestehe aus Materie, die 3000mal dichter ist als alles, dem ihr je begegnet seid; eine Tonne meines Materials ist ein kleines Körnchen, das in einer Streichholzschachtel Platz hätte.‘ Was kann man auf eine solche Botschaft antworten? 1914 war die Antwort der meisten von uns – ‚Halte den Mund; sprich keinen Unsinn.‘“

Während es 1914 unsinnig erschien, hatte zweihundert Jahre früher Sir Isaac Newton, dieser Pfeiler der modernen Naturwissenschaft, die extrem dichten Zustände der Materie als natürlich angesehen. Newton war selbstverständlich nicht mit den modernen Begriffen der Atomphysik vertraut, doch er wußte, daß „feste“ Materie für Schwerkraft, Magnetismus und oft für Licht durchlässig ist. „Materie“, schrieb er in der Ausgabe von 1704 seiner *Optiks*, „ist sehr viel dünner und durchlässiger als allgemein angenommen.“ Er merkte an, daß Wasser, dessen Dichte nur ein Neunzehntel der Dichte des Goldes beträgt, noch relativ unelastisch ist. Daraus folgte, daß der Widerstand gegen Druck von strukturellen Kräften und nicht von wirklicher Festigkeit herrührte. In der Ausgabe von 1717 dieses klassischen Werks machte er geltend, daß Festkörper aus Teilchen mit großen wechselseitigen Abständen und daß diese Teilchen selbst wiederum aus ähnlich angeordneten Teilchen bestehen und so fort. Beeinflußt von diesen Ideen, schlug sein Zeitgenosse John Keill vor, daß das Material, das ein durchsichtiges Objekt wie zum Beispiel ein Glas bildet, „keinen größeren Anteil an seinem Volumen habe als ein Sandkorn an der ganzen Masse der Erde“. In einer anderen populären Darstellung über Newtons Theorien schrieb Henry Pemberton, daß alle Körper des Universums „aus keiner größeren Menge festen Materials gebildet werden können, als in einer Kugel von einem Zoll Durchmesser oder sogar weniger Platz fänden“.

Noch im gleichen Jahrhundert ging Joseph Priestley, der Entdecker des Sauerstoffs, mit seinen Ideen einen Schritt weiter. Alle feste Materie des Sonnensystems, sagte er, „könne nicht nur in einer Nußschale untergebracht werden“, sondern der Begriff von Festigkeit als solcher könnte sinnlos sein – „es könnte so etwas in der Natur nicht geben“. Es scheint, daß er hiermit den Begriff der „Singularität“ vorweggenommen hat: eine

36

Konzentration von Materie von beliebig hoher Dichte und unendlich kleinem Volumen (wie im Zentrum eines Schwarzen Lochs).

Über den modernen Vorstellungen von der atomaren Struktur der Materie waren Newtons Ideen weitgehend vergessen worden, und so empfand man die Entdeckung des Sirius-Begleiters – des ersten „Weißen Zwerges" – als tiefen Schock. Solange man nur einen kannte, war der Beweis noch nicht überzeugend, doch bald fand man andere. In der Tat sind sie häufig, doch da sie schwach leuchten, sind nur die der Erde nächstgelegenen sichtbar.

In der Zwischenzeit, in den zwanziger Jahren, hatte man genug über Atome gelernt, und genügend Vermutungen über die Vorgänge in den Sternen waren geäußert worden, um Vorschläge über die Entstehung Weißer Zwerge machen zu können. Die Wissenschaftler hatten seit langem die Idee aufgegeben, die Sonne „verbrenne" gewöhnlichen Brennstoff. Im neunzehnten Jahrhundert hatten Helmholtz in Deutschland und Lord Kelvin in England vorgeschlagen, daß die langsame Kontraktion von Sonne und Sternen auf Grund ihres enormen Gewichts genügend Hitze und Strahlung erzeugen könnte, um die abgestrahlte Energie hervorzubringen. Der Haken dabei war, daß dies einen Stern wie die Sonne nur wenige Millionen Jahre scheinen lassen könnte, während es mannigfache Beweise gab, daß die Erde Milliarden Jahre alt war. Und es war äußerst unwahrscheinlich, daß die Erde älter als die Sonne war.

Doch in den ersten Jahren dieses Jahrhunderts hatte Albert Einstein als Konsequenz seiner ersten Relativitätstheorie (der Speziellen Relativitätstheorie) eine Beziehung zwischen Energie und Materie formuliert, die in einer Weise interpretiert werden konnte, die erstaunliche Möglichkeiten eröffnete. Sie besagte, daß eine winzige Menge von Materie (auf eine damals noch nicht klar verstandene Weise) einer großen Menge Energie äquivalent war, ausgedrückt durch die berühmte Formel $E = Mc^2$. Sie besagt, daß Energie (E) gleich Masse (M) multipliziert mit der Geschwindigkeit des Lichtes (c) multipliziert mit sich selbst (c^2) ist. Da die Lichtgeschwindigkeit ein extrem großer Faktor ist, wäre der Energiegewinn, wenn man nur die Umsetzung aus Masse bewerkstelligen könnte, enorm.

Wenn zum Beispiel unter den extremen Bedingungen an Druck und Hitze im Kern der Sonne vier Wasserstoffkerne zu einem einzigen Heliumkern verschmelzen würden, wäre letzterer 0,8 Prozent leichter als die vier ursprünglichen Kerne. Die Differenz bestünde in der Bindungsenergie (dem „Klebstoff", der den Kern zusammenhält) des Heliumkerns im

Vergleich zu den vier Wasserstoffkernen. Diese überschüssigen 0,8 Prozent würden in eine große Energiemenge umgewandelt. (Dies ist, wie schon erwähnt, weit weniger effizient, als eine Materie-Antimaterie-Reaktion, in der die gesamte Masse der beteiligten Teilchen in Energie umgewandelt wird.)

Erst etliche Jahre nach Einsteins Energie-Masse-Beziehung wurde deren Bedeutung für die Energiegewinnung erkannt. Über diese „neuen" Ideen der Umwandlung von Masse in Energie und umgekehrt hatte bereits 200 Jahre früher Isaac Newton spekuliert. In seinem Werk *Optiks*, in dem Licht (eine Form von Energie) behandelt wird, schrieb er: „Sind nicht große und kleine Körper ineinander verwandelbar; können nicht Körper einen großen Teil ihrer Aktivität von Lichtteilchen empfangen, die sie aufnehmen?"

Während mehrere Jahre vergingen, bis Einsteins Formel im Labor bestätigt wurde (was schließlich zu Atombomben, Wasserstoffbomben und zur Kernenergie führte), fühlten die Astronomen, daß sie der Energiequelle der Sterne auf der Spur waren. Da die meisten Sterne hauptsächlich aus Wasserstoff bestehen, könnten sie durch dessen Fusion zu Helium Milliarden Jahre „brennen" (man schätzt, daß die Sonne 100 Millionen Tonnen Wasserstoff pro Sekunde in Helium überführt und doch noch genug Wasserstoff übrig hat, um einige Milliarden Jahre weiterzubrennen).

Die andere neue Erkenntnis, die dazu beitrug, die Weißen Zwerge zu verstehen, betraf die Natur der Atome. Der Däne Niels Bohr stellte 1913 ein Atommodell vor, das, obwohl es seitdem beträchtlich abgeändert wurde, die Basis für die moderne Theorie legte. Man darf nicht vergessen, daß man, wenn über Atome und ihre Bestandteile gesprochen wird, über Dinge diskutiert, die niemand sehen kann. Der Versuch, sie mit anschaulichen Begriffen zu beschreiben, kann daher nur Stückwerk bleiben. Sie verhalten sich nach Regeln, die unserer täglichen Erfahrung widersprechen. Eine andere Zivilisation könnte das Verhalten der Atome völlig anders beschreiben und doch genau so gut. Und da in der Physik ständig Neues entdeckt wird, ändert sich auch unsere Beschreibung ständig.

Trotzdem war das „Bohrsche Atommodell" ein guter Ausgangspunkt, um zu verstehen, wie Materie zu hoher Dichte komprimiert werden kann. Wie schon früher bemerkt, kann das Atom – in einem gewissen Sinn – mit dem Sonnensystem verglichen werden, mit den Elektronen als Planeten und dem dicht gepackten Kern aus sehr vielen schwereren Protonen und Neutronen als Gegenstück zur Sonne. Obwohl Atome hauptsächlich aus leerem Raum bestehen, können sie auf Grund der elektrischen Kräfte, die sie zusammenhalten, Substanzen bilden, die sehr fest wirken.

Das einfachste Atom ist das Wasserstoffatom, mit nur einem Proton (und in seltenen Fällen einem oder zwei Neutronen) als Kern und einem Elektron, das ihn „umkreist". Die schwereren Atome haben Kerne mit vielen Protonen und Neutronen, die von zahlreichen Elektronen umkreist werden. Letztere sind auf „Schalen" verteilt. Die innerste bietet zwei Elektronen Platz, die nächste acht, die folgende achtzehn und so fort. Die Elektronen jeder Schale (mit Ausnahme der innersten) verteilen sich auf verschiedene Energieniveaus. Schließlich umkreisen sie den Kern nicht auf eine vorhersagbare Weise – ein Aspekt von „Quantenverhalten", das eine grundlegende Eigenschaft von alldem ist, was sich im atomaren Bereich abspielt.

Es ist an dieser Stelle nicht nötig, tief in die Geheimnisse der Quantentheorie einzudringen, aber einige wenige Aspekte sind von Bedeutung. Der Ausdruck „Quant" rührt von der Entdeckung her, daß sich atomare Vorgänge nicht stetig, kontinuierlich (wie das Ein- und Ausschalten von Licht in einem Theater), sondern sprunghaft ändern. Wenn Elektronen in einem Atom ihre Energie ändern (wenn sie zum Beispiel die Schale wechseln), dann nehmen sie Energie in bestimmten kleinen Paketen oder „Quanten" auf (oder geben sie ab). Dieses Quantenverhalten betrifft alle atomaren und molekularen Vorgänge.

Ein anderer Aspekt dieses Verhaltens ist eine Art „Snobismus" der Elektronen, der schließlich half, die Natur der Weißen Zwerge zu verstehen: Es handelt sich um das Ausschließungsprinzip, das 1925 von Wolfgang Pauli, einem österreichischen Physiker, aufgestellt wurde. Es besagt, daß keine zwei Elektronen eines Atoms in allen vier Grundeigenschaften übereinstimmen können. Dies sind:

1. die Schale, die das Elektron belegt;
2. das Energieniveau in der Schale;
3. die Geometrie der „Bahn";
4. die Richtung (im Uhrzeigersinn oder gegen den Uhrzeigersinn) seines „Spins" (seiner Eigendrehung).

Das Atom kann also mit einem ziemlich seltsamen Tennisklub verglichen werden, der zwei Spieler auf dem ersten Platz (der innersten Schale) zuläßt, acht Spieler auf dem zweiten Platz (der zweiten Schale) und so wei-

Subrahmanyan Chandrasekhar.

Wie eine Schulklasse sehr außergewöhnlicher Studenten nahm eine Reihe derer, die die Grundlagen der modernen Physik legten, an einem Treffen am Niels-Bohrs-Institut in Kopenhagen teil. In der vordersten Reihe, von links nach rechts, sieht man Oskar Klein, Bohr, Werner Heisenberg, Wolfgang Pauli, George Gamow, Lev Landau und Hendrik Kramers. Edward Teller blickt über Kramers Schulter. Das Spielzeug auf der Bank sollte angeblich ein Scherz von Bohr gewesen sein. Eine Trompete für Pauli, um „in sein eigenes Horn zu blasen", eine Kanone für Gamow, um verrückte Hypothesen „abzuschießen", und ein Zinnsoldat vor Kramers. In den hinteren Reihen befinden sich Ivar Waller (zwischen Klein und Bohr), Piet Hein, Oscar K. Rice, Rudolph Peierls, Aurel Wintner, Walter Heitler, Christian Moller, Felix Bloch, Mogens Pihl, Tanja Ehrenfest (sie sieht hinter Landau hervor), Hausen (Identifizierung unsicher) hinter ihr und William Colby. Die Fotografie wurde anläßlich einer beschwingten Sitzung über die Struktur des Elektrons gemacht. Heisenberg schlug angeblich vor, daß es gelb sein müsse. „Denn bei Grün", sagte er, „geht man weiter; sieht man Rot, bleibt man stehen; sieht man aber Gelb, weiß man nicht, was man tun soll." Ein halbes Jahrhundert später scheint sich das Elektron immer noch wie ein Punkt ohne Struktur zu verhalten.
(Niels-Bohr-Institut.)

ter. Während die Spieler auf diesen Plätzen in ständiger Bewegung sind, spielt doch jeder in einer bestimmten Stellung und teilt sie mit keinem anderen. Keine anderen Klubmitglieder können dort zur selben Zeit spielen.

Daß Elektronen diesen Snobismus beibehalten, selbst wenn sie nicht an einen Kern gebunden sind, wurde von Enrico Fermi erkannt, dem italienischen Physiker, der in einer Squash-Halle der Universität von Chikago das Projekt leitete, das am 2. Dezember 1942 zur ersten kontiniuerlichen Kettenreaktion führte und so das Atomzeitalter einleitete. Da es sich um ein streng geheimes Projekt zur Herstellung der ersten Atombombe handelte, wurde Fermis Erfolg an jenem historischen Tag James Bryant, dem Präsidenten der Universität von Harvard (der selbst am Projekt beteiligt war), in einem verschlüsselten Telefongespräch übermittelt, das berühmt wurde. „Jim", sagte der Anrufer (Arthur H. Compton), „es wird dich interessieren zu wissen, daß der italienische Seefahrer eben in der Neuen Welt gelandet ist."

Fermi fand in seinen Untersuchungen heraus, daß, wenn Elektronen sich frei in einem sehr heißen Gas (oder Plasma) bewegen, sich diejenigen, die gleiche Eigenschaften besitzen, nicht zueinander gesellen. Sie erfahren eine Abstoßung durch das, was man heute „Elektronendruck" nennt.

Die Schlüsselrolle, die dieser Druck auf dem Weg zum Schwarzen Loch spielt, wurde nicht sofort erkannt. Der erste Schritt war, daß man sich bewußt wurde, daß Atome auf Grund ihrer Elektronenstruktur hauptsächlich aus leerem Raum bestehen und daß es daher möglich sein müßte, Materie unter sehr großem Druck in einen extrem dichten Zustand zu überführen – wenn sie kalt genug ist. In einem sehr heißen Gas, wie zum Beispiel in der Sonne und anderen aktiven Sternen, bewegen sich die Elektronen so schnell, daß sie sich von den Kernen losreißen: es bildet sich ein Plasma. Durch ihre Bewegung üben sie nach außen Druck aus, gleich dem, der jedes erhitzte Gas expandieren läßt, wenn es die Möglichkeit dazu hat. Genau das passiert im Zylinder eines Autos oder einer Dampfmaschine. Dieser thermische Druck sorgt zusammen mit dem Strahlungsdruck dafür, daß ein aktiver Stern nicht unter seinem eigenen Gewicht zusammenstürzt.

1926 sah der Brite Ralph H. Fowler, daß der Druck nach außen abnehmen mußte, wenn der Stern schließlich seinen nuklearen Brennstoff verbraucht hatte. Dann sollte der Stern zu extremer Dichte kollabieren, gleich „einem gigantischen Molekül in seinem niedrigsten Quantenzustand", wie er sagte. Es ist, als ob sich das Stahlgerüst eines großen Wolkenkratzers plötzlich in Gummi verwandelte und das Gebäude zu einem Haufen Schutt zusammenstürzte.

Aber was hielt dann den Kollaps auf? Was bestimmte, wie groß der Schutthaufen sein würde – die typische Größe eines Weißen Zwerges? Und ereilte dieses Schicksal alle Sterne, die ihren Kernbrennstoff verbraucht hatten?

Es war ein neunzehnjähriger Inder namens Subrahmanyan Chandrasekhar – heute allen Astronomen der Welt als Chandra bekannt –, der die Antwort auf diese Fragen fand. Wie oft in der Wissenschaft war Chandra in einer Tradition von Entdeckungen aufgewachsen. Sein Onkel Sir Chandrasekhara Venkata Raman hatte gerade den nach ihm benannten Effekt (Ramaneffekt) bei der Lichtstreuung entdeckt, der seinen Namen unsterblich machte und ihm den Nobelpreis einbrachte. Chandra junior arbeitete seine Lösung des Sternkollapses während der müßigen Stunden einer langen Reise aus, die ihn von Indien durch das Rote Meer, den Suezkanal und das Mittelmeer nach Venedig und von dort weiter nach Cambridge führte, wo er bei Fowler, dem Mann, der die Kollapsidee vorgeschlagen hatte, arbeiten sollte.

Nur etwa ein Jahr früher hatten Fermi und Dirac eine statistische Methode gefunden, um zu beschreiben, wie sich freie Elektronen nach den snobistischen Regeln von Paulis neuem Ausschließungsprinzip verhielten. Chandra legte seine erste Untersuchung 1930 vor (er änderte sie zwei Jahre später etwas, um den wichtigen Effekt zu berücksichtigen, nämlich daß sich die Elektronen in diesem extrem komprimierten Zustand beinahe mit Lichtgeschwindigkeit bewegen, so daß die Relativitätstheorie eine bedeutende Rolle spielt). Entscheidend war, daß aus der Fermi-Dirac-Statistik klar hervorging, daß der „Elektronendruck" nur einer begrenzten Kompression widerstehen konnte. War ein Stern, wie Chandra schließlich ausrechnete, 1,4mal so schwer wie die Sonne, dann konnte der Elektronendruck seinen Kollaps nicht verhindern.

Die maximale Masse eines Weißen Zwerges betrug also 1,4 Sonnenmassen. Doch die Existenz von Sternen, die mindestens fünfzigmal schwerer als die Sonne sind, galt als erwiesen. Wegen ihrer großen Masse und des aus diesem Grunde großen Drucks in ihrem Inneren verbrauchen sie ihren Brennstoff sehr schnell, sie leben nur zehn oder zwanzig Millionen Jahre. Unzählige von ihnen müssen in den Milliarden Jahren seit der Bildung der ersten Sterne ausgebrannt sein.

Was wurde aus ihnen?

„Ein Stern großer Masse", schrieb der junge Chandra, „kann nicht zu einem Weißen Zwerg werden; es bleibt einem nur, über andere Möglichkeiten zu spekulieren."

Bescheiden nahm er davon Abstand, derartige Möglichkeiten aufzuführen, doch sein Vorschlag, daß der Kollaps weitergehe, wurde kühl aufgenommen. Das *Astrophysical Journal* (dessen peinlich genauer Herausgeber Chandra beinahe zwei Jahrzehnte lang sein sollte) lehnte seine erste Arbeit ab, und als sie in einer anderen Zeitschrift erschien, fanden diejenigen, die Chandra später als die „Unentwegten des Tages" beschrieb – Männer wie Sir Arthur Eddington und Edward A. Milne, Professor der Mathematik in Oxford und führender Kosmologe (und Chandras Freund) – seine Idee absurd. „Für mich", schrieb Milne an Chandra, „ist es klar, daß sich Materie nicht so verhalten kann, wie Sie es vorhersagen." Eddington kommentierte:

Chandrasekhar zeigt, daß ein Stern, dessen Masse eine bestimmte Grenze übersteigt, ... fortwährend strahlen und strahlen und sich kontrahieren und kontrahieren muß, bis, vermute ich, sein Radius nur noch wenige Kilometer beträgt und die Schwerkraft genügend stark wird, um die Strahlung aufzuhalten und der Stern schließlich Ruhe findet.

Hätte Eddington hier aufgehört, führte Chandra später aus, „dann sollten wir ihn heute als den ersten betrachten, der die Existenz Schwarzer Löcher vorhergesagt hat..." Eddington fuhr jedoch fort, dies als „beinahe eine reductio ad absurdum" zu bezeichnen (eine Gedankenfolge, die bis zur Absurdität führt): „Ich denke, daß es ein Naturgesetz geben sollte, das einen Stern daran hindert, sich so abwegig zu benehmen."

Als Chandra diese Argumente vorbrachte, dachte er nicht unbedingt an einen totalen Kollaps. Vielleicht, schrieb er später, wirft ein kollabierender Superstern genügend Material ab, um eine stabile Größe zu erreichen. Auf alle Fälle verging ein weiteres Jahrzehnt, bevor Wissenschaftler, während sie Probleme verfolgten, die von der Frage des ungehemmten Kollapses weit entfernt waren, zeigten, daß Weiße Zwerge nicht der letzte Halt auf der Straße der Vergessenheit sind – daß Objekte von noch größerer Dichte möglich sind. Sie arbeiteten an Fragen wie der, warum manche Sterne ihre Helligkeit plötzlich hundertmilliardenfach vergrößern.

3 Heller als hundert Milliarden Sterne

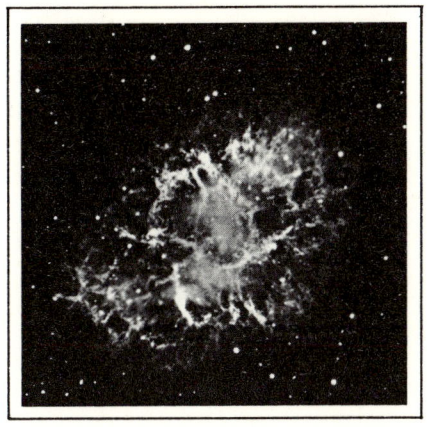

„Ich mache meinen Kotau", schrieb der Hofastronom des kaiserlichen China Yang Wei-t'e 1054. „Ich beobachtete die Erscheinung eines Gaststerns. Seine Farbe war schillernd. Einem Befehl des Kaisers gehorchend, sage ich in aller Ehrfurcht voraus, daß der Gaststern Aldebaran nicht stört (ein heller Stern in der Nähe des Sternbildes Stier); das weist darauf hin, daß ... das Land zu großer Macht gelangen wird. Ich bitte darum, diese Vorhersage in der Abteilung für Geschichtsschreibung aufzubewahren."

Der „Gaststern", der scheinbar aus dem Nichts erschien, war so hell, daß er monatelang am hellichten Tage zu sehen war. Nach ein oder zwei Jahren verschwand er jedoch wieder. Dies war, wie wir heute wissen, eine „Supernova" – eine verheerende Explosion, in der ein Stern plötzlich aufleuchtet, bis er heller ist als all die 100 Milliarden Sterne seiner Galaxis (des Sternensystems, zu dem er gehört) zusammen. Die Galaxis, die die Sonne und ihre Planeten beherbergt, ist teilweise sichtbar. Es ist die Milchstraße, die sich als leuchtendes Band über den Himmel erstreckt. Ihre Milliarden und Abermilliarden Sterne sind zusammen mit ihren Staubwolken in einer großen abgeplatteten Spirale angeordnet, doch wir befinden uns zu tief im Inneren, um diese Struktur zu sehen.

Richtet man heute ein Teleskop auf die Stelle im Sternbild des Stier, an der Chinesen und Japaner den „Gaststern" erblickten, erkennt man die Überreste der Explosion als zerrissene, leuchtende Wolke, den Krebsnebel. Er sieht wie die Momentaufnahme einer Explosion aus. Aus verschiedenen Beobachtungen weiß man, daß sich die Wolke mit 1 100 Kilometern pro Sekunde ausdehnt und sich im Augenblick über sechs Licht-

46

jahre erstreckt – das heißt, daß das Licht bei einer Geschwindigkeit von 300 000 Kilometern pro Sekunde sechs Jahre braucht, um den Nebel zu durchqueren. Die Supernova von 1054 ereignete sich in Wahrheit sechstausend Jahre früher, denn obgleich sie sich in unserer Galaxis, der Milchstraße, befindet, ist sie doch sechstausend Lichtjahre entfernt.

Supernovae ereignen sich im sichtbaren Teil der Milchstraße nur einmal in mehreren 100 Jahren. Am vollständigsten sind die Aufzeichnungen der Chinesen, die in den letzten zweitausend Jahren von etwa einem halben Dutzend berichten. Es ist unwahrscheinlich, daß sie eine übersahen, denn über die ganze Zeitspanne hinweg erwähnen ihre Berichte jede Wiederkehr des Halleyschen Kometen, der ungefähr alle sechsundsiebzig Jahre erscheint. Sie erkannten auch den Unterschied zwischen solchen regelmäßigen Phänomenen und den „Gaststernen", die nur einmal und mit großer Helligkeit erschienen.

Die jüngsten Supernova-Beobachtungen in unserer Galaxis stammen von zwei der großen Himmelsgelehrten der Renaissance: Tycho Brahe und Johannes Kepler. Brahes äußerst präzise Bestimmung der Planetenbahnen versetzte Kepler in die Lage, die Natur ihrer Bewegung um die Sonne aufzuklären. 1572 berichtete Brahe vom plötzlichen Erscheinen eines hellen Sterns in der Kassiopeia. Er nannte ihn „Nova" oder neuer Stern. Weil viele Sterne plötzlich in einem bescheideneren Umfang aufleuchten – wobei manche vorher unsichtbar waren – nennt man einen, der auf solch spektakuläre Weise explodiert, heute Supernova. Kepler beschrieb eine solche Supernova 1604, und seitdem warten die Astronomen ungeduldig auf die nächste in der Hoffnung, mit den modernsten Apparaten während der Stunden größter Helligkeit genügend Daten zu sammeln, um im Detail zu entschlüsseln, was sich während einer solchen Katastrophe ereignet, von der man heute weiß, daß es sich um den Todeskampf eines großen Sterns handelt. Supernovae tauchen vermutlich ihre Umgebung in ein Bad intensiver Strahlung; es wäre verhängnisvoll, wenn sich solch eine Explosion in der Nähe eines bewohnten Planeten ereignete, denn sie wäre wahrscheinlich für alles Leben tödlich.

Der Krebsnebel, dessen explosiver Ursprung in der 1054 beobachteten Supernova aus seinem Erscheinungsbild deutlich hervorgeht. Diese zwanzigminütige Aufnahme wurde am 27. Februar 1976 im roten Licht von William van Altena von der Yale-Universität mit dem 4-Meter-Teleskop des Kitt Peak National Observatory gemacht.

In den dreißiger Jahren wurde Fritz Zwicky vom California Institute of Technology (Caltech) beim Warten auf eine Supernova in unserer Galaxis ungeduldig. Zwicky, ein Mann mit einem löwenartigen Haupt, der als Sohn norwegischer Eltern in Bulgarien geboren und in der Schweiz erzogen worden war, gebärdete sich oft ungeduldig. Er stand bei vielen Leuten im Ruf, ungestüm zu sein, doch er galt auch – von seinen wichtigen Beiträgen zur Astronomie abgesehen – als Pionier der Entwicklung von Düsentriebwerken.

Zwicky erkannte, daß, wollte man auf die nächste Supernova in unserer Milchstraße warten, um eine Erklärung für dieses Phänomen zu finden, Generationen kommen und gehen würden, bis dies einträfe. Wenn nun in unserer Galaxis durchschnittlich alle zweihundert Jahre eine Supernova stattfindet, dann sollte in einer Menge von 100 Galaxien etwa alle zwei Jahre eine erscheinen. Gestützt auf diese Theorie, begann er andere Galaxien zu betrachten, die unserer Milchstraße ähnlich sind. Heute wird der Himmel mit leistungsfähigen Teleskopen systematisch abgetastet, und man sieht jedes Jahr ein Dutzend Supernovae, doch sie sind zu schwach für eingehendere Untersuchungen.

Zwicky und sein deutscher Kollege Walter Baade, der an der Mount-Wilson-Sternwarte hoch über Caltech arbeitete, analysierten die Berichte über eine Supernova, die 1885 im Andromedanebel beobachtet worden war. Dieser „Nebel" ist in Wirklichkeit die nächste Spiralgalaxis, die unserer eigenen gleicht. Beide berechneten, daß dieser eine Stern in fünfundzwanzig Tagen so viel Licht abgestrahlt hatte, wie die Sonne in zehn Millionen Jahren. Doch heute ist er nicht mehr sichtbar. Die Supernova von 1572 war bedeutend näher, sie ereignete sich in unserer eigenen Galaxis. „Doch", sagten Zwicky und Baade, „wiederholte Versuche (sie mit einem auch noch so schwachen Stern zu identifizieren), waren bis jetzt nicht sehr überzeugend." Was war aus ihr geworden?

Auf alle Fälle, überlegten die beiden Männer, muß ein großer Teil der Masse des Sterns in Energie verwandelt werden, wenn ein derartiges Ereignis eintritt. Um zu erklären, was übrig blieb, griffen sie eine aktuelle Spekulation – vertreten vor allem von zwei Sowjets – auf, was sich ereignet, wenn Atome so stark zusammengedrückt werden, daß der „Elektronendruck" nicht mehr standhalten kann. Einer der beiden, George Gamow, war einer der Urheber der nun weit verbreiteten Ansicht, daß das Universum in einer Urexplosion oder Urknall (big bang) geboren worden sei. 1933 verließ er die Universität von Leningrad, um an die George-

Fritz Zwicky.
(Floyd Clark, Caltech.)

Washington-Universität in Washington, D.C., zu gehen. Gamow beschrieb, was im Herzen der Sterne vorging, als umgekehrten Neutronenzerfall.

Außerhalb des Atomkerns zerfallen Neutronen in Protonen, wobei sie ein Elektron ausstoßen (und ein flüchtiges Antineutrino). Nach 1000 Sekunden ist die Hälfte einer gegebenen Anzahl Neutronen zerfallen. Andererseits zerfallen sie im Inneren eines stabilen Atomkerns nicht. Ist der Druck auf ein Gas aus Protonen und Elektronen genügend groß, sagte Gamow, tritt der umgekehrte Vorgang ein. Elektronen sind gezwungen, sich mit Protonen zu paaren und ein Neutron zu bilden. Deshalb, fügte er hinzu, muß der Kern eines sehr massereichen Sterns aus einem „Neutronengas" bestehen, das so dicht ist, daß „die Bedingungen denen im Innern eines Atomkerns analog sind".

Er zitierte den Vorschlag seines Landsmannes Lev Landau, daß Atome im Zentrum eines Sternes zermalmt werden würden, um – wie es Landau 1931 ausdrückte – „einen gigantischen Kern" zu bilden. Landaus Karriere – er erhielt den Nobelpreis und war einer der brillantesten Theoretiker der Sowjetunion – wurde 1962 jäh unterbrochen, als er bei einem Verkehrsunfall Kopfverletzungen erlitt, die ihn vorübergehend blind, taub und stumm machten. Er erholte sich sehr langsam, doch starb er sechs Jahre später.

In einer Arbeit, die er bei einer sowjetischen Zeitschrift 1931 (ein Jahr nach Chandras erster Untersuchung der Weißen Zwerge) einreichte, schrieb Landau – damals war er in Zürich –, daß bei Sternen, deren Masse

1,5 Sonnenmassen übersteigt (und die der Einfachheit halber keine Energie erzeugen sollten), der Druck im Zentrum so groß würde, daß ihm keine in der damaligen Physik bekannte Kraft widerstehen könnte. „In solchen Situationen", schrieb er, „gibt es in der Quantentheorie keinen Grund, der das System daran hindert, zu einem Punkt zu kollabieren." Er merkte an, daß die Abstoßung zwischen Teilchen gleicher elektrischer Ladung unter solchen Umständen wirkungslos bliebe.

Da Objekte, deren Masse die der Sonne bei weitem übersteigt, „in aller Ruhe als Sterne existieren" und keine „solchen lächerlichen Neigungen" wie die, zu einem Punkt zusammenzustürzen, zeigen, sagte Landau, müssen die Gesetze der Atomphysik im Herzen der Sterne zusammenbrechen; alle Sterne müssen „pathologische Gegenden" mit hoch konzentrierter Materie besitzen. Später glaubte er daran, daß diese Gegenden aus dicht gepackten Neutronen bestünden und daß die Sterne ihre Energie aus dem allmählichen Kollaps von Atomen in ihrem Herzen bezögen, so daß sich langsam ein immer größerer Kern aus Neutronen bildete. Um die von der Sonne in den letzten zwei Milliarden Jahren abgestrahlte Energie zu erzeugen, müßten nur 2 Prozent ihrer Materie auf diese Weise kollabiert sein, sagte Landau.

Zwicky und Baade schlugen vor, daß ein ähnlicher, eng gepackter Ball aus Neutronen der Überrest einer Supernova sei: Der ausgebrannte Stern kollabiert und verschmilzt dabei seine Protonen und Elektronen zu Neutronen; der verheerende Zusammensturz der Sternmaterie setzt genug Gravitationsenergie frei, um alle Erscheinungen eines derartigen Ereignisses zu erklären; ein äußerst dichter Rest aus Neutronen ist das unvermeidliche Endergebnis.

„Bei aller Zurückhaltung," sagten Zwicky und Baade, „vertreten wir die Ansicht, daß Supernovae den Übergang gewöhnlicher Sterne in Neutronensterne darstellen, die in ihrem Endzustand aus dicht gepackten Neutronen bestehen."

Während ein Fingerhut voll Materie eines Weißen Zwerges etwa zehn Tonnen wiegt, würde eine ähnliche Menge bei einem Neutronenstern etwa 100 Millionen Tonnen wiegen. Der Durchmesser des Sterns wäre kleiner als zwanzig Kilometer. Es wäre also sehr schwer, ihn über die große Entfernung zu sehen, die uns selbst von den nächsten Sternen trennt. Es schien also keine Möglichkeit zu geben, diese Vermutung zu bestätigen. Doch es war sehr verlockend, sich ein Objekt vorzustellen, das so dicht war, daß (wie wir im nächsten Kapitel sehen werden) seine

Schwerkraft nach der Relativitätstheorie in radikalem Ausmaß den Raum krümmt und die Zeit verlangsamt. Zwicky und Baade drückten es so aus: „Es stellt sich nun das faszinierende Problem, herauszufinden, wie bestimmte wohlbekannte physikalische Vorgänge ... beeinflußt werden, wenn sie in extrem kollabierten Sternen ablaufen, in denen die Eigenschaften von Raum und Zeit drastisch verändert sind."

Obwohl es wahrscheinlich war, daß Neutronensterne nie beobachtet werden würden, spekulierte man weiter. Wissenschaftler spielen gerne mit Ideen, selbst wenn sie jenseits der offensichtlichen Beweisbarkeit liegen. Das ist der Weg, auf dem die meisten grundlegenden Fortschritte erzielt wurden, wie zum Beispiel bei Einsteins jugendlichen „Gedankenexperimenten", in denen er sich vorzustellen versuchte, was passieren würde, wenn er sich beinahe mit Lichtgeschwindigkeit bewegen würde.

Diese Art des Denkens führte Einstein zu seinem ersten großen Werk, der Speziellen Relativitätstheorie von 1905. Sie sagte die seltsamen Effekte bei hohen Geschwindigkeiten (wie die Verlangsamung der Zeit) voraus und führte, zwei Jahre später, zu seiner Formulierung der Beziehungen zwischen Masse und Energie, die durch die Atombombe dramatisch bestätigt wurde.

Doch diese Theorie war „speziell", indem sie eine „relativistische" Betrachtung der Gravitation nicht einschloß. Es war 1907, „als", wie Einstein es ausdrückte, „mir der glücklichste Gedanke meines Lebens kam". Er sah einen Weg, die Gravitation in die Relativitätstheorie aufzunehmen und sie so „allgemein" zu machen. Die 1915 veröffentlichte Allgemeine Relativitätstheorie diente anderen Forschern als Grundlage, realistischere Berechnungen über den Kollaps von Sternen und das Verschwinden von Objekten in einem starken Gravitationsfeld durchzuführen.

4 Die Krümmung von Raum und Zeit

Eine Beschreibung von Einsteins Allgemeiner Relativitätstheorie – dem Herz der modernen Theorie Schwarzer Löcher –, die die Physiker befriedigt, kann nur mit den Mitteln der Mathematik erfolgen. Trotzdem können jene Aspekte, die die Natur Schwarzer Löcher bestimmen, auch einfacher dargestellt werden. Besonders wichtig ist der Einfluß von Gravitationsfeldern auf Raum und Zeit.

Noch vor dem Ersten Weltkrieg kam Einstein zu einem damals außerordentlichen Ergebnis: Die Schwerkraft, besonders wenn sie stark ist, krümmt den Raum und verlangsamt die Zeit. Er sah die Gravitation nicht als Kraftfeld im dreidimensionalen Raum, sondern als vierdimensionale Größe, die den Raum ebenso wie die Zeit einbezieht. Seine ersten Schritte in diese Richtung waren vergleichsweise direkt und leicht verständlich. Ihre Grundlage waren Argumente, welche die Gleichwertigkeit von Schwerkraft und Beschleunigung betrafen.

Um diese Gleichwertigkeit (Äquivalenz) zu verstehen, stellen Sie sich vor, Sie seien in einem vollständig ausgerüsteten Labor an Bord eines Raumschiffes. Nach einem langen Schlaf wachen Sie auf und erkennen, daß Sie sich in einer von zwei möglichen Situationen befinden: Entweder steht das Raumschiff noch auf der Abschußplattform, und die Schwerkraft der Erde sorgt dafür, daß Sie nicht durch den Raum schweben, oder das Raumschiff ist gestartet, und seine Beschleunigung ist gerade so groß, daß sie die Schwerkraft nachahmt, die wir gewohnt sind (die dafür verantwortlich ist, daß ein Körper im freien Fall jede Sekunde um 35 Stundenkilometer schneller wird). Es gibt keine Fenster, durch die Sie hinausblicken könnten, um eine Entscheidung zu treffen.

Sie werfen einen Ball durch das Labor. Seine Bahn krümmt sich nach unten, bis er auf den Boden fällt; doch dies beantwortet die Frage nicht. Diese Krümmung könnte der Schwerkraft zuzuschreiben sein oder der Tatsache, daß während des Fluges des Balls die Bewegung des Bodens (und des Rests des Raumschiffs) beschleunigt wurde. Wie Einstein hervorhob, gibt es kein im Labor durchführbares Experiment, das zwischen Gravitation und Beschleunigung unterscheiden könnte. Sie sind äquivalent und im wesentlichen dasselbe. Anders ausgedrückt: Die träge Masse eines Körpers (sein Widerstand gegen Beschleunigung) ist proportional zu seiner Reaktion auf die Schwerkraft (seinem Gewicht). Daher sollten auch die Wirkungen von Gravitation und Beschleunigung auf Licht identisch sein.

Um den Effekt von Beschleunigung – und daher von Gravitation – auf Licht zu demonstrieren, muß unser Labor, da Licht so schnell ist, sehr stark „nach oben" beschleunigt werden – in Wirklichkeit sehr viel stärker, als ein Mensch ertragen könnte. Doch in Gedanken können wir Zeugen des Versuchs werden. Anstatt einen Ball durch das Labor zu werfen, wird diesmal ein Lichtblitz ausgesendet, der eine Folge von fluoreszierenden Glasplatten durchquert. Der Lichtimpuls hinterläßt in jeder Platte einen glimmenden Punkt. Es ist leicht zu sehen, daß diese Punkte keine Gerade, sondern eine nach unten gekrümmte Kurve (wie der Ball) bilden, wenn das Labor nach oben beschleunigt wird: Während der Impuls von einer Platte zur nächsten läuft, erhöht sich die Geschwindigkeit des Labors, so daß der Lichtblitz in einem gewissen Umfang „zurückbleibt". Der Lichtstrahl ist durch die Beschleunigung „abgelenkt" worden und sollte daher auch von der Schwerkraft abgelenkt werden, besonders wenn diese sehr stark ist.

Nun wollen wir in diesem beschleunigten Labor ein Experiment mit einer Uhr ausführen, die jede Sekunde einen Lichtblitz aussendet. In diesem Falle sei das Labor in der Beschleunigungsrichtung sehr lang (um den Effekt deutlicher zu machen). Die Uhr befindet sich am hinteren Ende, unser robuster Raumfahrer beobachtet sie vom vorderen Ende aus. Wäre die Bewegung des Raumschiffes gleich, dann bliebe die Entfernung, die das Licht zwischen Uhr und Beobachter zurücklegen muß, gleich, und die Lichtblitze würden mit dem Vorrücken des Sekundenzeigers der Armbanduhr des Beobachters zusammenfallen.

Doch wenn das Labor beschleunigt wird, vergrößert sich die Entfernung, die das Licht zwischen der Uhr hinten im Labor und dem Beobachter vorne zurücklegen muß, ständig. Die Lichtpulse, die immer weitere Strecken zurücklegen müssen, kommen immer später an und hinken hinter dem Sekundenzeiger der Uhr des Beobachters her.

Der Blick auf eine Uhr in einem starken Gravitationsfeld entspricht dem Blick auf die Uhr am anderen Ende eines beschleunigten Labors. Sie wird langsam gehen, und alle anderen zeitabhängigen Vorgänge werden ebenso verlangsamt ablaufen; zum Beispiel die Schwingungen von Licht- und Radiowellen. Ihre Schwingungsfrequenz ist erniedrigt und ihre Wellenlänge vergrößert. Deshalb werden die charakteristischen Wellenlängen von Licht, das von Atomen in einem massiven Stern – einem mit starker Schwerkraft – ausgesendet wird, etwas zum roten Ende des Spektrums hin verschoben. Dies ist die „Gravitationsrotverschiebung", die in der Theorie der Schwarzen Löcher eine große Rolle spielen sollte.

1911 sah Einstein die Möglichkeit, die Lichtablenkung durch Gravitation zu überprüfen. Manche Sterne sind durch ein Fernrohr auch bei Tage sichtbar, doch diejenigen, die nahe der Sonne stehen, werden von ihr überstrahlt. Sie können jedoch beobachtet werden, wenn der Mond während einer totalen Sonnenfinsternis die Sonne verdunkelt. Wenn die Lichtstrahlen dieser Sterne in der Nähe der Sonne, wo das Gravitationsfeld stark ist, abgelenkt würden, dann müßten sie ein wenig von ihrer ursprünglichen Position entfernt erscheinen. Einstein berechnete, daß die scheinbare Positionsänderung 0,83 Bogensekunden betrüge, wenn das Sternlicht gerade den Rand der Sonne streifte – das entspricht der Größe eines Zehnpfennigstücks in fünf Kilometern Entfernung. Eine Überarbeitung von Einsteins Berechnungen ergab, daß 0,87 Sekunden richtig gewesen wäre, aber wie der Physiker Banesh Hoffmann beinahe zärtlich bemerkte, „Rechnen war nie seine starke Seite".

Einstein fragte sich, ob die Astronomen nicht einen Trick kannten, mit dem sie den Test durchführen konnten, ohne auf eine Sonnenfinsternis warten zu müssen. 1913 schrieb er an George Ellery Hale, den Gründer und Direktor der Mount-Wilson-Sternwarte in Kalifornien, um ihn zu fragen, ob dies möglich wäre. Hale verneinte dies.

Doch im nächsten Jahr sollte in Rußland eine Sonnenfinsternis stattfinden, und der deutsche Astronom Erwin Finlay-Freundlich hatte vor, die Gelegenheit auszunützen. Doch, wie Hoffmann in seiner Einsteinbiographie (die er in Zusammenarbeit mit Einsteins langjähriger Sekretärin Helen Dukas erstellte) schreibt, verhinderte glücklicherweise (für den Entdecker der Relativitätstheorie) der Ausbruch des Ersten Weltkrieges die

Beobachtung, denn Einstein hatte sich getäuscht. Wie er wenige Jahre später erkannte, war der Effekt doppelt so groß wie er zunächst geglaubt hatte – 1,7 Bogensekunden.

Einsteins ursprüngliche Berechnung hatte nicht berücksichtigt, daß aus seiner allgemeinen Theorie zwei Gravitationseffekte erwuchsen: die Verlangsamung der Zeit und die Krümmung des Raums. Wenn sich das Licht in Sonnennähe in einem starken Gravitationsfeld befand, würde seine Geschwindigkeit (als zeitabhängige Größe) für einen entfernten Beobachter verlangsamt. Wenn Lichtwellen schräg ein Gebiet durchlaufen, in dem ihre Geschwindigkeit langsamer ist, werden sie abgelenkt – der gleiche Effekt läßt einen teilweise in Wasser getauchten Stock geknickt erscheinen.

Einsteins Berechnung von 1911 auf der Basis des Äquivalenzprinzips hatte nur einen Effekt berücksichtigt. Später, als seine Theorie ihre endgültige Form angenommen hatte und alle Wirkungen der Gravitation auf Raum und Zeit berücksichtigte, fand er, daß die Lichtablenkung doppelt so groß war.

Inzwischen befand sich Einsteins Heimat Deutschland im Krieg, doch eine Darstellung seiner Theorie und seine Vorhersage bezüglich einer Sonnenfinsternis überquerten die Schlachtfelder und erreichten Sir Arthur Eddington in England. Eddington war begeistert und wurde bald der stärkste Vertreter dieser Theorie. Er beherrschte sie bis in ihre Feinheiten. Als er eine Konferenz verließ, auf der die Überprüfung der Theorie während einer Sonnenfinsternis diskutiert worden war, bemerkte ein anderer Theoretiker (Ludwig Silberstein): „Professor Eddington, Sie müssen einer der drei Leute auf der Erde sein, die die Allgemeine Relativitätstheorie verstehen." Eddington antwortete nicht sofort, und so fügte Silberstein hinzu: „Seien Sie nicht bescheiden, Eddington!" Worauf dieser erwiderte: „Im Gegenteil, ich versuche nur herauszufinden, wer der dritte ist!"

Eddington überzeugte mit großer Mühe seine Landsleute davon, daß es keine Rolle spielen dürfe, daß die Theorie in einem Land entstanden sei, das sich mit England in einer mörderischen Auseinandersetzung befand. Bald sollte eine der seltenen Gelegenheiten bestehen, die Vorhersage Einsteins zu überprüfen. Die wissenschaftliche Welt, die im Idealfall keine Grenzen kennt, konnte diese nicht verstreichen lassen. Eddington drückte dies später so aus: „Der beste Tag im Jahr, um Licht zu wiegen, ist der 29. Mai." An diesem Tag steht die Erde so auf ihrer Bahn, daß der Himmel hinter der Sonne besonders reich an Sternen ist: Es handelt sich um die Hyaden im Sternbild des Stiers.

„Wäre diese Frage zu einem anderen Zeitpunkt der Geschichte aufge-
worfen worden", schrieb Eddington, „wäre es vielleicht nötig gewesen,
einige 1000 Jahre zu warten, bis sich eine Sonnenfinsternis zu diesem gün-
stigen Zeitpunkt ereignete." Er fügte hinzu, daß „aufgrund eines seltsamen Glücksfalls" am 29. Mai 1919 eine Sonnenfinsternis eintreffen sollte.
Ihr Kernschatten sollte den Atlantik von Afrika bis Brasilien überqueren.

Obwohl Großbritannien 1917 einen der schlimmsten Abschnitte des
Krieges mitmachte und U-Boote die Forschungsschiffe versenken konnten, wurden zwei Expeditionen vorbereitet, eine von der königlichen
Sternwarte in Greenwich und die andere von der Universität Cambridge,
wo Eddington Professor für Astronomie war. Die Beobachtungen sollten
auf der Insel Principe im Golf von Guinea und auf der anderen Seite des
Atlantik in Sobral in Brasilien gemacht werden.

Die Teilnehmer der Expeditionen diskutierten die möglichen Ergebnisse mit Sir Frank Dyson, der die Projekte koordinierte. Vielleicht, sagte
man, würde Einsteins Vorhersage bestätigt. Es schien auch möglich, saß
seine ursprüngliche Berechnung, die den halben Wert ergab, sich als richtig erwiese. Es könnte auch überhaupt keine Ablenkung festgestellt und
die klassische Physik bestätigt werden. Schließlich fragte E. T. Cottingham, der mit Eddington nach Principe gehen sollte: „Was wird es bedeuten, wenn wir die doppelte Ablenkung finden?" – „In diesem Fall", sagte
Dyson, „wird Eddington verrückt werden, und Sie werden alleine zurückkommen müssen."

Zur Zeit der Sonnenfinsternis war der Krieg zu Ende. Auf Principe begann der Tag regnerisch, und die Beobachter sahen die Sonne nicht, bevor die Finsternis begonnen hatte. „Ich sah nichts von der Sonnenfinsternis", schrieb Eddington in sein Tagebuch, „ausgenommen einen Augenblick, der mir zeigte, daß sie begonnen hatte, und einen anderen, um
festzustellen, wieviel Wolken es gab, denn ich war zu beschäftigt mit dem
Auswechseln der Platten. Wir machten sechzehn Aufnahmen . . . Die letzten sechs Fotografien zeigten einige wenige Bilder, die uns hoffentlich geben werden, was wir brauchen . . ." Eddington versuchte sofort, die Positionen der Sterne auszumessen, obwohl sorgfältigere Messungen zu
Hause im Labor möglich waren. „Drei Tage nach der Sonnenfinsternis,
als ich bei den letzten Zeilen der Berechnung angekommen war, wußte
ich", berichtete Eddington, „daß Einsteins Theorie den Test bestanden
hatte und daß eine neue Sicht der Dinge die Oberhand gewinnen mußte.
Cottingham mußte nicht alleine nach Hause gehen."

Die Expedition nach Sobral hatte mehr Glück mit dem Wetter, und ihre Ergebnisse lieferten zusätzliche Bestätigung. Die bei beiden Expeditionen berechneten Ablenkungen betrugen 1,98 und 1,61 Sekunden und rahmten Einsteins Vorhersage von 1,70 Sekunden ein. Die Mitglieder der Expeditionen waren zurückgekehrt und hatten, wie Sir James Jeans sagte, „Neuigkeiten mitgebracht, die unwiderruflich die Auffassung der Astronomen von der Gravitation und die Vorstellung des Mannes auf der Straße von der Natur des Universums, in dem er lebt, geändert hatten".

Während die von der Allgemeinen Relativitätstheorie vorausgesagte Lichtablenkung schon 1919 bestätigt wurde, war der Einfluß auf die Zeit für viele Menschen schwerer zu akzeptieren, insbesondere das „Zwillingsparadoxon", das auf der Speziellen Relativitätstheorie beruht, in der die Lichtgeschwindigkeit die zentrale Rolle spielt. Es sagte voraus, daß ein Zwilling, der eine lange Raumfahrt mit hoher Geschwindkeit antrat, deutlich jünger als sein Bruder zurückkehren würde.

1911 war Einstein von der Naturforschenden Gesellschaft in Zürich eingeladen worden, seine Theorien auf einer der Zusammenkünfte zu erläutern. „Die drolligsten Folgen ergeben sich", sagte er den Schweizer Wissenschaftlern, „wenn eine Uhr auf eine lange Reise geschickt wird, dabei mit beinahe Lichtgeschwindigkeit dahinsaust und mit ähnlicher Geschwindigkeit zurückgebracht wird.

Es stellt sich dann heraus, daß sich die Zeigerstellung dieser Uhr während ihrer ganzen Reise fast nicht geändert hat, während eine unterdessen am Orte des Abschleuderns in ruhendem Zustand verbliebene Uhr von genau gleicher Beschaffenheit ihre Zeigerstellung sehr wesentlich geändert hat. Man muß hinzufügen, daß das, was für diese Uhr gilt, welche wir als einen einfachen Repräsentanten alles physikalischen Geschehens eingeführt haben, auch gilt für ein in sich abgeschlossenes physikalisches System irgendwelcher anderer Beschaffenheit. Wenn wir z. B. einen lebenden Organismus in eine Schachtel hineinbrächten und ihn dieselbe Hin- und Herbewegung ausführen ließen wie vorher die Uhr, so könnte man es erreichen, daß dieser Organismus nach einem beliebig langen Fluge beliebig wenig geändert wieder an seinen ursprünglichen Ort zurückkehrt, während ganz entsprechend beschaffene Organismen, welche an den ursprünglichen Orten ruhend geblieben sind, bereits längst neuen Generationen Platz gemacht haben. Für den bewegten Organismus war die lange Zeit der Reise nur ein Augenblick, falls die Bewegung annähernd mit Lichtgeschwindigkeit erfolgte! Dies ist eine unabweisbare Kon-

sequenz der von uns zugrunde gelegten Prinzipien, die die Erfahrung uns aufdrängt.

Zweifler argumentieren, daß lediglich Dopplereffekte eine Rolle spielen, die sich bei der Rückreise aufheben. Wenn zum Beispiel der eine Bruder mit vier Fünfteln der Lichtgeschwindigkeit und einer Uhr, die jede Stunde einen Lichtblitz aussendet, aufbricht, und sein Zwilling mit einer ähnlichen Uhr zu Hause bleibt, dann wird jeder die Blitze der Uhr des anderen allen drei Stunden sehen, weil sie sich so schnell voneinander entfernen. Ebenso wie sich die Tonhöhe der Hupe eines vorbeifahrenden Autos vermindert, vermindert sich die Rate der empfangenen Lichtblitze.

Auf der Rückreise wird der umgekehrte Effekt auftreten. Jeder Bruder wird drei Blitze je Stunde sehen. Die Beschleunigung wird die vorhergegangene Verlangsamung ausgleichen, und bei der Rückkehr werden beide Uhren das gleiche Ergebnis zeigen.

Der Trugschluß in dieser Beweisführung wurde 1957 von Sir Charles Darwin, dem Enkel des Vaters der Evolutionstheorie, demonstriert. In einem Brief an *Nature* legte er dar, daß wenn eine derartige Reise den einen Zwilling zu einem Ziel in vier Lichtjahren Entfernung führte, er fünf Jahre brauchte, um dorthin zu gelangen, und fünf Jahre, um zurückzukehren. Wie Einstein, ließ er absichtlich die Folgen der Beschleunigung aus, indem er vorschrieb, daß Beobachtungen nur gemacht werden sollten, während sich das Raumschiff gleichmäßig bewegte.

Sobald der Reisende seine Richtung geändert hat, wird er die Zunahme der Blitzrate beobachten, sagte Sir Charles, während das für seinen zu Hause gebliebenen Bruder nicht gilt. Da sein Zwillingsbruder in vier Lichtjahren Entfernung die Richtung gewechselt hat, werden die beschleunigten Lichtblitze erst vier Jahre später eintreffen. Wenn der Raumfahrer zurückkehrt, hat sein Bruder nur ein Jahr lang die schnellen Blitze gesehen, und der Reisende ist entsprechend jünger.

Niemand hat eine praktische Möglichkeit gefunden, um ein Raumschiff über lange Zeiträume hinweg zu beschleunigen. Aber man konnte berechnen, daß, wenn man ein derartiges Fahrzeug ständig der Beschleunigung, die ein frei fallender Körper auf der Erde erfährt, aussetzt, dies an Bord die Wirkung der Schwerkraft simulieren würde, so daß die Besatzung eine bequeme Reise hätte. Nach einem Jahr hätte das Raumschiff relativ zur Erde die Lichtgeschwindigkeit annähernd erreicht, so daß eine weitere Beschleunigung es nicht mehr wesentlich schneller machen könnte.

Anstelle dessen würden sich seltsame „relativistische" Effekte für die zu Hause Gebliebenen bemerkbar machen. Die Zeit an Bord wird scheinbar stehenbleiben. Nach einer Rundreise, die für die Besatzung zwanzig Jahre gedauert hat, wären auf der Erde 270 Jahre vergangen. Hätte die Reise sechzig Jahre gedauert, wären auf der Erde fünf Millionen Jahre vergangen!

Um lange dauernde Beschleunigungen möglich zu machen, wurden Projekte vorgeschlagen, bei denen beispielsweise ein Raumschiff unterwegs Wasserstoff als Brennstoff auffangen sollte, doch kein derartiger Plan schien machbar. Die Brennstoff-Begrenzungen werden von den beiden Viking-Sonden illustriert, die 1975 zum Mars geschickt wurden. Die riesige Mehrstufenrakete, die die Amerikaner auf die Reise schickten, brannte jeweils nur zwanzig Minuten – ein Nichts im Vergleich mit Beschleunigungen, die in Jahren gemessen werden. Der Rest der 350 Millionen Kilometer langen Reise zum Mars bestand aus antriebslosem Dahintreiben.

1971 wurde von dem Physiker Joseph C. Hafele von der Washington-Universität in St. Louis ein Weg zur Überprüfung des „Paradoxons" erkannt. Er und Richard E. Keating vom United States Naval Observatory's Time Service in Washington, D.C., konnten den Effekt demonstrieren, indem sie Atomuhren in Düsenflugzeugen benutzten.

Das Naval Observatory, der oberste Zeitmesser der Vereinigten Staaten, ist mit mehreren tragbaren Atomuhren ausgerüstet, die ihre außerordentliche Genauigkeit Schwingungen verdanken, die in Cäsium-133-Atomen beim Übergang zwischen zwei Energieniveaus entstehen. Wenn diese Atome mit der richtigen Frequenz angeregt werden, senden sie Mikrowellen mit der äußerst stabilen Frequenz von 9 192 631 770 Schwingungen pro Sekunde aus. Uhren, die hiermit ihren Gang kontrollieren, schwanken um nicht viel mehr als ein Milliardstel einer Sekunde pro Tag.

Dies war genau genug, erkannten die beiden Wissenschaftler, um die geringfügigen Abweichungen von der Normalzeit zu messen, die sie bei ihren Experimenten erwarteten, insbesondere dann, wenn vier Uhren benutzt und die Ergebnisse gemittelt würden.

Die beiden Männer flogen zweimal um die Welt, erst in östlicher und dann in westlicher Richtung; sie bedienten sich gewöhnlicher Düsenflugzeuge, die normalerweise in etwa 10 Kilometer Höhe fliegen. Nach der Relativitätstheorie sollten die Uhren von zwei Faktoren beeinflußt werden: Der eine war die Zeitverlangsamung bei einer Rundreise mit hoher

Geschwindigkeit, die der Speziellen Relativitätstheorie zugeschrieben wird. Während dieser Effekt groß wird, wenn die Lichtgeschwindigkeit angenähert wird, ist er bei den Geschwindigkeiten von Düsenflugzeugen (etwa 900 Stundenkilometer) nur mit Atomuhren wahrnehmbar.

Der andere Faktor, der den Lauf der Zeit beeinflußte, kam von der Allgemeinen Relativitätstheorie. Nach dieser Theorie sollten Uhren im Obergeschoß eines Hauses etwas schneller laufen, als die im Erdgeschoß, denn sie sind weiter vom Zentrum der Erde entfernt und befinden sich daher in einem schwächeren Gravitationsfeld. Zur Genugtuung der meisten Physiker war dieser scheinbar absurde Effekt in dem 21 Meter hohen Turm des Jefferson Physical Laboratory der Universität von Harvard demonstriert worden. Die Experimente waren dort 1959 und 1960 von Professor Robert V. Pound und dem Studenten Glen A. Rebka ausgeführt worden. Sie benutzten eine geniale Meßanordnung, die auf dem „Mößbauer-Effekt" beruhte und gestattete, winzige Veränderungen der Wellenlänge (und damit auch der Frequenz) von elektromagnetischer Strahlung festzustellen. Sie zeigten, daß die Wellenlänge der Gammastrahlen, die von Eisen-57-Kernen emittiert werden, größer war (das heißt, die Schwingungen erfolgten langsamer), wenn sich die Kerne am Fuß des Turms befanden, als wenn sie oben (bei der Meßapparatur) waren. Dies entsprach der von der Theorie vorhergesagten „Gravitationsrotverschiebung", die auf der Verlangsamung der Zeit durch das am Fuß des Turms etwas stärkere Gravitationsfeld beruht.

Diese Experimente hatten die Skeptiker jedoch noch nicht überzeugt. Der Unterschied zwischen der Schwerkraft auf dem Erdboden und in Höhen, in denen Düsenflugzeuge fliegen, ist beträchtlich größer, als der zwischen der Spitze und dem Fuß des Jefferson Physical Laboratory in Harvard. Deshalb sollten die Uhren in den Flugzeugen etwas schneller gehen, als die auf der Erde zurückgebliebenen.

Die Rundreise in östlicher Richtung dauerte 65,4 Stunden, von denen 41,2 im Flug verbracht werden. In westlicher Richtung dauerte sie 80,3 Stunden, 48,6 davon in der Luft. Die Wirkung sollte teilweise von der Flugstrecke, der Geschwindigkeit und der Höhe abhängen. Die Flugkapitäne lieferten die nötige Information. In östlicher Richtung wurde die Flugstrecke in 125 Abschnitte geteilt, während derer die Bedingungen relativ gleichförmig waren, in westlicher Richtung waren es 108 Intervalle. Jeder Abschnitt wurde einer einheitlichen mathematischen Auswertung unterzogen.

Mittels all dieser Daten berechneten die beiden Wissenschaftler nach der Relativitätstheorie die Auswirkung der Reise auf die Uhren. Die Allgemeine Relativitätstheorie ergab einen Zeitgewinn von 144 Nanosekunden (milliardstel Sekunden) ostwärts und 179 Nanosekunden westwärts als Folge der Gravitationsrotverschiebung. Die Differenz entspricht im Mittel den verschiedenen Flughöhen in westlicher und östlicher Richtung.

Die Folgen der unterschiedlichen Geschwindigkeit wurden mit der Speziellen Relativitätstheorie berechnet. Ostwärts ergab sich ein Verlust von 184 Nanosekunden. Hierbei wurde berücksichtigt, daß die Bewegung der Uhr im Flugzeug in östlicher Richtung sehr viel schneller war als die der Vergleichsuhren in Washington, die sich aufgrund der Erddrehung selbst mit 1275 Stundenkilometern nach Osten bewegen. Die Gesamtgeschwindigkeit der fliegenden Uhren war die Summe der Fluggeschwindigkeit und der Bewegung von Erdoberfläche und Atmosphäre.

Wurden die Uhren westwärts transportiert, war der Effekt umgekehrt. Nun flogen sie der Drehung der Erde entgegen. Düsenflugzeuge können im allgemeinen (außer es handelt sich um Überschallflugzeuge) nicht so schnell fliegen wie die Erdoberfläche, deren Bewegung von der Erddrehung herrührt (eine Bewegung, die wir nicht wahrnehmen, da sich um uns herum alles, eingeschlossen die Luft, mitbewegt). Wenn man also von Frankfurt nach New York fliegt, bewegt man sich relativ zu einem festen Bezugspunkt (wie etwa dem Erdmittelpunkt) immer noch „ostwärts", obwohl man nach Westen fliegt. Gleichen sich Flugzeit und Erdumdrehung gerade aus (wie bei Transatlantikflügen mit dem Überschallflugzeug Concorde), wäre die Ortszeit bei der Ankunft in New York identisch mit der Abflugzeit, aber dies war nicht der Fall. Die fliegenden Uhren bewegten sich also immer noch ostwärts, aber langsamer als die zu Hause gebliebenen. Das Ergebnis war, daß sie 96 Nanosekunden gewonnen haben sollten. (Diese Abschätzungen sind alle Fehlern von 10 bis 18 Nanosekunden unterworfen.)

Zusammengenommen ergab sich also die Vorhersage, daß die Uhren bei der östlichen Weltumrundung 40 Nanosekunden verloren und westwärts 275 Nanosekunden gewonnen haben sollten (Tabelle).

Die Uhren stimmten also untereinander und mit der Vorhersage gut überein. Die Experimentatoren beschrieben die Übereinstimmung als „sehr befriedigend". Hiermit scheint, fügten sie hinzu, weiteren Argumenten dafür, daß die Uhren nach einer Rundreise dieselbe Zeit anzeigen, die Grundlage entzogen zu sein, denn wir finden, daß dies nicht der Fall ist.

Die tatsächlichen Gewinne oder Verluste der einzelnen Uhren, ausgedrückt in Nanosekunden, waren:

Nummer der Uhr	Ostwärts	Westwärts
120	−57	277
361	−74	284
408	−55	266
447	−51	266

Was sie nicht erwähnten, war, daß sie aufgrund der auf dem östlichen Flug verlangsamten und auf dem westlichen Flug beschleunigten Zeit ungefähr 233 Nanosekunden älter nach Hause gekommen waren, als wenn sie zu Hause geblieben wären. Man könnte die Meinung vertreten, dies sei ein kleiner Preis dafür, daß sie die zeitbeeinflussenden Effekte der Relativitätstheorie so deutlich demonstrierten; doch in Wirklichkeit verloren sie nichts. Nicht nur ihre Uhren, sondern alles in ihrem Leben bewegte sich schneller. Wäre der Effekt auch noch so radikal gewesen, sie hätten doch jede „Schrumpfsekunde" ihres Lebens genauso genossen (oder verabscheut), wie eine „volle" Sekunde, denn ihnen wäre der Ablauf der Zeit normal erschienen.

Inzwischen wurde eine neue Reihe von Experimenten in einem gemeinsamen Projekt des Naval Observatory mit Carroll Allay von der Universität von Maryland durchgeführt. Diesmal wurden Cäsium-Uhren von einem Flugzeug nicht um die Welt transportiert, sondern kreisten über dem Patuxent Naval Air Test Center an der Chesapeake Bay. Ähnliche Uhren blieben in einem Lastwagen auf dem Flugplatz. Nach jedem der fünf Flüge von fünfzehn Stunden Dauer, die im Frühjahr 1976 durchgeführt wurden, stellte man das Flugzeug neben dem Lastwagen ab, um einen direkten Vergleich der Uhren zu erleichtern. Es zeigte sich, daß die zurückgebliebenen Uhren langsamer gelaufen waren. Weiterhin konnte man mit sehr kurzen Laserimpulsen den Gang der Uhren während des Fluges vergleichen.

In dem Maße, in dem das Flugzeug seine schwere Treibstoffladung verbrannte, stieg es von zunächst 7600 Metern auf 9100 und schließlich 10 700 Meter. Mit jeder Vergrößerung der Flughöhe gingen die Uhren im Flugzeug, verglichen mit jenen im Lastwagen, geringfügig, aber deutlich meßbar schneller. In Anbetracht solcher Tests kann kein Zweifel daran bestehen, daß die Schwerkraft die Zeit verlangsamt und Licht ablenkt — oder, richtiger gesagt, den Raum krümmt.

5 Die Idee vom Schwarzen Loch

Die Geburt des modernen Begriffs des Schwarzen Loches mit all seinen eigenartigen „relativistischen" Eigenschaften wird im allgemeinen J. Robert Oppenheimer, dem Vater der Atombombe, zugeschrieben. Der erste bedeutende Schritt in dieser Richtung wurde jedoch von einem deutschen Astronomen unternommen, von Karl Schwarzschild, als er im Winter 1915/16 tödlich erkrankt war.

Er war nicht nur einer der brillantesten Astronomen und Theoretiker Deutschlands, sondern auch ein entschiedener Patriot. Als über Vierzigjähriger und Direktor des Astrophysikalischen Observatoriums in Potsdam hätte er den Kriegsdienst vermeiden können, aber er meldete sich freiwillig an die Ostfront, wo er an Pemphigus (Schälblattern) erkrankte, einer seltenen tückischen und (zumindest damals) unheilbaren Krankheit. Wenige Monate zuvor hatte Einstein die wesentlichen Elemente seiner Allgemeinen Relativitätstheorie veröffentlicht. Eine der drei klassischen Arbeiten, die Schwarzschild auf dem Sterbelager schrieb, behandelte spezielle Folgerungen dieser Theorie.

Um auf möglichst einfache Weise herauszufinden, was passierte, wenn die Gravitation äußerst stark würde, behandelte er das Gravitationsfeld von Körpern, die überhaupt kein Volumen besaßen. Er nahm an, daß die ganze Masse eines Objekts wie der Sonne oder der Erde in einem einzigen Punkt konzentriert sei.

Er löste Einsteins Gleichungen und fand, daß, wenn man sich einem solchen Punkt nähert, die relativistischen Effekte anwachsen, bis sich die Raumkrümmung in sich selbst schließt und die Rotverschiebung unendlich wird – Lichtwellen (und andere Wellen) werden unendlich lang. Eine solche Gegend wäre von der Umgebung völlig abgeschnitten. Seine überraschende Entdeckung war, daß dies eintrifft, bevor man das hypothetische Zentrum der Schwerkraft erreicht hat. Würde eine der Erde gleichen Masse in einem Punkt konzentriert, so träten diese Effekte bei einem Radius von etwa einem Zentimeter auf. Dieser Radius wurde als Gravitations- oder Schwarzschildradius bekannt.

Schwarzschild sandte seine Arbeit an Einstein, der am 9. Januar 1916 antwortete:

Werter Kollege!

Ich habe Ihre Arbeit mit dem größten Interesse gelesen. Ich hatte nicht erwartet, daß die exakte Lösung des Problems so einfach formuliert werden könnte. Die analytische Behandlung des Problems erscheint mir glänzend. Nächsten Donnerstag werde ich die Arbeit mit einigen erklärenden Worten der Akademie vorstellen.

Nach einer ausgiebigen Diskussion anderer theoretischer Fragen endete er:

Ich wünsche Ihnen das Beste,
hochachtungsvoll Ihr

A. Einstein.

Vier Monate später war Schwarzschild tot.

Schließlich sollte man erkennen, daß der Schwarzschildradius das Tor zum Schwarzen Loch war. Nichts, das diese Grenze überschritt, konnte je wieder zurückkehren. Sogar Licht könnte eingefangen werden, und wäre es nur, weil seine Wellenlänge von der Schwerkraft unendlich gedehnt würde.

Trotzdem galt diese Vorstellung zu jener Zeit nur als akademische Übung, als theoretische Kuriosität. 1926 diskutierte sie Sir Arthur Eddington in seinem klassischen Werk *„Der Innere Aufbau der Sterne"*. Er legte dar, daß der Stern Beteigeuze (einer der vier Ecksterne des Orion) eine äußerst starke Gravitationskraft ausübt, denn er besitzt zehn- bis hundertmal mehr Masse als die Sonne. Doch diese Masse ist nicht konzentriert genug, um die Stärke zu erreichen, die nötig wäre, um ihn unsichtbar zu machen. Das Volumen des Sterns beträgt fünfzigmillionenmal mehr als das der Sonne – sein Durchmesser entspricht dem der Erdbahn (936 Mio. Kilometer). Er gab jedoch zu, daß seltsame Dinge passieren würden, wäre er so dicht wie die Sonne:

Erstens würde die Schwerkraft so groß sein, daß das Licht nicht imstande wäre, in den Weltraum zu entweichen, da die Strahlen auf den Stern zurückfallen müßten, wie Steine auf die Oberfläche der Erde. Zweitens würde die Rotverschiebung eine Größe erreichen, die das ganze Spektrum „wegverschieben" würde. Drittens würde die Masse eine solche Krümmung der Raum-Zeit-Metrik hervorrufen, daß sich der Raum um den Stern schließen und uns draußen (d. h. nirgends) lassen würde.

Wenige Jahre später sagte der gleiche Eddington, als er die Idee, daß Sterne bis zu unendlicher Dichte kollabieren könnten, kommentierte, daß es ein Naturgesetz geben sollte, „das den Stern daran hindert sich so absurd zu verhalten".

Eddington merkte an, daß schon gegen Ende des achtzehnten Jahrhunderts der große französische Mathematiker und Astronom Pierre Simon Marquis de Laplace die Möglichkeit erkannt hatte, daß Sterne unsichtbar werden könnten, wenn sie genügend Masse besäßen. Laplace wußte von der Endlichkeit der Lichtgeschwindigkeit. Dies war ein Jahrhundert zuvor von dem dänischen Astronomen Ole Rømer bewiesen worden. Er hatte gefunden, daß die Monde des Jupiter immer „Verspätungen" bei ihrem Lauf um den Planeten aufwiesen, wenn Jupiter auf der anderen Seite (am weitesten von der Erde entfernt) der Sonne stand. Er erkannte, daß die Monde deshalb verspätet schienen, weil das Licht eine größere (zusätzliche) Strecke zu durchlaufen hatte. Hieraus berechnete er, daß die Lichtgeschwindigkeit 225 000 Kilometer pro Sekunde betrug. Heute weiß man, daß sie genau 299 792,5 Kilometer pro Sekunde beträgt. Berücksichtigt man die damalige Meßmethode, ist das Ergebnis bemerkenswert.

Laplace nahm an, daß Licht, wie alles was er kannte, von der Schwerkraft verlangsamt würde. Die Stärke des Gravitationsfeldes der Erde ist so groß, daß ein Objekt 40 000 Stundenkilometer schnell sein muß, um ihr zu entkommen. Die Schwerkraft verlangsamt zwar das Objekt, aber sie stoppt den Aufstieg nicht. Bei jeder geringeren Anfangsgeschwindigkeit wird das Objekt immer langsamer und fällt schließlich zur Erde zurück.

Die Fluchtgeschwindigkeit beträgt auf dem Mond wegen seiner kleineren Masse 8570 Stundenkilometer. Wer die Astronauten auf dem Erdtrabanten herumspringen sah, dem wurde deutlich diese wesentlich geringere Schwerkraft vor Augen geführt. Man benötigte sehr viel weniger Raketenleistung, um vom Mond zurückzukehren, als man gebraucht hatte, um die Erde zu verlassen. Andererseits wäre bei Jupiter beinahe eine Geschwindigkeit von 220 000 Stundenkilometer nötig, um diesem bei weitem massereichsten Planeten zu entkommen. Die Fluchtgeschwindigkeit mancher Sterne, führte Laplace an, könnte sogar die Lichtgeschwindigkeit übersteigen.

Er war sich bewußt, daß sich manche Himmelskörper deutlich von unserer Sonne unterschieden – sie waren viel größer, heller und weit weniger stabil. „Einige Sterne", schrieb er 1798, „zeigen in Farbe und Helligkeit bemerkenswerte periodische Veränderungen. Und es gibt andere, die plötzlich erschienen und dann wieder verschwinden, nachdem sie einige Zeit hell gestrahlt haben. Was für gewaltige Veränderungen müssen an der Oberfläche dieser riesigen Körper stattgefunden haben, daß sie in der Entfernung, die uns von ihnen trennt, noch so deutlich sind? Um wieviel müssen sie jene Erscheinungen übertreffen, die wir auf der Oberfläche der Sonne beobachten? Müssen sie uns nicht davon überzeugen, daß die Natur weit davon entfernt ist, überall und immer die gleiche zu sein?"

Doch Laplace erkannte kaum den Umfang der „gewaltigen Veränderungen", die tatsächlich weit draußen im Raum vor sich gehen. „Alle diese Körper, die unsichtbar geworden sind", fuhr er fort (auf Französisch nannte er sie corps obscurs), „befinden sich an der Stelle, wo sie beobachtet wurden, denn sie bewegten sich nicht, während sie strahlten. Deshalb gibt es im Weltraum unsichtbare Körper, die ebenso groß und vielleicht ebenso häufig sind, wie die Sterne. Ein leuchtender Stern, der dieselbe Dichte wie die Erde hätte und dessen Durchmesser zweihundertfünfzigmal größer wäre, als der der Sonne, würde aufgrund seiner Anziehungskraft den Lichtstrahlen nicht gestatten, zu uns zu gelangen; es ist daher möglich, daß die größten leuchtenden Objekte des Universums aus diesem Grunde unsichtbar sind." Da Laplace glaubte, daß massive Sterne ihr ausgestrahltes Licht abbremsten, nahm er an, daß dies die scheinbare Position derer beeinflussen müsse, die nicht genügend groß und dicht sind, um unsichtbar zu sein. Wir sehen sie als kleinere Nachbarsterne, und zwar dort, wo sie früher waren.

In späteren Ausgaben seines klassischen Werks über Astronomie, *Exposition du Système du Monde*, ließ er die Diskussion der „corps obscurs" aus. Vielleicht zweifelte er daran. Es ist bemerkenswert, daß das Gravitationsfeld, das nach den Berechnungen von Laplace nötig wäre, um ein Objekt unsichtbar zu machen, dem von Schwarzschild errechneten nahe kommt, obwohl beide das Problem von verschiedenen Voraussetzungen ausgehend behandelten. Laplace baute auf der falschen Grundlage auf,

Albert Einstein in seinen späten Jahren.
(*The New York Times.*)

daß „Lichtteilchen" von der Schwerkraft ebenso verlangsamt würden wie
materielle Objekte, und er dachte an Sterne, die so groß wären, wie der
Umfang der Erdbahn. Schwarzschild wandte die Relativitätstheorie auf
unendlich kleine Objekte an.

Ein Jahrhundert nach Laplace, in den achtziger Jahren des vorigen
Jahrhunderts, zeigten Albert A. Michelson und Edward W. Morley von
der Case School of Applied Science (jetzt: Case Western Reserve University) in Cleveland, Ohio, daß Messungen der Lichtgeschwindigkeit im Vakuum immer zum gleichen Ergebnis führen, gleichgültig, ob sich die

Lichtquelle relativ zum Beobachter in Ruhe oder in schneller Bewegung befindet. Diese Erkenntnis erschien äußerst eigenartig, bis Einstein zeigte, wie gut sie in seine Relativitätstheorie paßte. Seine Allgemeine Relativitätstheorie zeigte dann, daß die Gravitation die Lichtgeschwindigkeit nur beeinflußt, indem sie die Zeit in einer Gegend, durch die das Licht gekommen sein könnte (wie zum Beispiel bei dem Test der Lichtablenkung während einer Sonnenfinsternis), verlangsamt, daß sie die Lichtwellen dehnt und ihren Weg beeinflußt. Dies kann dafür sorgen, daß Sterne aus Gründen unsichtbar werden, die von denen, die Laplace anführte, ziemlich verschieden sind.

Weder die abstrakten Berechnungen Schwarzschilds, noch die Diskussionen Eddingtons brachten J. Robert Oppenheimer dazu, die erste umfassende Darstellung eines Schwarzen Lochs zu geben. Vielmehr führten ihn die Auseinandersetzungen über Kerne aus Neutronen und der Kollaps sterbender Sterne auf die Spur, insbesondere Lev Landaus Diskussion – die der Russe bald als „lächerlich" fallen ließ – der Möglichkeit, daß jeder Stern, der bedeutend schwerer ist als die Sonne, zu einem Punkt kollabieren muß, wenn seine innere Energiequelle erschöpft ist.

Der Name Oppenheimer weckt heute Erinnerungen an die schlimme Zeit, in der der Mann, der während des Zweiten Weltkriegs das Atombombenprojekt in Los Alamos geleitet hatte, Opfer der panikartigen Ängste des kalten Krieges und, so scheint es, persönlicher Bosheit wurde, und so die Möglichkeit verlor, eine entscheidende Rolle in der Rüstungspolitik zu spielen. Als „Oppie" – wie er unter seinen Kollegen bekannt wurde – 1929 in Caltech und Berkeley zu arbeiten begann, war er ein magerer junger Mann von fünfundzwanzig Jahren, der die Abschlußprüfungen von Harvard mit Auszeichnung bestanden hatte, nachdem er den Vierjahreskurs bereits in drei Jahren absolviert hatte. Er beschäftigte sich mit allen möglichen Dingen, zum Beispiel lernte er Sanskrit, die alte Sprache Indiens, so daß er dessen Literatur im Original lesen konnte. Er besaß eine große Anziehungskraft auf brillante Studenten. Mit einigen von ihnen begann er die Gesetze zu erforschen, die das Verhalten dicht gepackter Neutronen bestimmen. Einer unter ihnen war George M. Volkoff, ein graduierter Student, 1914 in Moskau geboren, der nach den Wirren der russischen Revolution im Alter von zehn Jahren nach Kanada gekommen war. Einen Teil seiner Schulzeit verbrachte er noch in Harbin in der Mandschurei, um dann an die Universität von British Columbia zurückzukehren und sich schließlich Oppenheimer in Berkeley anzuschließen.

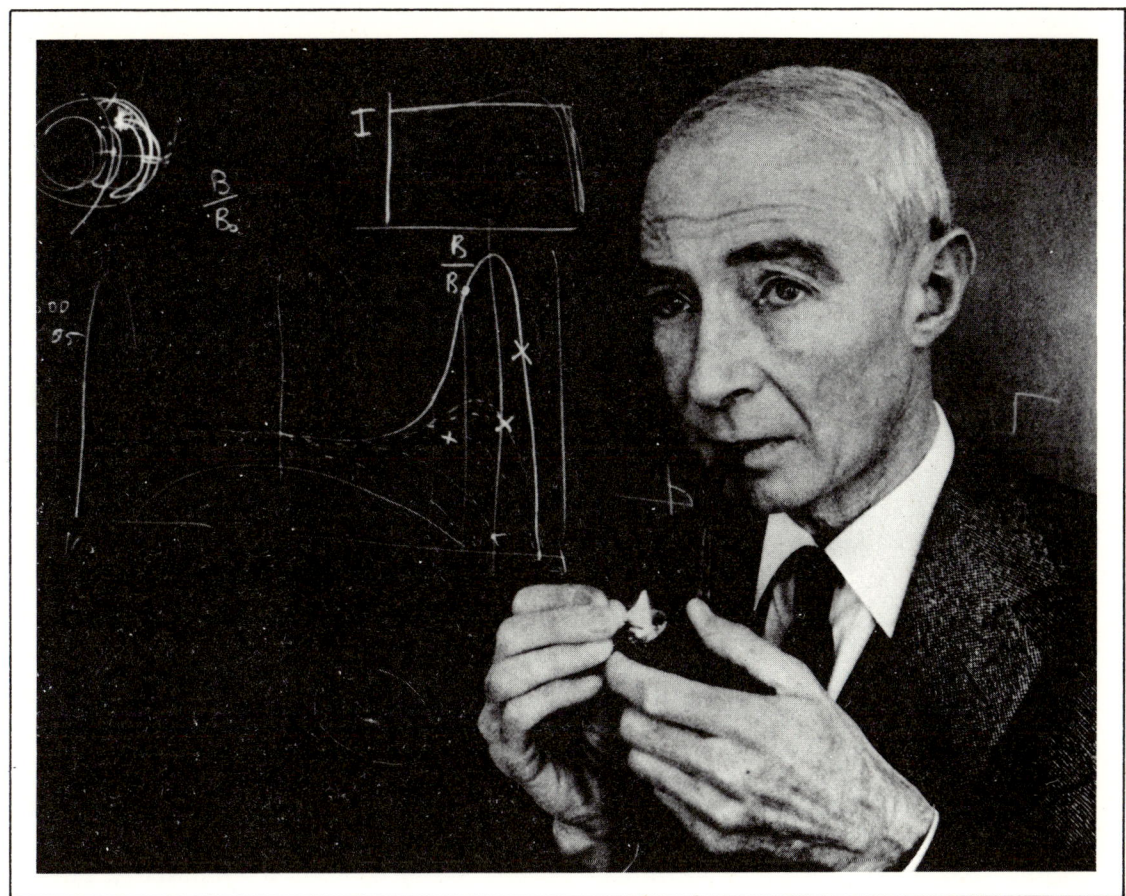

J. Robert Oppenheimer. *(Wide World.)*

Er und Oppie waren nicht von Landaus Argument überzeugt, daß ein stabilisierender Effekt eine große Masse von Neutronen, wie im Herzen eines großen Sterns, daran hindert, ohne Einhalt zu kollabieren. Sie bemerkten, daß Landau in seiner Formulierung die Newtonsche Gravitationstheorie statt der neu entwickelten Einsteinschen verwendet hatte. Aus ihren Berechnungen ging hervor, daß der Widerstand gegen den Kollaps überwunden würde, wenn die Gesamtmasse der Neutronen sieben Zehntel der Sonnenmasse überstieg und die Neutronen „kalt" wären, das heißt keine thermische Bewegung ausführten. Unter diesen Umständen würden sie weiter kollabieren. Der wirksamste Faktor, um den Kollaps einer großen Masse von Neutronen zu verhindern, schien eine Art „Snobismus" zu sein, der dafür sorgte, daß sie Widerstand dagegen leisteten, zu eng zusammenzukommen, ebenso wie der „Elektronendruck" einen Weißen Zwerg vor dem Kollaps bewahrte. Entweder ist diese Beschreibung hochkondensierter Materie falsch, berichteten Oppenheimer und Volkoff in der *Physical Review* vom 15. Februar 1939, oder der Stern zieht sich ohne Ende zusammen, ohne je ein Gleichgewicht zu erreichen.

Im letzteren Fall, bemerkten sie, würde nach Einstein die Dichte so groß und die daraus folgende Schwerkraft so stark, daß sich für einen entfernten Beobachter die Zeit und damit auch der beobachtete Kollaps verlangsamen würden. Als ob sie ängstlich darauf bedacht gewesen wären, die „Absurdität" eines Schwarzen Lochs zu vermeiden, sagten sie: „Man möchte hoffen", Lösungen zu finden, „für die die Kontraktionsgeschwindigkeit und, allgemein, die zeitliche Veränderung immer langsamer werden, so daß diese Lösungen, wenn schon nicht als Gleichgewichtszustände, so doch als quasi-statisch betrachtet werden könnten."

In anderen Worten, sie hofften zeigen zu können, daß in einer solchen Situation die Zeit so sehr verlangsamt wird, daß für jeden entfernten Beobachter der Kollaps praktisch zum Stillstand kommt.

Sechs Monate nachdem er diese Arbeit eingereicht hatte und nur zwei Jahre bevor er sich am Bau der Atombombe beteiligte, ging Oppenheimer mit Hartland S. Snyder, einem anderen graduierten Studenten, noch einen Schritt weiter und beschrieb, wie ein Kollaps ein Schwarzes Loch hervorbringen würde. Im Gegensatz zu den meisten von Oppies Studenten, kam Snyder nicht aus einer elitären Umgebung. Er war in Utah offensichtlich in einer Atmosphäre rauher Sitten und manueller Arbeit aufgewachsen. Oppie, selbst der Inbegriff des intellektuellen Aristokraten, bezeichnete ihn als „Rohdiamanten".

Snyder war jedoch ein mathematisches Genie, und zusammen gingen sie die Faktoren durch, die den Kollaps verhindern könnten. Die einzigen Möglichkeiten für einen massiven Stern, einem solchen Schicksal zu entkommen, die sie sehen konnten, waren:

1. so schnell zu rotieren, daß die Zentrifugalkraft den Kollaps aufhielte;
2. genügend Material abzustoßen, um seine Masse unter den kritischen Wert zu bringen;
3. genügend innere Energie (z. B. Strahlung oder Bewegung der Teilchen im Stern) zu behalten, um dem Druck widerstehen zu können.

Diese Faktoren könnten einige Sterne retten, aber es war zweifelhaft, ob wirklich massive Sterne auf diese Weise entkommen könnten.

In dem Maß, in dem der Stern zu immer größerer Dichte kollabierte, schrieben die beiden Männer, würden sein Licht und andere ausgesandte Energie durch folgende drei Faktoren geschwächt: Der erste war der

70

Karl Schwarzschild.

Dopplereffekt, der zum Beispiel den Ton einer Hupe senkt, wenn sie sich vom Beobachter entfernt. In diesem Fall würde die nach Innen gerichtete Bewegung der kollabierenden Lichtquelle die Wellenlänge des Lichts verlängern, sie also zum Roten hin verschieben und so ihre Energie reduzieren. Ein anderer Faktor wäre die Rotverschiebung durch die zunehmend stärkere Gravitation des zusammenstürzenden Objekts. Der dritte Faktor wäre die Ablenkung der Lichtwellen, die dem Objekt entkommen wollten.

Wie bei der Sonnenfinsternis von 1919 demonstriert wurde, kann die Schwerkraft Lichtwellen ablenken, und je stärker sie ist, um so stärker werden sie auch abgelenkt. Würde jemand auf die Oberfläche eines kollabierenden Objekts mithinabstürzen, fände er es immer schwieriger, Lichtsignale oder eine andere Botschaft auszusenden, sagten Oppenheimer und Snyder. Zunächst gälte dies nur für Signale, die dieser unerschrockene Abenteurer in Richtungen aussandte, die nur wenig über dem Horizont gelegen waren. Diese könnten nicht entkommen, da sie die Schwerkraft nach unten beugte, so daß sie eingeschlossen blieben. Je mehr die Schwerkraft anwuchs, desto höher müßte er seine Signale richten, damit sie nicht eingefangen würden.

Um dies zu illustrieren, stellen Sie sich vor, man könnte die Schwerkraft mit einem Drehknopf regeln und ein anderer würde eine Reihe von Raketen abschießen, die alle dieselbe Schubkraft besäßen. Bei schwacher Schwerkraft könnte eine Rakete die Erde verlassen, selbst wenn man sie nur knapp über den Horizont richtete. Doch wenn die Schwerkraft vergrößert würde, fiele sie zur Erde zurück, außer man schießt sie steiler ab. Eine weitere Verstärkung der Gravitation erfordert einen noch größeren Winkel, bis sie nur noch entkommen könnte, wenn sie direkt in den Zenit gerichtet wäre.

Entsprechend könnte der unglückliche Beobachter, der auf einem kollabierenden Stern in die Vergessenheit fiele, eine letzte Botschaft senden, indem er sie senkrecht nach oben strahlte. Doch dann würde die Gravitation sogar diesen Fluchtweg abschneiden. Die Wellenlängen würden unendlich über das rote Ende des Spektrums hinaus verschoben.

„Der Stern schließt sich selbst von jeder Kommunikation mit einem entfernten Beobachter aus; nur sein Gravitationsfeld bleibt", schrieben sie. Von draußen schiene der Vorgang des Verschwindens unendlich lange Zeit zu dauern, fügten sie hinzu, doch für jemand, der den Kollaps eines typischen Sterns an Ort und Stelle miterlebt, würde die Isolation innerhalb eines Tages vollkommen werden, wobei jedoch verlangsamende Faktoren wie innerer Restdruck des Sterns, seine Strahlung und seine Rotation nicht berücksichtigt wurden. „Wirkliche Sterne", sagten sie, „würden natürlich langsamer kollabieren . . ."

Ein weiterer Effekt, wie später bemerkt wurde, besteht darin, daß, wenn die Strahlung den kollabierenden Stern nicht länger verlassen kann, ihre Energie durch die Masse-Energie-Beziehung wie Masse wirken und so die Schwerkraft noch verstärken würde. Deshalb beschleunigt der Druck im letzten Stadium den Kollaps, anstatt ihn zu verhindern.

Oppenheimer und seine Kollegen bezeichneten das Endergebnis dieses Vorgangs nicht als „Schwarzes Loch". Sie gaben keine Anregung, ob solche Objekte je entdeckt werden könnten – oder würden. Wie beim Schwarzschildradius handelt es sich um eine abstrakte Übung – vielleicht wenig mehr als ein mathematisches Spiel. Es blieb anderen – drei Jahrzehnte später – überlassen, aus aufregenden neuen Entdeckungen zu schließen, daß es den Gravitationskollaps in einem Umfang geben kann, der jenseits der kühnsten Träume früherer Theoretiker lag.

Die Spiral-Galaxis NGC 5364 im Sternbild Canes Venatici (Jagdhunde), fotografiert mit
dem 4-Meter-Teleskop des Kitt Peak National Obervatory.

6 Kosmische Entfernungen und kosmische Explosionen

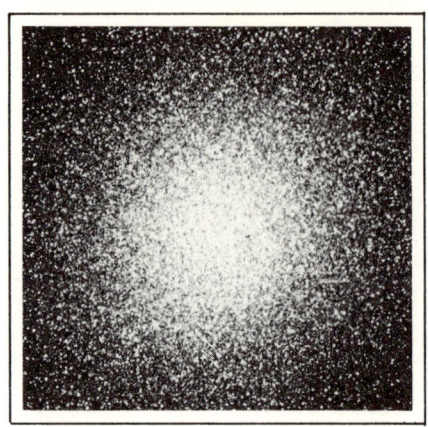

Daß außerordentliche Ereignisse, die nur schwer mit den Prinzipien der konventionellen Physik zu erklären waren, weit draußen im Raum stattfanden, wurde in den fünfziger Jahren offensichtlich. Man entdeckte, daß manche Objekte in den entfernten Teilen des Universums in einer Weise Energie abzustrahlen oder zu explodieren scheinen, die noch millionenfach katastrophaler als eine Supernova ist.

Solche Entdeckungen wurden möglich, indem man gigantische neue Beobachtungsinstrumente benutzte. In Kalifornien wurde 1948 ein Teleskop auf dem Mount Palomar in Betrieb genommen, das mit seinem präzise gefertigten 5-Meter-Spiegel bei weitem größer war, als alle vorher gebauten. Sein auf die Sterne auszurichtender Teil wiegt mehr als 500 Tonnen, doch er ist so konstruiert, daß er von Hand bewegt werden kann. Der Motor, der ihn gegen die Erdrotation bewegt, um ihn ständig auf das Zielgebiet ausgerichtet zu halten, hat nur ein zwölftel PS.

Entsprechend wurden Radioteleskope von immer größerem Umfang gebaut. In Jodrell Bank in England begann 1957 eine Anlage den Himmel abzutasten, deren Parabolantenne (schüsselförmigen Antenne) mit 76 Metern Durchmesser voll beweglich war.

Die neue Wissenschaft der Radioastronomie war geboren worden, als Karl G. Jansky von den Bell Telephone Laboratories fand, daß das Herz unserer Milchstraße (das Spiralsystem, in dem wir leben) starke Radiostörungen erzeugte, als er in den dreißiger Jahren versuchte, die Quellen der atmosphärischen Störungen bei Radioverbindungen zu entdecken. Wir können das Herz der Galaxis aufgrund von dazwischenliegendem Staub nicht sehen, doch wir können vermuten, wie es beschaffen ist, indem wir die leuchtenden Kerne anderer Galaxien betrachten. Bei Radiofrequenzen durchdringt ihr „Rumpeln" den Staub ohne Schwierigkeiten. Die Quelle ist bekannt als Sagittarius A, da sie im Sternbild des Schützen (Sagittarius) liegt. Das „A" deutet an, daß es sich um die stärkste Radioquelle in diesem Sternbild handelt. Was im Kern der Galaxis vor sich geht, ist unbekannt (obwohl manche Theoretiker jetzt ein Schwarzes Loch in Betracht ziehen).

Daß auch Sterne Radiostrahlung erzeugen, wurde deutlich, als das Bedienungspersonal britischer Luftverteidigungsradars längs der Kanalküste während des Zweiten Weltkriegs berichtete, daß ihre Radarechos von irgend etwas unterdrückt wurden; sie dachten an einen deutschen Störsender. Die Störungen traten kurz nach Sonnenaufgang auf – einer Zeit besonderer Alarmbereitschaft –, aber auch, wenn man die nach Osten orientierten Radarantennen auf die Sonne richtete. Auf der Sonne traten gerade zu dieser Zeit sehr aktive Sonnenflecken auf, und J. Stanley Hey, der ein hervorragender Radioastronom werden sollte, erkannte, daß dies die Quelle der Störungen sein mußte.

Während die Emissionen stark genug waren, um Radar zu stören, waren sie nicht genügend intensiv, um außerhalb des Sonnensystems von Bedeutung zu sein. Versuche, Radiostrahlung von anderen Sternen zu empfangen, verliefen enttäuschend. Doch systematisches Absuchen des Himmels, das 1938 von Grote Reber mit einer selbstgemachten Antenne im Hinterhof seines Hauses bei Chikago begonnen wurde, zeigte Hunderte von punktförmigen Radioquellen. Mehrere dieser Quellen waren bemerkenswert stark. Die stärkste von allen war Kassiopeia A, deren Emissionen von einer Gaswolke kamen, die sich explosiv vom Ort einer früheren Supernova ausbreitete. Ihre nach außen gerichtete Geschwindigkeit schien in allen Richtungen gleichmäßig etwa 7400 Kilometer je Sekunde zu betragen. Aus Berechnungen, in denen die Bewegung umgekehrt wird (wie wenn man einen Film rückwärts laufen läßt), geht hervor, daß die Supernova auf der Erde um das Jahr 1700 sichtbar gewesen sein sollte, doch es gibt keine Aufzeichnungen, wahrscheinlich, weil Staubwolken dazwischenlagen. Kassiopeia A, die sich in unserer Milchstraße in einer Entfernung von 11 000 Lichtjahren befindet, ist „laut", weil sie im Vergleich zu anderen Supernova-Resten jung und voller Energie ist.

Die Identifizierung der zweitstärksten Quelle, Cygnus A, führte zu einer Sensation in den Schwesterdisziplinen Physik und Astronomie. Die

Indizien häuften sich in kleinen Schritten. Unmittelbar nach dem Zweiten Weltkrieg fand Hey mit Hilfe eines modifizierten Antiflugzeugradars, daß starke Emissionen, die sich innerhalb von Minuten veränderten, aus der Nähe des Sternbildes Schwan (Cygnus) kamen.

Ein anderer Pionier der Radioastronomie, John G. Bolton, und seine Kollegen in Australien benützten dann das Meer als Beobachtungshilfsmittel und zeigten, daß die Emissionen aus einem verhältnismäßig kleinen Gebiet von nicht mehr als acht Bogensekunden Weite kamen. (Jeder der 360 Grade eines Winkels teilt sich in 60 Minuten, und jede Minute besteht aus 60 Sekunden.) Der Mond erscheint unter etwa zweiunddreißig Minuten — viermal die von den Australiern für Cygnus A angegebene Obergrenze.

Das Verfahren, das sie benutzt hatten – es ist als Interferometrie bekannt – entwickelte sich zum entscheidenden Hilfsmittel bei der Identifizierung von Position und scheinbarer Größe von Radioquellen. Radiowellen, obgleich Teil des gleichen elektromagnetischen Spektrums, zu dem auch das Licht gehört, sind tausend- und millionenfach länger. Man benötigt daher einen riesigen Reflektor, um ein klares Bild von Form und Ort einer Radioquelle zu erhalten. Die kleinsten (in Bezug auf den Winkel) gerade noch sichtbaren Details werden durch das Verhältnis von Wellenlänge zu Größe des Reflektors bestimmt. Um den „Radiohimmel" (bei, sagen wir, einer Wellenlänge von 15 Zentimetern) genau so deutlich zu sehen, wie den sichtbaren Himmel mit unbewaffnetem Auge, benötigt man eine Antenne von etwa sechshundert Meter Durchmesser.

In einem gewissen Umfang eröffnet die Interferometrie einen Ausweg aus diesem Dilemma. Die Methode, bei der Signale gleichzeitig von zwei oder mehreren voneinander entfernten Antennen aufgefangen werden, ist ein direkter Nachkomme des berühmten Experiments, das 1801 von dem englischen Arzt und Physiker Thomas Young ausgeführt wurde, um die Existenz von Lichtwellen nachzuweisen. Seit Newton hatten viele Wissen-

Edwin P. Hubble, dessen Beobachtungen die gleichmäßige Ausdehnung des Universums bestätigen, im Beobachterkäfig des 200-Zoll-(508-Zentimeter-)Teleskops auf Mount Palomar. Ein Teil der Kuppel und der Struktur des Teleskops kann im Spiegel, links unten, gesehen werden. Dieses riesige Instrument beherrschte die beobachtende Astronomie seit 1948, bis Ende der siebziger Jahre eine neue Generation von Instrumenten, darunter der sowjetische 6-Meter-Reflektor, in Betrieb genommen wurde.
(Historische Fotografie der Hale Observatories.)

schaftler, unter ihnen Laplace, angenommen, daß Licht aus Teilchen oder „Korpuskeln" besteht, doch gab es auch einige, die an „Lichtwellen" glaubten. Da Licht offensichtlich auch Vakuum ohne Schwierigkeiten durchdringt, vermuteten die Anhänger der Wellentheorie die Existenz eines universalen, aber unentdeckten Mediums, des Äthers, durch den diese Wellen fließen. Schließlich wurde gezeigt, daß in einem gewissen Sinn beide Schulen recht hatten. Licht besteht aus Teilchen (man nennt sie heute „Photonen"), die sich wie Wellen verhalten.

Young demonstrierte seine Wellennatur, indem er einen Effekt zeigte, der auf Wasser zu sehen ist, wenn Wellen aus zwei Richtungen aufeinander treffen. An manchen Stellen treffen Wellenberge zusammen und verstärken sich. Dazwischen trifft ein Tal auf einen Berg und sie heben einander auf, oder „interferieren", wie die Physiker sagen.

Bei seinem Experiment ließ Young Sonnenlicht durch ein Nadelloch auf eine Platte mit zwei nahe beieinander liegenden Spalten fallen. Der durch die Spalte zweigeteilte Strahl fiel dann auf einen weißen Schirm. Da der ursprüngliche Nadelloch-Strahl klein war, waren seine Lichtwellen in großem Umfang „kohärent", das heißt, sie „marschierten im Gleichschritt", wie Soldaten. Nachdem der aufgespaltene Strahl sich auf dem Schirm wiedervereinigt hatte, verstärkten sich die zusammentreffenden Wellen an einigen Punkten und löschten sich an anderen aus. Sie erzeugten so ein Muster von hellen und dunklen Streifen. So zeigte Young seinen erstaunten Zeitgenossen, daß es möglich ist, Dunkelheit zu erzeugen, indem man Licht zu Licht hinzufügt. Sein Experiment ergab ein charakteristisches „Interferenzbild" aus sich abwechselnden hellen und dunklen Streifen.

Ein ähnlicher Effekt kann mit einer astronomischen Radioquelle erzielt werden. Anstelle einer Spalte fallen die Wellen auf zwei Antennen, die sich in einer bestimmten Entfernung befinden; dann koppelt man sie (elektrisch, mittels Funk oder anders) zu einem gemeinsamen Empfangsgerät zusammen. Da die Erde rotiert, wandert die Quelle der Wellen von Ost nach West über den Himmel. Die Antennen sind im allgemeinen auf einer west-östlichen Linie angeordnet und folgen der Quelle auf ihrer westlichen Bahn. Manchmal, wie auf Bild 1 A zu sehen, empfangen beide Stationen „Berge" (das heißt, die Wellen sind in „Phase"), die Wellen verstärken sich gegenseitig im Empfänger. Doch einen Augenblick später, wenn sich die Quelle bewegt hat, wie man auf Bild 1 B sieht, hat sich der Einfallswinkel verändert, und ein Berg erreicht eine Antenne, wenn ein

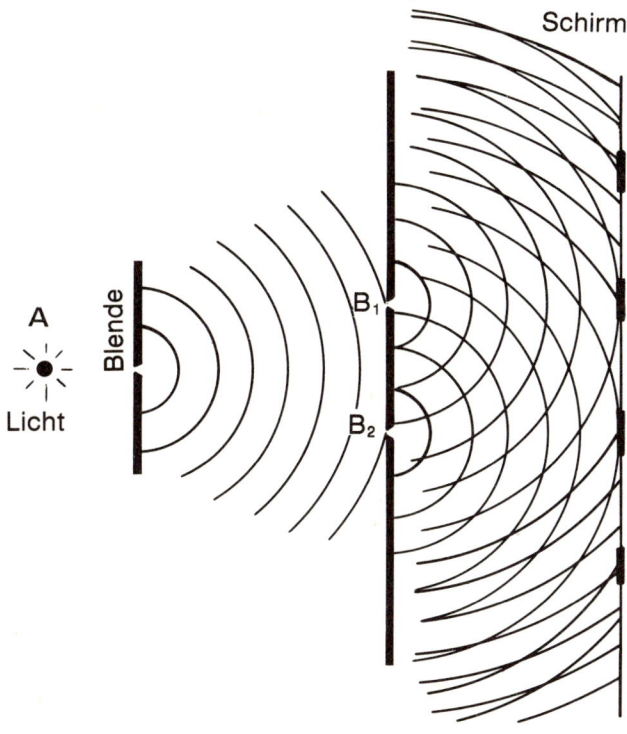

Schirm

Blende

A
Licht

B$_1$

B$_2$

Das Experiment von Thomas Young, das die Wellennatur des Lichts demonstrierte und die Grundlage der modernen Interferometrie schuf. Licht aus einer punktförmigen Quelle (A) fällt durch eine enge Blende und bildet eine geordnete Folge von Wellenfronten, dargestellt durch konzentrische Kreise. Diese treffen auf zwei weitere Blenden (B$_1$ und B$_2$), erzeugen getrennte Wellenfronten und vereinigen sich auf einem Schirm. Wenn die zusammentreffenden Wellen in Phase sind – das heißt, wenn Berg auf Berg trifft –, verstärken sie einander, sie bilden eine helle Linie. Wenn sie nicht in Phase sind (Berg trifft auf Tal, löschen sie einander aus oder „interferieren", kein Licht wird beobachtet: Licht zu Licht hinzugefügt ergibt Dunkelheit.

Tal die andere erreicht. Da sie gegenphasig eintreffen, „interferieren" sie und kein Signal wird empfangen. Auf diese Weise ergibt sich eine Folge von Verstärkung und Auslöschung, bis die Wellenberge und -täler, wie auf Bild 1 C zu sehen, beide Antennen gleichzeitig treffen und ein maximales Signal erzeugen, wenn die Quelle den Meridian kreuzt (sich genau im Norden oder Süden befindet). Danach wird das Signal wieder schwächer, so daß die Aufzeichnung des ganzen Vorgangs Bild 2 ähnelt. (Die in Bild 1 dargestellten Wellenfronten sind im wesentlichen Geraden, da die Quelle äußerst entfernt ist.)

Während die höchste, mittlere Spitze in Bild 2 anzeigt, wann die Quelle den Meridian kreuzte, und so hilft, ihre Position am Himmel festzustellen, begrenzt die Breite jeder Spitze die Genauigkeit der Beobachtung. Es gibt zwei Möglichkeiten, mehr (und daher engere) Spitzen zu erhalten. Die eine besteht darin, die Entfernung der Antennen zu vergrößern. Auf der (schematischen) Abbildung 1 A waren die Antennen nur wenige Wel-

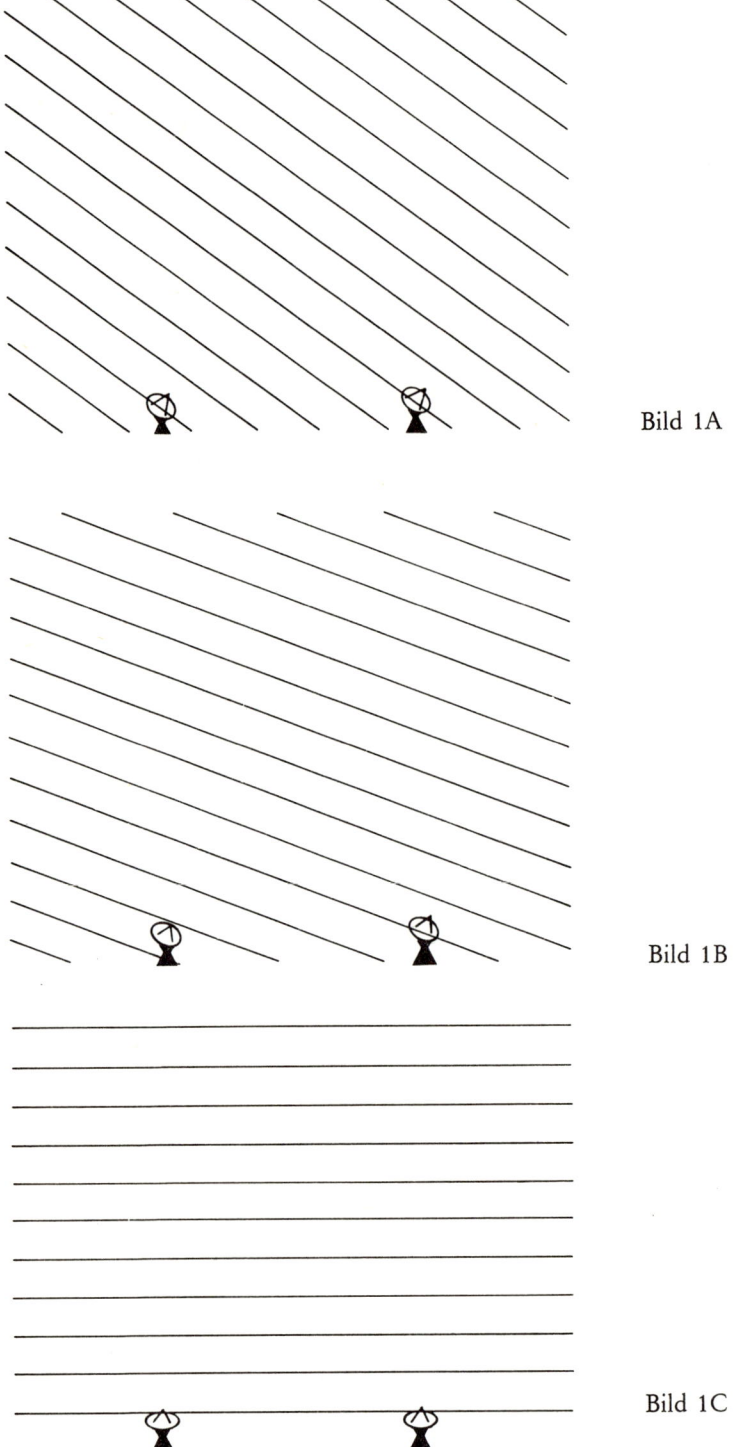

Bild 1A

Bild 1B

Bild 1C

Bild 2

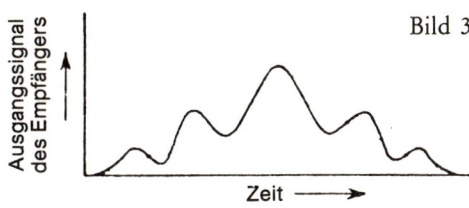

Bild 3

lenlängen voneinander entfernt. In der Praxis kann die Entfernung viele Millionen Wellenlängen betragen (es wurden schon Antennen an gegenüberliegenden Seiten der Erde verwendet). Die andere Möglichkeit, mehr Interferenzminima zu beobachten, besteht darin, bei kürzeren Wellenlängen zu arbeiten. Dies liefert engere Spitzen, doch die Wahl der Wellenlänge wird durch Faktoren wie die Durchlässigkeit der Atmosphäre eingeschränkt.

Dieselben Prinzipien sind auch für die Bestimmung der Größe einer Quelle anwendbar. In den Bildern 1 und 2 scheint die Quelle ein Punkt zu sein und nicht ein Objekt von endlicher Ausdehnung. Kann jedoch das Empfangssystem Wellen, die von entgegengesetzten Seiten des Objekts kommen, unterscheiden, wird das Interferenzbild geschwächt – das heißt, das Muster, das von den Wellen von der einen Seite des Objekts erzeugt wird, fällt nicht mit dem von den Wellen der anderen Seite zusammen. Daher wird die Auslöschung nie vollständig sein, und die Signalstärke zwischen den Spitzen wird nie auf Null zurückgehen, wie in Bild 3 gezeigt wird.

Indem man die Antennen auseinander bewegt bis der Effekt auftritt (oder zu kürzeren Wellenlängen übergeht), ist es möglich, Winkelgrößen zu bestimmen, die die eines Sterns nicht übertreffen. Diese Methoden der Orts- und Größenbestimmung wurden Haupthilfsmittel bei den folgenden umwälzenden Entdeckungen. Sie führten beispielsweise zur Konstruktion des Very Large Array, eines Radioteleskops in der San-Augustin-Hochebene in Neu-Mexiko. Seine 27 beliebig ausrichtbaren, jeweils 25 Meter messenden Antennen sind auf einem über zwanzig Kilometer langen doppelspurigen Schienensystem in der Form eines Y angeordnet, so daß die Antennen in eine Vielzahl von Positionen gebracht werden können.

Bei ihren frühen Beobachtungen von Cygnus benutzten die Australier in genialer Weise den Ozean als Spiegel – das heißt als zweite Antenne.

Ihre auf einer Klippe aufgestellte Antenne empfing die Radiowellen von Cygnus sowohl direkt als auch vom Meer reflektiert. Schnelle Veränderungen des beobachteten Signals wurden zunächst als Eigenschaft der Quelle interpretiert, was bedeutet hätte, daß sie klein und nah war; doch die Fluktuationen stimmten an entfernten Beobachtungspunkten nicht überein. Es wurde offenbar, daß es sich um Szintillation handelte – ein Effekt, der mit dem Flimmern eines Sterns (aufgrund atmosphärischer Turbulenz) vergleichbar ist. Die helleren Planeten flimmern nicht, da ihr Winkeldurchmesser groß genug ist, doch Sterne flimmern. Dies bedeutete, daß Cygnus A nicht sehr groß sein konnte und wahrscheinlich sehr entfernt war.

In England benutzte F. Graham Smith dann das neue Interferometer der Universität Cambridge, um Cygnus A abzutasten. Er erhielt die damals genaueste Position einer Radioquelle. Wie für Himmelsobjekte üblich, wurde die Position in Rektaszension (dem Gegenstück zur geographischen Länge auf der Erde) und Deklination (Grade nördlich oder südlich einer Linie, die die Himmelssphäre direkt über dem Erdäquator durchläuft, also das Gegenstück zur Breite) angegeben. Smith glaubte, daß seine Positionsangabe bei der Rektaszension auf eine Sekunde und bei der Deklination auf eine Minute (sechzig Sekunden) genau wäre. Im Vergleich bedeckt Mars, wenn er der Erde am nächsten steht, eine Fläche von einundzwanzig Bogensekunden Durchmesser, so daß Smiths Bestimmung äußerst genau war. Er schickte die Koordinaten mit Luftpost an Walter Baade in Pasadena, der Zugang zum einzigen Teleskop auf der Welt hatte, das – dachte Smith – noch „etwas sehen" könnte.

Erinnern wir uns – Baade war der deutschstämmige Astronom am Mount-Palomar-Observatorium, der mit Zwicky vorgeschlagen hatte, daß Supernovae „Neutronensterne" hinterlassen. Wie seine Kollegen später darstellten, war Baade völlig in seine Forschungen versunken: „Gestikulierend, unentwegt rauchend, mit sorgfältig gekämmtem weißem Haar, etwas buschigen weißen Augenbrauen, hervorstehender Hakennase sah Baade die Geheimnisse des Universums als den größten aller Kriminalromane, in dem er einer der wichtigsten Detektive war."

Er erhielt Graham Smiths Brief mit den Cygnus-Koordinaten Ende August 1951. „Ich fand daran wirklich Interesse", berichtete er später. „Bis dahin wollte ich mich nicht in Versuche verwickeln lassen, die Cygnus-Quelle zu identifizieren. Die Positionen waren nicht genau genug. Doch ich wußte, daß man mit den Daten etwas machen konnte."

Weil der Vier-Meter-Reflektor auf der Welt einzigartig war, war jede Sekunde einer Nacht lange im voraus gebucht, und für jeden Astronomen wurde jede Nacht zu einem quälenden Hasardspiel mit dem Wetter. In der Nacht des 4. September 1951 führte Baade zunächst sein vorgesehenes Programm aus. Er fotografierte den Andromeda-Nebel – die nächstgelegene unserer eigenen gleichende Spiralgalaxis – und mehrere helle Nebel in der Milchstraße. Dann – kurz vor Mitternacht – fand er Zeit, das Teleskop auf die Position, die in Smiths Brief angegeben war, auszurichten. Er machte zwei Aufnahmen, eine im blauen und eine im gelben Licht. Am nächsten Nachmittag, als die Sonne hoch am Himmel stand (und beobachtende Astronomen oft schlafen), entwickelte er die Fotos.

„Im ersten Augenblick, als ich die Negative entwickelt hatte, wußte ich, daß es etwas Ungewöhnliches war", sagte er später. „Überall auf dem Bild befanden sich Galaxien, mehr als zweihundert, und die hellste befand sich im Zentrum. Sie zeigte Anzeichen von Gezeitenwirkung, dem Zerren der Schwerkraft zwischen den beiden Kernen. Ich hatte noch nie derartiges gesehen. Es beschäftigte mich so sehr, daß ich, als ich zum Abendessen nach Hause fuhr, den Wagen anhalten und nachdenken mußte."

Ein Jahr vorher hatten Baade und Lyman Spitzer in Princeton vorgeschlagen, daß sich in dichten Galaxienhaufen manchmal Zusammenstöße ereignen müßten – „Verkehrsunfälle" in gigantischem Ausmaß. Auf diese Art versuchten sie zu erklären, warum manchen sehr flachen Galaxien Spiralarme fehlen, als ob sie durch einen Zusammenstoß von Staub und Gas gesäubert wären. Wenn sich Galaxien durchdrängen, überlegten Baade und Spitzer, wäre es unwahrscheinlich, daß die dünn verteilten Sterne zusammenstießen, doch Staub und Gas würden sich treffen. In Cygnus A glaubte Baade, ein solches katastrophales Zusammentreffen zu sehen – ein Ereignis, das hinreichend gewaltsam abliefe, um die beobachtete Radiostrahlung zu erklären. Andere Astronomen, vor allem sein aus dem Elsaß stammender Kollege Rudolph Minkowski, ließen sich davon nicht überzeugen. Die Idee, daß Emissionen der Stärke von Cygnus A von weit draußen, von Galaxien, die Millionen Lichtjahre entfernt waren, kommen sollten, anstatt aus unserer eigenen Milchstraße, schien lächerlich.

Als Minkowski kurz nach der Beobachtung von Cygnus A einen Seminarvortrag über Radioquellen hielt, ging er alle anderen Theorien durch und stellte dann die von Baade vor, „als ob er" – nach dem Bericht des letzteren – „ein scheußliches Insekt mit einer Pinzette hochhob". Min-

Die Galaxis NGC 5128, den Radioastronomen als Centaurus A bekannt, scheint zwei Objekte längs ihrer Rotationsachse in entgegengesetzte Richtungen ausgestoßen zu haben. Eine Zeitlang hatte man den Verdacht, es handle sich um zwei kollidierende Galaxien, doch nun denkt man, daß es eine einzige Galaxis ist, deren äquatoriale Region, in der gewaltige Aktivitäten herrschen, durch ein Staubband teilweise verdunkelt wird. Die Fotografie wurde mit dem 5-Meter-Teleskop auf Mount Palomar aufgenommen.
(Hale Observatories.)

84

Ursa Major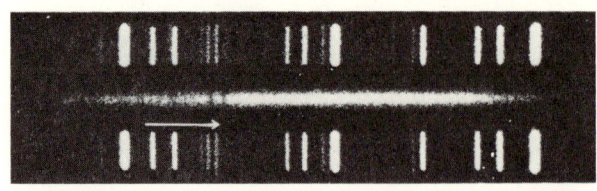

15 000 km/s

Corona Borealis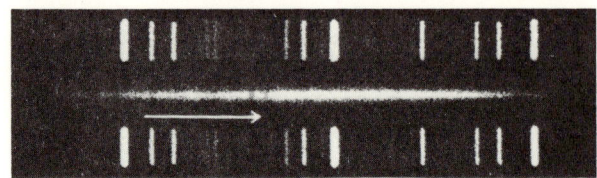

22 000 km/s

Bootes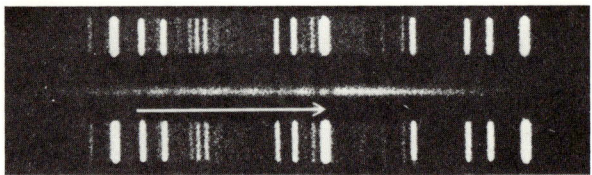

39 000 km/s

Hydra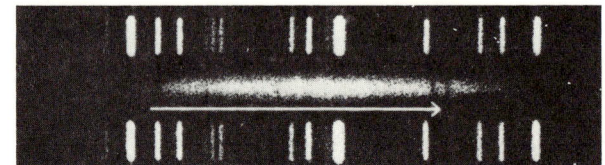

61 000 km/s

Die Kalzium-Zwillingslinie in den Spektren von vier Galaxien erscheint aufgrund immer größerer Geschwindigkeiten zunehmend rotverschoben, was auf immer größere Abstände hinweist. In jedem Fall wird das Spektrum von den Spektrallinien einer stationären Lichtquelle eingerahmt. Das oberste Spektrum stammt von einer Galaxis im Großen Bären (Ursa Major), die sich mit 15 000 Kilometern pro Sekunde von uns entfernt. Darunter befindet sich das Spektrum einer Galaxis in Corona Borealis, die mit 22 000 Kilometern pro Sekunde entweicht. Die Geschwindigkeit in Bootes beträgt 39 000 Kilometer pro Sekunde und die in Hydra 61 000 Kilometer pro Sekunde – ein großer Bruchteil der Lichtgeschwindigkeit. Obwohl der Entfernungsmaßstab unsicher ist, muß sie einige Milliarden Lichtjahre entfernt sein.
(Hale Observatories.)

kowskis Kommentar war (nach Baade) etwa folgender: „Wir alle kennen die Situation: Die Leute machen eine Theorie, und dann, erstaunlicherweise, finden sie Beweise dafür. Baade und Spitzer erfanden die Kollisionstheorie; und jetzt findet Baade den Beweis dafür im Cygnus A."

„Ich war ärgerlich," sagte Baade später seinen Freunden, „und ich sagte ihm, ich wette 1000 Dollar, daß Cygnus A ein Zusammenstoß ist." Minkowski antwortete, daß er gerade ein Haus gekauft habe und sich das nicht leisten könne. „Dann schlug ich einen Karton Whiskey vor," sagte Baade, „doch er wollte immer noch nicht. Wir einigten uns schließlich auf eine Flasche ..."

Einige Monate später kam Minkowski in Baades Büro und fragte: „Welche Sorte?" Er hatte spektrographische Beweise für eine Kollision. Baade antwortete: „Ich hätte gerne eine Flasche Hudson Bay's Best Procurable", wobei es sich, erklärte er, „um das starke Zeug handelt, das die Pelzjäger in Labrador trinken." Was er bekam, war ein „Flachmann" und nicht eine Literflasche, wie er erwartet hatte, und Minkowski trank, nach Baades möglicherweise einseitigem Bericht, bei seinem nächsten Besuch in Baades Haus die kleine Flasche aus, die dieser als Trophäe aufbewahrt hatte.

Später wurde argumentiert, daß Minkowski ein Recht darauf hatte, seinen Whiskey zurückzunehmen, weil man nicht mehr glaubte, daß Cygnus A aus zwei zusammenstoßenden Galaxien besteht. Es handelt sich vielmehr um eine Galaxis, deren sichtbares Bild von einer Staubwolke zweigeteilt wird, ähnlich Centaurus A (den optischen Astronomen als NGC 5128 bekannt und auf der nächsten Seite abgebildet). Doch eine andere Form von „Zusammenstoß" – Gravitationskollaps in großem Umfang – wurde bald als mögliche Energiequelle für viele Radiostrahler in Betracht gezogen.

Während es offensichtlich war, daß Cygnus A sehr weit entfernt war, mußte man, um die genaue Entfernung zu ermitteln, den „Zollstock der Astronomen" – die Rotverschiebung – anwenden. Läßt man Licht von einem Stern, einer Galaxis oder einem anderen Objekt durch ein Spektrometer laufen, wird es nach Wellenlängen zerlegt, wie Sonnenlicht durch ein Prisma oder durch Regentropfen, wenn ein Regenbogen entsteht. Das Spektrum kann, wenn man es hinreichend vergrößert, Tausende von hellen und dunklen Linien zeigen. Die hellen Linien entsprechen dem von verschiedenen Atomen der Quelle beim Übergang von einem auf ein anderes Energieniveau ausgesandten Licht. Die dunklen Linien entsprechen den Wellenlängen, die von Atomen der Quelle absorbiert wurden, zum Beispiel von den Atomen der Sonnenatmosphäre.

Da sich praktisch alle Galaxien von uns als Folge der allgemeinen Ausdehnung des Universums weg bewegen, werden diese Spektrallinien zu größeren Wellenlängen hin verschoben – also zum roten Ende des Spektrums. Das ist der vertraute „Dopplereffekt". Er ist weitaus häufiger anzutreffen, als die durch sehr starke Schwerkraft verursachte Gravitationsrotverschiebung; sie wird in der Astronomie als Maßstab für die Entfernung zu anderen Galaxien benutzt. Je entfernter eine Galaxis (oder ein Haufen von Galaxien), um so schneller entfernt sie sich von uns und um so größer ist auch ihre Rotverschiebung.

Diese Beziehung zwischen Entfernung und Geschwindigkeit besteht zum Beispiel auch in einer expandierenden Gaswolke. In einer solchen Wolke entfernen sich Staubteilchen aufgrund der Expansion alle voneinander, wobei die Relativgeschwindigkeit von dem Abstand bestimmt wird. Stellen Sie sich vor, ein Raucher würde seinen Rauch in einen Ballon blasen, ihn dabei nur teilweise füllen und dann die Luft erwärmen, um den Ballon weiter aufzublähen. Die Rauchteilchen im expandierenden Volumen würden sich gleichmäßig voneinander entfernen. Ein mikrobenhafter Astronom auf einem Staubteilchen tief im Inneren der Wolke würde in jeder Richtung dieselbe Form der Ausdehnung beobachten. Alle anderen Stäubchen würden sich entfernen. Wenn obendrein die Expansion gleichförmig wäre, würden sich doppelt so weit entfernte Stäubchen doppelt so schnell weg bewegen.

Das Universum, das wir sehen, ist von dieser Art. Das ist der Hauptgrund für die Annahme, daß es einen explosiven Anfang – den Urknall – vor zehn oder zwanzig Milliarden Jahren gegeben hatte. Daß dieser Zollstock gültig ist, wird durch die systematische Beziehung zwischen der Helligkeit und der Rotverschiebung entfernter Galaxien unterstützt. Je schwächer sie sind, desto größer ihre Rotverschiebung, und dies genau in der Art, die man erwarten sollte, wenn Rotverschiebungen ein Maß für Entfernungen sind. Im Fall von Cygnus A erhielt man auf diese Weise eine Entfernung von 500 Millionen Lichtjahren – so groß, daß das Licht 500 Millionen Jahre brauchte, um zu uns zu gelangen. (Die tatsächliche Entfernung könnte größer sein, je nach der Art der Krümmung des Raumes und der Expansionsrate, die noch nicht genau bestimmt sind.) Trotz dieser riesigen Entfernung ist Cygnus A die zweitstärkste Radioquelle am Himmel. Die Astronomen waren sprachlos. Wie konnte ein so weit entferntes Objekt so hell im Radiobereich „scheinen"? Nur ein explosionsartiger Vorgang konnte eine plausible Erklärung liefern, und sogar dies schien jenseits jeder bekannten Form von Energie zu liegen.

Eine andere bemerkenswerte Radioquelle war 3 C 295. Die Bezeichnung bedeutet, daß es sich um die Nr. 295 im dritten *Cambridge Catalogue of Radio Sources* (3 C) handelt, der von Radioastronomen der Universität Cambridge in England unter Sir Martin Ryle (der später den Nobelpreis für seine Erfindungen in der Beobachtungstechnik bekam) zusammengestellt wurde. Die Emissionen von 3 C 295 kamen, wie mittels Interferometrie gezeigt wurde, von einem winzigen Punkt im Sternbild Bootes. Die Quelle war hundertmal kleiner als Cygnus A! Seine Position lag innerhalb von zwanzig Bogensekunden – ein Himmelsstück, nicht größer als die scheinbare Größe der hellsten Planeten und so klein, daß sie sogar im stärksten Teleskop kaum mehr als einige wenige sichtbare Objekte enthalten sollte.

Als Minkowski erfuhr, daß der Ort so genau bekannt war, zog er den eben vollendeten *Palomar-Sky-Atlas* heran. Dabei handelt es sich nicht um ein Buch, sondern um eine Sammlung von mehr als tausend Fotografien höchster Qualität von allen Teilen des Himmels, die durch ein speziell gefertigtes Teleskop auf Mount Palomar zu sehen sind. Das Achtjahresprojekt war mit finanzieller Hilfe der National Geografic Society 1957 vollendet worden. In besonders klaren Nächten wurde jeder Abschnitt des Himmels zweimal fotografiert – einmal im blauen und einmal im roten Licht – um Hinweise auf die Natur jedes Objekts von den entgegengesetzten Enden des Spektrums zu geben.

Minkowski konnte an der für 3 C 295 angegebenen Position nichts im Himmelsatlas finden, und so verwendete er, wie sein Kollege Baade, einen Teil seiner Beobachtungszeit am Fünf-Meter-Teleskop, um eine lange belichtete Aufnahme der fraglichen Gegend zu machen. Diese ergab dann, daß die Emissionen von einer schwachen, offensichtlich äußerst entfernten Galaxis zu kommen schienen. Um genügend Licht für ein Spektrum zu erhalten, richtete Minkowski das große Teleskop viereinhalb Stunden auf das Objekt. Er fand die größte damals beobachtete Rotverschiebung; sie entsprach 36 Prozent der Lichtgeschwindigkeit. Das bedeutete (je nach der genauen Definition des Rotverschiebungszollstocks), daß 3 C

Nächste Seite: Der große Spiralnebel in Andromeda,
die nächstgelegene, unserer Milchstraße ähnliche Spiralgalaxis.

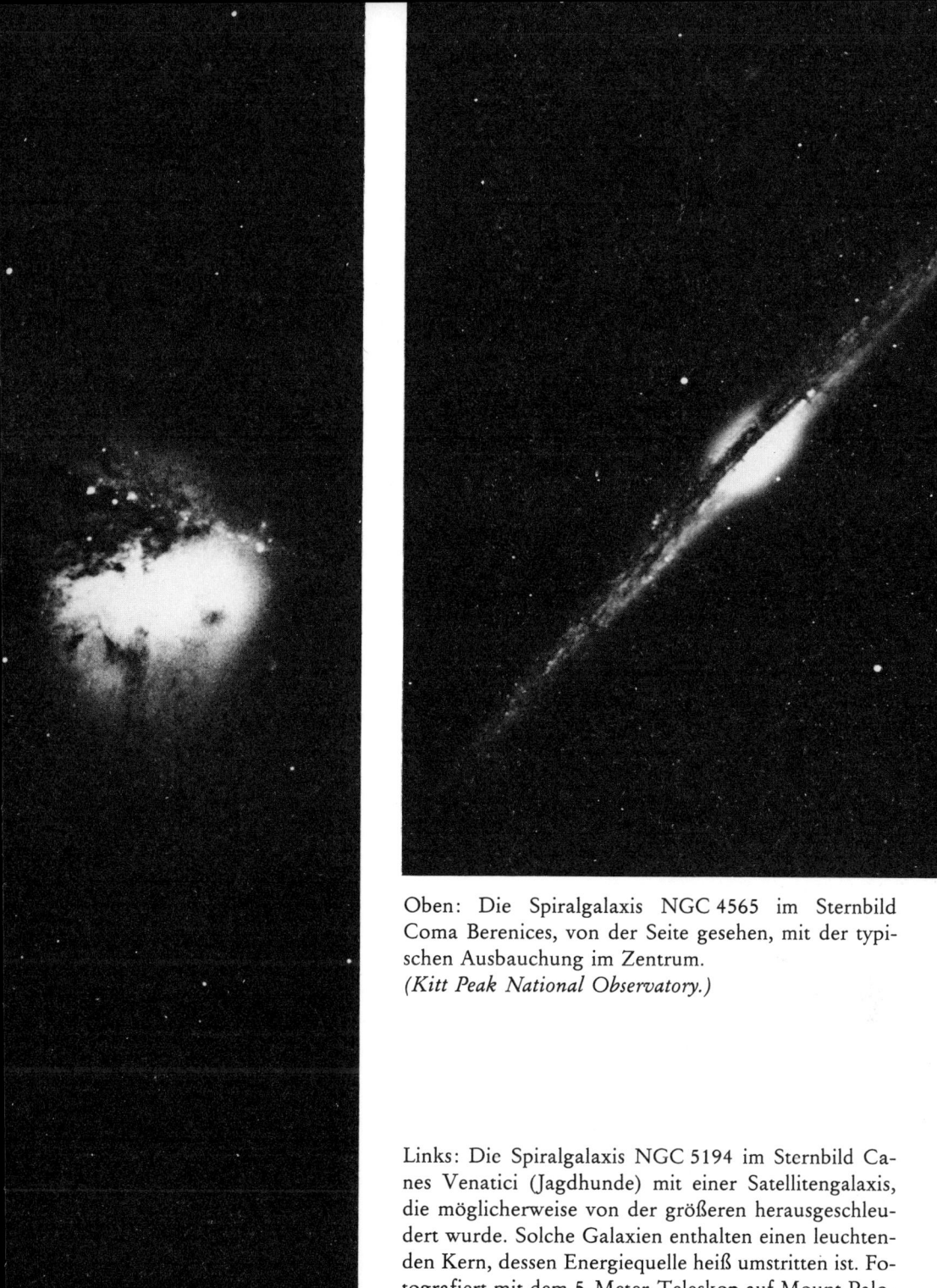

Oben: Die Spiralgalaxis NGC 4565 im Sternbild Coma Berenices, von der Seite gesehen, mit der typischen Ausbauchung im Zentrum.
(Kitt Peak National Observatory.)

Links: Die Spiralgalaxis NGC 5194 im Sternbild Canes Venatici (Jagdhunde) mit einer Satellitengalaxis, die möglicherweise von der größeren herausgeschleudert wurde. Solche Galaxien enthalten einen leuchtenden Kern, dessen Energiequelle heiß umstritten ist. Fotografiert mit dem 5-Meter-Teleskop auf Mount Palomar.
(Hale Observatories.)

93

295 zehnmal so weit entfernt war wie Cygnus A, daß sein Licht fünf Milliarden Jahre zu uns unterwegs war. Wir sehen also, wie 3 C 295 aussah, als das Universum sehr viel jünger war als heute.

Die Horizonte der Erkenntnis schienen sich mit atemberaubender Geschwindigkeit auszudehnen; jede neue Entdeckung schien neue Fragen aufzuwerfen. Eine Anzahl Radioquellen wurde bald als „Radiogalaxien" – wie 3 C 295 – identifiziert. Die Beweise häuften sich, daß in vielen Galaxien katastrophale Ausbrüche stattfinden – oder stattfanden. Schon 1943 hatte C. K. Seyfert von der Vanderbilt-Universität bemerkt, daß sich in den Kernen bestimmter Galaxien (später wurden sie als Seyfertgalaxien bezeichnet) hochenergetische Prozesse abspielen, und nun wurden die Beweise für explosive Vorgänge bei weitem drastischer. Daß Explosionen in geringerem Umfang in unserer Milchstraße stattfinden könnten, wurde durch eine Entdeckung holländischer Radioastronomen angedeutet: Wasserstoffwolken scheinen aus ihrem Kern nach „oben" geschleudert worden zu sein. Abgeplattete Spiralgalaxien – wie unsere – scheinen nur den Weg nach „oben" oder „unten" freizugeben, da in jeder anderen Richtung Staub, Gas oder Sterne ein Entkommen unmöglich machen. Eine sorgfältige Untersuchung des *Palomar-Sky-Atlas* zeigte fünfzig bis hundert explodierte Galaxien.

Eine Anzahl „wilder" Erklärungen wurde angeboten, da keine konventionelle zu befriedigen schien. Man legte nahe, daß sich Materie und Antimaterie in reine Energie umsetzten; oder daß Sterne im Kern der Galaxien so nahe beieinander liegen, daß, wenn einer zur Supernova wird, er eine Kettenreaktion andauernder Supernovae auslöst. Viktor A. Ambartsumian, Vorsitzender der Bjurakan-Sternwarte in Armenien, der die Kollisionstheorie für Cygnus A mit Vorsicht aufgenommen hatte, schlug vor, daß besondere physikalische Vorgänge in den Kernen der Galaxien ablaufen sollten, eine Ansicht, die etliche seiner Kollegen teilten.

Nicht nur die Energiequelle war ein Rätsel, sondern auch die Art, auf die Licht von einigen Explosionserscheinungen erzeugt wurde – insbesondere im Krebsnebel. Wie schon früher bemerkt, ist diese sich schnell ausdehnende Gaswolke ein Überrest der Supernova von 1054. Sie ist die drittstärkste Radioquelle am Himmel. Während das Licht der Filamente

NGC 1275, eine explodierende Galaxis, fotografiert von C. Roger Lynds vom Kitt Peak im Licht der roten Wasserstofflinie H-Alpha, wiedergegeben im Negativ.
(Kitt Peak National Observatory.)

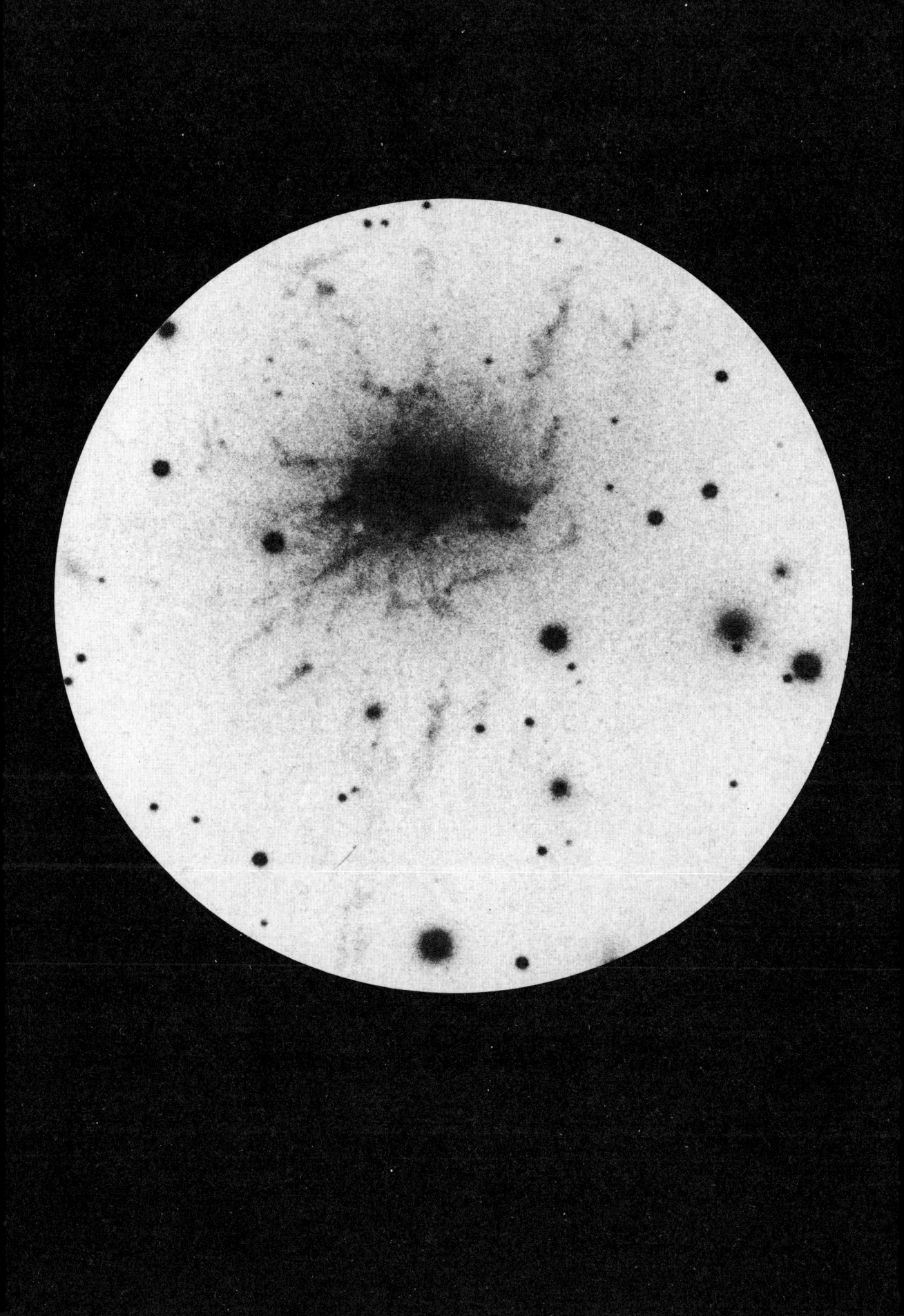

in der schnell expandierenden Gasblase in Spektrallinien zerlegt werden kann, kommt ein Großteil des Lichtes von einer amorphen Wolke, die – anders als die meisten Himmelskörper – keine solchen Linien zeigt. Die Theoretiker vollführten spekulative Purzelbäume, um dies zu erklären.

Baade und Minkowski hatten vermutet, daß hoch ionisiertes Gas von einem sehr heißen Stern zum Glühen gebracht werde, der von der Supernova übrig geblieben sei, doch diese Erklärung war nicht frei von Widersprüchen; 1953 schlugen Josif S. Schklowski und Witali Lasarewitsch Ginzburg in der Sowjetunion vor, daß die Emissionen eine Art von Strahlung darstellten, die nur sechs Jahre früher zufällig entdeckt worden war.

Ingenieure des General Electric Research Laboratory in Schenectady, New York, hatten erfahren, daß Edwin M. McMillan am Radiation Laboratory der Universität von Kalifornien in Berkeley plante, eine neue und bei weitem leistungsfähigere Art von Elektronenbeschleuniger (Synchrotron) zu bauen. Sie beschlossen, selbst hinzugehen. Während sie die Maschine ausprobierten, hörten sie verdächtige Geräusche, als ob Funken sprühten. Herbert C. Pollack war damals anwesend und beschrieb die Szene. Man beschloß, einen Spiegel anzubringen, so daß alle über die Schutzmauer aus Beton sehen konnten, ohne der Röntgenstrahlung ausgesetzt zu sein, die bei Zusammenstößen von Elektronen entstehen sollte. Am 24. April 1946 blickte der Techniker Floyd Haber in die „Rennstrecke", längs der die Elektronen flogen, wobei sie von einem starken Magnetfeld auf ihrer Kreisbahn gehalten wurden. „Schaltet die Maschine aus!" schrie er, denn er sah ein strahlendes blaues Licht, das er für einen Lichtbogen hielt.

Doch es war keiner. Es war die erste Beobachtung dessen, was wir heute Synchrotronstrahlung nennen. Sie unterscheidet sich von anderen Formen des Lichtes durch das Fehlen jeglicher Spektrallinien. Sie folgt dem Quantenverhalten insofern nicht, als ihre Wellenlänge von der Energie der Elektronen bestimmt wird, die in Form von Lichtwellen (oder anderen Wellen) abgestrahlt wird, wenn ein Magnetfeld die Elektronen auf eine Kreisbahn zwingt. Die Möglichkeit einer solchen Strahlung war ein halbes Jahrhundert früher vermutet worden, und man hatte nach ihr bereits in schwächeren Beschleunigern gesucht, da sie für die Energieverluste veantwortlich gemacht werden könnte, die in einem starken Magnetfeld kreisende Elektronen erleiden. Doch die Physiker hatten die Beziehung zwischen der Energie der Elektronen und den resultierenden Wellenlängen falsch berechnet.

Der Autor und Margaret Burbidge. *(University of Miami.)*

Sir Fred Hoyle.
(Floyd Clark, Caltech.)

Schklowski und Ginzburg erkannten, daß Elektronen, die in einem starken Magnetfeld mit annähernd der Lichtgeschwindigkeit kreisen, den eigenartigen Schein des Krebsnebels erklären könnten. Die Idee konnte sofort überprüft werden, denn Synchrotronstrahlung ist stark polarisiert – das heißt, die Orientierung der Schwingungen der Lichtwellen ist gleichförmig. Sowjetische Beobachtungen bestätigten bald eine solche Polarisierung. Während die Mount-Palomar-Astronomen der Entdeckung offensichtlich keine große Aufmerksamkeit schenkten, entschloß sich Baade schließlich, den Krebsnebel mit dem 5-Meter-Instrument zu beobachten, und tatsächlich, das Licht war stark polarisiert. Baade fand dann, wie Schklowski vorhergesagt hatte, daß dieselbe Art Licht von einem hellen, blauen Strahl von Material kam, das aus der Galaxis M 87 im Sternbild Jungfrau (Virgo) herausgeschleudert wurde. Dies wies auf Gemeinsamkeiten zwischen der Explosion eines Sterns – einer Supernova – und Explosionen im Kern einer ganzen Galaxis hin.

In den frühen sechziger Jahren hatte man solche Strahlung bei vielen Erscheinungen „explodierender" Galaxien beobachtet, doch dies erklärte nicht die Energiequelle, die für solche Ausbrüche verantwortlich war. Unter jenen, die nach einer Antwort suchten, befand sich ein ziemlich unorthodoxes Quartett von Astronomen und Astrophysikern, die seit Mitte der fünfziger Jahre an der Universität Cambridge zusammenarbeiteten. Einer hieß William A. Fowler, der vom California Institute of Technology (Caltech) freigestellt worden war; er war eine Autorität auf dem Gebiet der Entstehung der schwereren Elemente während der Entwicklung des Universums. Die anderen kamen aus Großbritannien: Geoffrey Burbidge, seine Frau Margaret, und Fred Hoyle. Bei wissenschaftlichen Zusammenkünften beherrschte es Margaret Burbidge trotz ihrer sanften Stimme und ihrer beinahe engelhaften Erscheinung meisterhaft, die weniger hervorragenden Vorschläge anderer Theoretiker zu zerpflücken. Später wurde sie als erste Frau Direktorin des British Royal Greenwich Observatory, von dem aus alle Zeitzonen und Längengrade gerechnet werden. Ihr Mann Geoffrey wurde Direktor des Kitt Peak National Observatory in Arizona. Fred Hoyle war nicht nur ein Urheber der „steady state"-Kosmologie – der Idee, daß das Universum immer so war, wie es heute ist –, sondern auch ein populärer Science-fiction-Schriftsteller.

Die Gruppe betrachtete die Möglichkeit, daß ein Gravitationskollaps in wesentlich größerem Umfang als dem einer Supernova die Energiequelle der gewaltigen Erscheinungen sei, die in großen Entfernungen beobachtet wurden. Obwohl die Schwerkraft bei weitem die schwächste Naturkraft ist, ist sie imstande, wenn sie eine große Masse zusammenzieht, weit mehr Energie freizusetzen, als sonst irgendwie möglich, einschließlich der verschiedenen nuklearen Prozesse. Ein solcher Zusamensturz gibt in einem gewissen Sinn einen Teil der Energie des Urknalls zurück. Die Energie, die das Universum auseinander treibt, wird in einem beschränkten Gebiet zurückgewonnen. War sie „potentielle" Energie, so wird sie nun in großem Umfang „kinetische" Energie.

Anfang 1963 veröffentlichten Hoyle und Fowler zwei Arbeiten, die die Möglichkeit behandelten, daß „Supernovae" von Sternen, die vielleicht 100 000 000mal massereicher als die Sonne waren, die Antwort sein könnten. Würde ein supermassiver Stern kollabieren, überlegten sie, würde er infolge der Reduzierung seines Drehimpulses auf ein sehr kleines Volumen so schnell rotieren, daß riesige „Klumpen" fortgeschleudert würden. Diese könnten so massiv sein wie zehn Millionen Sonnen und sich beinahe mit Lichtgeschwindigkeit entfernen. Dies entsprach den beobachteten „jets", Strahlen die in entgegengesetzten Richtungen aus manchen Galaxien herausschießen. Stellt man jene Galaxien bei Radiofrequenzen dar, findet man tatsächlich, daß die meiste Radioenergie nicht aus der Galaxis selbst kommt, sondern von zwei weit entfernten Gebieten auf gegenüberliegenden Seiten. Daß es sich bei der für einen typischen Jet verantwortlichen Explosion nicht nur um einen kurzfristigen „Betriebsunfall" handelte, ging aus der großen Länge des Jets hervor, die auf einen Vorgang von Tausenden oder Millionen Jahren Dauer hinwies.

Hoyles und Fowlers Diskussion eines Mammut-Gravitationskollaps als möglicher Energiequelle derartiger Ereignisse war erst das Vorspiel für den im gleichen Jahr folgenden Höhepunkt von Entdeckungen, die zum Außergewöhnlichsten gehören, seit Galileo 1609 zum ersten Mal ein Fernrohr auf den Himmel richtete.

7 Quasare

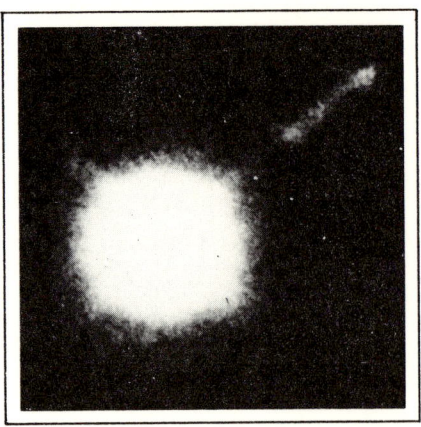

Die ersten Hinweise auf die bahnbrechenden Entdeckungen im Jahr 1963 fanden sich in den drei vorhergehenden Jahren, als man entdeckte, daß einige starke Radioquellen nicht mit Sternen identifiziert werden konnten. Eine unter ihnen war im Cambridge-Katalog als 3C 48 aufgeführt.

Das größte damals in Betrieb befindliche Radioteleskop in Jodrell Bank war mit einem beweglichen Antennenfeld gekoppelt worden, um ein „Tandemobservatorium" zu bilden, ein Interferometer, wie im letzten Kapitel beschrieben. Beobachtungen bei vier Antennenabständen von 40 bis 110 Kilometer zeigten, daß 3C 48 kleiner als vier Bogensekunden war – das entspricht der Größe vom Mars, wenn er am weitesten entfernt ist. Daraufhin benutzte Thomas A. Matthews die 27-Meter-Zwillingsantennen des California Institute of Technology (Caltech), um eine möglichst genaue Position zu erhalten. Die Antennen befinden sich im Owens Valley, weit genug entfernt von Störquellen wie zum Beispiel den Zündungen von Automotoren. Schließlich machte Allan R. Sandage von den Mount-Wilson-Palomar-Observatorien (die gemeinsam von Caltech und der Carnegie Institution von Washington betrieben werden) eine 90-Minuten-Aufnahme des Gebietes mit dem 5-Meter-Reflektor. Er fand etwas, was einem schwachen bläulichen Stern mit einem dünnen Anhängsel glich.

Um zu sehen, um was für einen Stern es sich handelte, nahm man ein Spektrum auf, und Sandages Kollege Jesse L. Greenstein fand es sehr eigenartig. Kein Anzeichen von Wasserstoff, dem Hauptbestandteil gewöhnlicher Sterne, konnte nachgewiesen werden. Einige Spektrallinien zeigten sich in der Nähe der Wellenlängen von Helium, ionisiertem Kalzium und möglicherweise hochionisiertem Sauerstoff (einem ionisierten

Atom fehlen ein oder mehrere Elektronen). Die Helligkeit des Objekts änderte sich in einer Weise, die anzuzeigen schien, daß es sich eher um einen nahen Stern als um eine entfernte Galaxis handelte. Der Gedanke, daß eine Galaxis, bestehend aus hundert Milliarden Sternen, die sich auf ein großes Volumen verteilten, ihre Helligkeit systematisch ändern könnte, war absurd. Die Veränderlichkeit einer Galaxie oder eines andern Objekts dieser Größe entspräche dem gleichzeitigen An- und Ausschalten des Lichts von hundert Millionen Sonnen. Dies, sagte eine Gruppe von Theoretikern, schien „absolut lächerlich", und man nahm an, daß sich 3C 48 in der Milchstraße befand. In diesem Fall wäre seine Geschwindigkeit relativ zur Erde nicht groß genug, die Wellenlängen des Lichts beträchtlich zu beeinflussen.

Als über diese Entdeckungen in einer in letzter Minute eingereichten Arbeit auf einem Treffen der American Astronomical Society im Dezember 1960 berichtet wurde, nahm man an, ein neuer Sterntyp sei entdeckt worden, – der erste, der genügend Radiostrahlung aussandte, um über weite Entfernungen „gehört" zu werden.

Der 5-Meter-Reflektor wurde auch auf zwei andere Radioquellen gerichtet, die keine offensichtlichen optischen Gegenstücke hatten – 3C 196 und 3C 286. In keinem Fall war auch nur die schwächste Galaxis sichtbar. Doch nahe der angegebenen Positionen befand sich jeweils ein merkwürdiger Stern, dessen Licht reich an blauen, violetten und ultravioletten Wellenlängen war. Dem meisten Licht dieser Objekte fehlten jegliche Spektrallinien, und jene, die entdeckt werden konnten, waren breite, verschwommene Emissionslinien.

Der Durchbruch gelang, als Cyril Hazard und seine Kollegen in Australien den Mond und ihre neue 64-Meter-Antenne benutzten, um die Position einer anderen starken Radioquelle – 3C 273 – festzulegen. Zwischen dem 15. April und dem 26. Oktober 1962 sollte der Mond, so hatten sie ausgerechnet, dreimal das Gebiet von 3C 273 überdecken und die Emissionen für eine gewisse Zeit unterbrechen.

Da Form und Bahn des Mondes sehr genau bekannt waren, sollte der Moment, in dem die Signale erloschen, und jener, an dem sie wieder auftauchten, äußerst genaue Informationen darüber liefern, wo sich die Quelle am Fixsternhimmel befand. Die Unterbrechungszeit (Okkultation) wäre am längsten, wenn die Quelle vom Durchzug der vollen Mondscheibe verdeckt würde. Wäre sie jedoch kürzer, könnte man aus ihrer Dauer schließen, wieviel der oberen oder unteren Hälfte des Mondes an der Quelle vorbeigezogen wäre – und daher ihre Position genau fixieren. Während es beim ersten Durchgang noch unsicher sein könnte, ob die obere oder untere Hälfte des Mondes die Quelle abgeschirmt habe, sollte diese Unbestimmtheit nach drei Durchgängen auf verschiedenen Bahnen nicht mehr bestehen. Das Experiment sollte auch zeigen, ob die Quelle ein ausgedehntes, unscharfes Gebilde oder eher ein Punkt am Himmel wäre. Im ersteren Fall ließe die Signalstärke langsam nach, während der Mond das Objekt immer mehr verdeckte. Im letzteren Fall würde es abrupt verschwinden, wobei das Signal durch Beugungserscheinungen variieren würde (die Ablenkung der Lichtwellen am Rand des Mondes).

Die Australier fanden, daß die Quelle in Wirklichkeit aus zwei Teilen bestand. Die Komponente A war die stärkere der beiden und zeigte ein Spektrum (der Radiowellen), das für viele Radioquellen typisch ist. Das Spektrum der Komponente B, berichteten sie, „war absolut ungewöhnlich; keine Messung eines vergleichbaren Spektrums war je veröffentlicht worden". Nachdem der Ort beider Objekte genau bekannt war, brachten die Mount-Palomar-Astronomen ihr gigantisches Fernrohr in Position und fanden ein sternenähnliches Objekt genau an der Stelle von Komponente B – der ungewöhnlichen – und „einen schwachen, dünnen Strahl", der zu Komponente A gehörte. Dieser Strahl (Jet) war von dem sternähnlichen Objekt getrennt, doch er deutete direkt von ihm fort, als ob er aus dem „Stern" geschleudert wurde. Komponente A befand sich an der äußeren Spitze des Jets.

Optisch war die sternähnliche Radioquelle 3C 273 die bislang hellste – genügend hell, um ein besseres Spektrum als 3C 48 zu liefern. Maarten Schmidt, ein Astronom holländischer Herkunft, der für seine sorgfältigen Analysen von Spektren bekannt war, richtete das 5-Meter-Teleskop auf den Stern und erhielt ein Spektrum, das Anzeichen von sechs Emissionslinien zeigte, die zu breiten Bändern verschmiert waren. Sie wurden von einem gleichförmigen Blau überlagert.

„Die einzige Erklärung für das Spektrum", berichtete Schmidt, nachdem er viele Möglichkeiten versucht hatte, „führt zu einer beträchtlichen Rotverschiebung." Vier der Linien bestimmte er als die von Wasserstoff, in einer harmonischen Folge von Wellenlängen ausgesandt (bekannt unter dem Namen Balmer-Serie, nach dem Schweizer, der ihre mathematische Beziehung erkannt hatte). Handelte es sich um den Kern einer Galaxis, deren Rotverschiebung von ihrer von der Erde weggerichteten Bewegung verursacht würde, dann wäre ihre Geschwindigkeit beinahe 50 000 Kilometer pro Sekunde oder ein Sechstel der Lichtgeschwindigkeit. Dies, sagte Schmidt, bedeutete eine Entfernung von etwa 1,6 Milliarden Lichtjahren (je nach der noch ungenau bekannten Expansionsrate des Universums könnte es auch doppelt so weit sein) und eine Lichtquelle, die hundertmal stärker war, als alle vorher bekannten Radiogalaxien.

Statt dessen erwog er die Möglichkeit, daß die Dichte der Quelle so groß sei, daß die Rotverschiebung von der Gravitation verursacht würde. Doch das Gas, das ein solches Objekt umgab, sollte keine einzelne, wohldefinierte Rotverschiebung zeigen. Innen wäre das Gravitationsfeld wesentlich stärker als weiter draußen, was zu einer stetigen Verteilung von Rotverschiebungen führen müßte. „Deshalb wäre es", sagte er, „äußerst schwierig, wenn nicht unmöglich, die Rotverschiebung auf diesem Wege zu erklären."

Die Mount-Palomar-Gruppe betrachtete daraufhin noch einmal das Spektrum von 3C 48, den sie als neuartigen Radiostern in unserer Galaxis betrachtet hatte. Sie fand, daß das Spektrum besser erklärt werden könnte, wenn eine der Linien mit einer des ionisierten Magnesiums identifiziert würde, die so kurzwellig ist, daß sie normalerweise im unsichtbaren Ultravioletten liegt. Beobachtungen außerhalb der Atmosphäre mit Hilfe von Raketen haben gezeigt, daß diese Komponente die hellste im ultravioletten Bereich der Sonne ist. Hier war sie offensichtlich so rotverschoben, daß sie im sichtbaren Licht erschien. Dies bedeutet eine Fluchtgeschwindigkeit von 110 000 Kilometern pro Sekunde, mehr als doppelt soviel wie 3C 273. Dies wies auf eine Entfernung von drei (oder vielleicht sogar sieben) Milliarden Lichtjahren hin und konnte, nach Matthews und Greenstein von der Caltech-Palomar-Gruppe, als „der zentrale Kern einer Explosion in einer sehr unnormalen Galaxis" interpretiert werden.

Diese Entwicklungen folgten so schnell aufeinander, daß sie alle zusammen in der Ausgabe vom 16. März 1963 in *Nature* berichtet wurden: ein Bericht, wie die Australier den Mond als Beobachtungshilfsmittel benutzt hatten, die Identifizierung eines „Sterns" an der angegebenen Stelle durch die Mount-Palomar-Gruppe, Schmidts Bestimmung seiner außerordentlichen Rotverschiebung und die Neueinstufung von 3C 48. Auf die Astronomen der ganzen Welt wirkten die Neuigkeiten wie der Startschuß für das Rennen, bei dem es galt herauszufinden, worum es sich bei diesen bemerkenswerten Objekten handelte.

Die kalifornischen Astronomen bezeichneten sie als „quasistellare Radioquellen" – ein Begriff, der für die stürmischen Forschungen und Auseinandersetzungen viel zu schwerfällig war. Hong-yee Chiu vom Goddard Institute for Space Studies in New York schlug die Kurzform „Quasar" vor, die konservativeren Astronomen jedoch zu verrückt erschien. Trotzdem war sie bald Teil des wissenschaftlichen Vokabulars, obwohl Chandrasekhar als Herausgeber des *Astrophysical Journal* seine Verwendung nicht vor 1970 gestattete. Beim erstenmal (in einem Artikel von Maarten Schmidt) fügte er eine Fußnote hinzu: „Das *Astrophysical Journal* hat bis jetzt den Begriff ‚Quasar' nicht anerkannt und bedauert, jetzt nachgeben zu müssen: Dr. Schmidt glaubt, daß der Begriff aufgrund seiner präzisen Definition nicht länger ignoriert werden kann."

3C 273, der hellste Quasar, fand sich auf zahlreichen Fotografien, doch niemand hatte ihm in der Annahme, es handele sich nur um einen anderen der vielen Millionen schwacher Sterne, viel Aufmerksamkeit gezollt. Nun stand er im Brennpunkt intensiven Interesses. Harlan J. Smith und seine Kollegen in Yale (von wo er dann zur Universität von Texas ging) überprüften etwa 5000 Fotografien des Gebietes, die bis 1886 zurückgingen. Er fand, daß die Helligkeit des Objekts äußerst veränderlich war. Insbesondere seit 1929 schien es in einem Rhythmus von etwa dreizehn Jahren heller und wieder dunkler geworden zu sein und einige Male innerhalb nur weniger Tage aufgeleuchtet zu haben. Manche Quasare ändern ihren Energieausstoß während weniger Stunden völlig.

Wenn 3C 273 wirklich „in der Nähe" – ein Stern unserer Milchstraße – ist, dann muß er an der großen Rotation unserer Galaxis teilhaben. Die Spirale von Sternwolken, die unsere Heimat im Universum ist, verhält sich wie ein gigantisches Karussell; unser Teil vollendet eine Drehung alle 250 Millionen Jahre. Keiner ihrer Sterne behält deshalb, wenn man ihn über lange Zeiträume beobachtet, seine Lage zu entfernten Galaxien unverändert bei. Die Sterne verfügen über eine „Eigenbewegung", wie die Astronomen sagen. William H. Jeffreys von Yale überprüfte alte Fotografien, um Hinweise auf eine solche Eigenbewegung zu finden, doch 3C 273 schien absolut stationär.

Ende 1963 waren neun Quasare optisch identifiziert. Einer, 3C 286, schien sich mit 55 Prozent der Lichtgeschwindigkeit zu entfernen, sollte also noch weiter entfernt als die Radiogalaxis 3C 295 und so das entfern-

Der Quasar 3C 273 mit seinem Jet. Die Radioemissionen kommen vom Quasar selbst und von einem Objekt am äußeren Ende des Strahls. Fotografiert mit dem 4-Meter-Teleskop des Kitt Peak National Observatory.

teste bekannte Objekt sein. Man konnte daraus schließen, daß der Quasar zehn Milliarden Lichtjahre weit weg sei. Bei so großen Rotverschiebungen hängt die Entfernungsabschätzung jedoch von Annahmen über das Universum ab – nämlich seine Expansionsgeschwindigkeit und das Ausmaß, in dem sich diese seit dem Urknall verlangsamt hat. Wir sehen den Quasar 3C 286, wie er vor Milliarden Jahren aussah, als die Expansionsgeschwindigkeit vermutlich größer war; um wieviel größer ist jedoch unsicher. Manche Astronomen schätzten diesen Effekt höher ein und kamen nur auf eine Entfernung von sechs Milliarden Lichtjahren.

Im Juni 1963 hatten Aufregung und Verwirrung die Wissenschaftler in einem solchen Ausmaß ergriffen, daß eine Gruppe von Spezialisten der Relativitätstheorie entschied, eine Zusammenkunft der führenden Theoretiker und Astronomen einzuberufen, um Ideen und Beobachtungen auszutauschen. (Die Einladung ging von Peter G. Bergmann von der Yeshiva-Universität in New York, Ivor Robinson vom Southwest Center for Advanced Studies in Dallas und Alfred Schild und E. L. Schucking von der Universität von Texas aus.)

„Seit mehr als zehn Jahren", schrieben sie, „ist die Natur starker extragalaktischer Radioquellen eines der faszinierendsten Probleme der modernen Astronomie. Eine Zeitlang glaubte man, daß die Radioquellen kollidierende Galaxien seien. Doch in den letzten Jahren stellte es sich heraus, daß diese Erklärung in den meisten Fällen unhaltbar ist. Die spektakuläre Natur starker Radioquellen wird deutlich, wenn man die enormen beteiligten Energien betrachtet. Dies", fügten sie hinzu, „hat bis jetzt beinahe alle Theorien ausgeschlossen, die derartige außerordentliche Ereignisse erklären sollten."

Im Februar dieses Jahres (1963) hatten Fred Hoyle und William Fowler angeregt, daß „die Energien, die zur Bildung der Radioquellen führten, durch den Gravitationskollaps eines Supersterns geliefert werden könnten. Ein derartiges Objekt mit einer Masse zwischen 100 000 und 100 Millionen Sonnenmassen wäre im Zentrum der Galaxis gelegen. Der Kollaps dieses Supersterns könnte die nötige Energie liefern, wenn er bis in die Nähe seines Schwarzschildradius zusammenschrumpfen würde." Sie zitierten die Identifikation von 3C 273 und andere Entwicklungen der jüngsten Zeit und schlugen vor, daß eine spezielle Konferenz noch im gleichen Jahr in Texas abgehalten werden sollte.

Sie fand in Dallas unter dem beeindruckenden Titel „Ein internationales Symposium über Gravitationskollaps und andere Gebiete der relativistischen Astrophysik" statt. Vier Bundesbehörden – die Air Force, die Navy, die National Aeronautics and Space Administration (NASA) und die National Science Foundation – gaben finanzielle Unterstützung.

Dann, am 22. November, als viele Wissenschaftler ihre Reise nach Dallas vorbereiteten, wurde John F. Kennedy nur wenige Häuserblocks vom Ort der Tagung ermordet. Die Abscheu vor dem Verbrechen ging so tief, daß einige Wissenschaftler erklärten, daß sie nicht nach Dallas gehen würden; doch am Ende kamen fast alle, die eingeladen worden waren, mit Ausnahme von Schklowski und seinem Kollegen Witali L. Ginzburg, denen die Teilnahme offensichtlich von den sowjetischen Behörden verweigert wurde.

Seit beinahe einem Vierteljahrhundert hatte Robert Oppenheimers Diskussion des Schwarzen Loches zwischen den Bänden der *Physical Review* Staub gesammelt. Als Direktor des Institute for Advanced Study in Princeton war er nun mehr Verwaltungsmann als Theoretiker. Doch plötzlich waren, was ursprünglich eine wirklichkeitsferne intellektuelle Übung schien – seine Berechnungen über das Schicksal des Gravitationskollaps –, in die vorderste Front der wissenschaftlichen Anstrengungen, die Quasare zu erklären, geraten.

Als Oppenheimer kam, um die Eröffnungssitzung zu leiten, sah er noch größer, hagerer, asketischer aus als in seinen jungen Jahren. Anwesend war auch Martin Schwarzschild von der Princeton-Universität, Sohn des Mannes, der zuerst den Schwarzschildradius, das theoretische Herz des Konzepts vom Schwarzen Loch, beschrieb.

Die Teilnehmer bemerkten, daß die Kernenergie, die die Sterne leuchten läßt, kein erfolgreicher Kandidat für die Energiequelle der Quasare sein konnte. Um die beobachteten Emissionen im Licht und Radiobereich zu erzeugen – vorausgesetzt, die Entfernungsabschätzungen wären korrekt –, müßten 100 Millionen Sonnen ihren Brennstoff in 100 000 Jahren aufbrauchen. Die Lebenszeit der meisten Sterne mißt aber nach Milliarden Jahren. Außerdem, merkte Schwarzschild, wurde niemals beobachtet, daß sich eine mit 100 Millionen Sonnen vergleichbare Materieansammlung „auf abgestimmte Art" verhielte.

Die Möglichkeit, daß Riesensterne beteiligt seien, schien manchen unwahrscheinlich. Aufgrund des Strahlungsdrucks, argumentierte man, würde jeder Stern, der das Hundertfache der Sonnenmasse überschritt, so wild pulsieren, daß ein Großteil seines Materials fortgeschleudert würde. Es wurde auch vorgeschlagen, daß die Zeit von dem Punkt, an dem der

Kollaps eines Supersterns weit genug fortgeschritten war, um die beobachtete Strahlung zu erzeugen, bis zu seinem Verschwinden innerhalb des Schwarzschildradius sehr kurz wäre – nur etwa ein Tag.

Trotz allem wiederholten und verbesserten Hoyle und Fowler ihre Idee eines Kollaps in großem Umfang. Als Einleitung der veröffentlichten Version ihrer Arbeit entliehen sie eine Bemerkung, die Bob Fitzsimmons 1902 in San Francisco vor seinem (erfolglosen) Versuch machte, die Boxweltmeisterschaft von James J. Jeffries, einem sehr großen Mann, zurückzugewinnen: „Je größer sie ankommen, desto härter fallen sie."

Die Art von Objekt, die Fowler und Hoyle im Sinne hatten, war massereicher als Millionen Sonnen, doch in einem für astronomische Verhältnisse kleinen Volumen konzentriert (etwa fünfunddreißig Kubiklichtjahre). „Im Augenblick", schrieben sie, „kümmern wir uns nicht um die Frage, wie derartige Objekte entstanden sein könnten – die Beobachtungen geben starke Anhaltspunkte für die Forderung, daß massive Objekte existieren, und es ist daher vernünftig, ihre Eigenschaften zu untersuchen, ohne viele Umstände zu machen. Wir wenden diesbezüglicher schriftlicher, mündlicher oder mittelbarer Kritik ein blindes Auge, ein taubes Ohr und eine kalte Schulter zu."

Mit den Burbidges schlugen sie außerdem vor, daß der totale Kollaps von einer Art Antigravitation verhindert werde, die Hoyle auch als Ursache der Expansion des Universums ansah. Hoyle argumentierte für ein „steady-state"-Universum, in dem sich nie ein Urknall ereignet hatte; an Stelle dessen wurde die Expansion von den Effekten „negativer Energie" oder, wie er es nannte, des „C-Feldes" verursacht, das auf die Dinge abstoßend wirkte, so wie die Schwerkraft anziehend wirkt. Dies sollte den Superstern daran hindern, in den „Zustand", der als Singularität bezeichnet wird, zu kollabieren. In einer Singularität sollten Masse und Energie in einem unendlich kleinen Punkt konzentriert sein, der Raum verschwinden und die Zeit zu einem Ende kommen – ein Konzept, das manchen Physikern Unwohlsein bereitet. Statt dessen sollte ein Teil des kollabierenden Materials, nachdem es innerhalb des Schwarzschildradius verschwunden war, zurückschnellen und beim Wiederauftauchen die beobachtete Strahlung erzeugen. Die Intensität des Zurückschnellens sollte langsam abnehmen, und schließlich würde der ganze Superstern innerhalb des Radius der Unsichtbarkeit verschwinden, schlugen die vier Theoretiker vor. Solche riesigen unsichtbaren Objekte sollten die Galaxienhaufen durchziehen und die Schwerkraft liefern, die nötig ist, diese zusammenzuhalten. Es war unklar, warum Galaxien in Haufen auftraten, anstatt durch ihre große Geschwindigkeit zufällig über das Universum verteilt worden zu sein. Nur ein Bruchteil der Masse, die nötig ist, um sie durch die Schwerkraft in Haufen zusammenzuhalten, schien beobachtbar.

Der sich am meisten Gehör verschaffende Vertreter einer Form der Erklärung durch Schwarze Löcher war John A. Wheeler von der Princeton-Universität. Nachdem er an theoretischen Arbeiten, die zur ersten thermonuklearen Explosion (Wasserstoffbombe) 1952 führten, teilgenommen hatte, begann er Vorlesungen über die Relativitätstheorie zu halten. Am meisten faszinierte ihn an dieser Theorie die Konsequenz, daß der Kollaps bis zur Singularität führen könnte. Er war von den vorgeschlagenen „Bremsen", die dies verhindern sollten, nicht überzeugt, und er erfand den Ausdruck „Schwarzes Loch". Als Übung in abstrakter Analysis, ähnlich Karl Schwarzschilds Untersuchung von Punktquellen in der Allgemeinen Relativitätstheorie, hatte Wheeler Objekte untersucht, die nur aus Energie – das heißt elektromagnetischer Strahlung – bestanden und soviel davon enthielten, daß sie durch ihre Gravitation zusammengehalten würden. Da Energie und Masse austauschbar sind, erzeugt Energie ebenso Schwerkraft wie Masse. Doch man benötigt viel Energie, um auch nur schwache Gravitation zu erzeugen, da die äquivalente Menge an Masse (und daher an Gravitation) gleich der Energie geteilt durch das Quadrat der Lichtgeschwindigkeit ist.

Wheeler nannte seine hypothetische Kugel selbstgravitierender Energie „Kugelblitz" (er verwendete das deutsche Wort) oder „Geon". Materie, die bei einem Quasar durch den Schwarzschildradius gefallen sei, überlegte er, könnte „geonähnlich" werden. Ein Faktor, der den Kollaps noch beschleunigt, wenn alles durch den Schwarzschildradius gefallen ist, besteht darin, daß keine Energie mehr abgestrahlt werden kann. Vorher dient die Abstrahlung als eine Art Sicherheitsventil, doch nachher kann nichts mehr entkommen, und in dem Ausmaß, in dem das Schwarze Loch schrumpft, addiert sich die Strahlung zur Schwerkraft – wie im Geon – und beschleunigt so den Kollaps.

Die Theoretiker und beobachtenden Astronomen in Dallas ließen ihre Phantasie weit schweifen. Sie diskutierten Zusammenstöße zwischen normalen Galaxien und Galaxien aus Antimaterie. Sie sprachen von Zwillingssupersternen, die aufeinander zu spiralten und dabei Gravitationsenergie freisetzten. Sie schlugen vor, daß beim Kollaps eines Systems von vielen Sternen dessen Drehgeschwindigkeit so groß wird, daß einige der

Sterne fortgeschleudert werden, wobei sie einen Großteil des Drehimpulses mitnehmen. Dies ließe schließlich einen dichten, langsam rotierenden Sternhaufen wie die „Kugelhaufen" zurück.

Alle Vorschläge stießen auf Widerspruch. Ein Kollaps bis zu einer Größe kleiner als der Schwarzschildradius, sagte man, würde durch schnelle Rotation oder einen Mangel an Symmetrie im kollabierenden Material aufgehalten. Peter Bergmann, Mitorganisator der Tagung und eine Autorität auf dem Gebiet der Relativitätstheorie, warnte seine Kollegen in einer abschließenden Zusammenfassung: „... vergessen wir nicht, daß die Allgemeine Relativitätstheorie nicht die letzte Wahrheit darstellt, genausowenig wie irgendeine andere physikalische Theorie." Oder, wie es Oppenheimer ausdrückte, „beinahe nichts" ist darüber bekannt, was sich in Gegenwart äußerst starker Gravitationsfelder abspielt.

Doch die Idee, man müsse eine neue Art von Physik erfinden, übte auf Philip Morrison, damals an der Cornell-Universität, keine große Anziehungskraft aus. In seiner Zusammenfassung sagte er: „Manche Teilnehmer, insbesondere Hoyle und Wheeler, waren so kühn, auf der Grundlage dieser Ereignisse über völlig neue physikalische Theorien zu spekulieren. Ich bleibe interessiert, bin aber nicht überzeugt." Nichtsdestoweniger drückte er das Gefühl vieler Teilnehmer aus: „Der Eindruck von Wunder und Erregung, der erzeugt wurde, ist erstaunlich."

Die Probleme der Quasare erwiesen sich als hartnäckig. Konferenzen wie die historische von 1963 wurden wiederholt abgehalten – zunächst jährlich, dann weniger häufig. Sie wurden unter dem Namen „Texas-Konferenz über relativistische Astrophysik" bekannt, obwohl sie nicht immer in Texas abgehalten werden (1978 fand sie in München statt). Eine immer wiederkehrende Frage war, ob die Quasare wirklich so weit entfernt wären, denn, wären sie näher, wäre ihre Energieerzeugung kein solches Rätsel.

Für gewöhnliche Galaxien, die starken Radioquellen (Radiogalaxien) eingeschlossen, hat sich die Rotverschiebung als zuverlässiges Entfernungsmaß erwiesen. Dies wird durch die Tatsache bestätigt, daß sie mit größerer Rotverschiebung systematisch schwächer werden. Für die Quasare im ganzen ist dies bei weitem weniger wahr. Der Grund scheint darin zu liegen, daß sie ihre Leuchtstärke radikal verändern können. Deshalb kann diese nicht (zumindest nicht ohne Korrektur) als Maß ihrer Entfernung verwendet werden. In diesem Fall könnten die Rotverschiebungen dennoch ein brauchbarer Zollstock sein. Tatsächlich ist beobachtet worden, daß einige Quasare extreme Veränderungen durchmachen. William Liller und seine Kollegen von Harvard stellten die Helligkeit des Quasars 3C 279 (ein hochveränderlicher Quasar, manchmal ist er der hellste) nach Fotografien von 1929 bis 1952 grafisch dar. Sie variierte um einen Faktor von 480, wobei sie sich einmal (1936) innerhalb von dreizehn Tagen beinahe verachtfachte. Einige Quasare scheinen sich innerhalb von Stunden zu verändern.

Solche schnellen Fluktuationen bleiben ein Hauptproblem, denn sie begrenzen die Größe der Energiequelle drastisch. Ein Objekt wie ein Stern oder eine Galaxis kann seinen Energieausstoß nicht systematisch in Zeitskalen verändern, die kürzer sind als die Zeit, die das Licht benötigt, das Objekt zu durchqueren.

Beispielsweise könnte die Sonne, da ein Lichtsignal – oder irgendein anderes derartiges Phänomen – mindestens 4,6 Sekunden braucht, um sie zu durchqueren, als ganzes nicht auf einer Zeitskala von weniger als 4,6 Sekunden fluktuieren. Da die Milchstraße einen Durchmesser von über 100 000 Lichtjahren besitzt, sollte sie sich auf eine geordnete Weise nur in Zeitskalen von mehr als vielen tausend Jahren verhalten.

Dieser Effekt soll am Tor!-Schrei von einem nahe gelegenen Fußballstadion illustriert werden. Der Schrei kann nicht kürzer sein als die Zeit, die der Schall benötigt, um das Stadion zu durchqueren. Dieses Intervall bestimmt, wieviel früher der Schrei der nahen Zuschauer ankommt, als der Schrei der entfernten. Noch genauer betrachtet – und der astronomischen Situation besser angemessen – würde die Menge nicht im gleichen Moment schreien, da sich Licht mit endlicher Geschwindigkeit ausbreitet. Die dem Spiel am nächsten Sitzenden sehen das Tor zuerst. Die am weitesten Entfernten sehen es zuletzt, und schreien zuletzt – Zeitunterschiede, die im Stadion unbedeutend sind, aber im astronomischen Maßstab größte Wichtigkeit besitzen. Die „Schreie" der Quasare müssen aus Gebieten hervorgehen, die in einigen Fällen nicht größer als das Sonnensystem sind. Und doch sind ihre Emissionen in Entfernungen, die man auf Milliarden Lichtjahre schätzt, stark.

Ein Rätsel, das von jenen zitiert wird, die daran zweifeln, daß Quasare äußerst weit entfernt sind, stellen die Anzeichen dar, daß manche von ihnen herausgeschleuderte „Klumpen" zeigen, die sechs- oder achtmal so schnell wie das Licht zu sein scheinen. Praktisch alle Physiker betrachten derartige Geschwindigkeiten als unmöglich. Deshalb argumentiert man, daß die Objekte näher sein müssen, ebenso wie die schnelle Bewegung eines Flugzeugs durch das Gesichtsfeld wahrscheinlicher ist, wenn es relativ nahe ist.

Dieses Überlichtgeschwindigkeitsverhalten wird beobachtet, indem man einen zunehmenden Winkelabstand zwischen einem Quasar und einem wahrscheinlich von ihm ausgestoßenen Objekt feststellt. Man macht dies mit der interferometrischen Methode unter Verwendung weit entfernter Antennen. Unter den vorgeschlagenen Erklärungen befindet sich eine von Martin Rees von der Universität Cambridge: Die enorme Geschwindigkeit würde vorgetäuscht, indem das Objekt schief in Richtung auf die Erde mit annähernd der Lichtgeschwindigkeit geschleudert würde. Es würde sich der Erde beinahe genauso schnell nähern wie seine Radiostrahlung. Es wäre sozusagen der Radiostrahlung, die es 100 Jahre vorher ausgesandt hatte, dicht auf den Fersen. Daher würden uns die zu einem bestimmten Zeitpunkt ausgesandten Strahlen und die, die 100 Jahre später ausgesandt wurden, innerhalb weniger Wochen erreichen, so daß es schien, daß die in 100 Jahren durchlaufene Entfernung innerhalb weniger Wochen durchlaufen worden sei. Während Radiogalaxien wie NGC 5128 (Centaurus A) Material in entgegengesetzten Richtungen ausstoßen, sind die Jets von Quasaren wie 3C 273 einzeln. Wenn der Jet, der auf uns zukommt, beinahe die Lichtgeschwindigkeit besitzt, wäre der entgegengerichtete so rotverschoben, daß er unsichtbar wäre, insbesondere wenn er sehr entfernt wäre.

Eine Erklärung für die große Rotverschiebung der Quasare wäre ihr explosiver Ausstoß aus unserer eigenen Galaxis. Dies wurde auf der Texas-Konferenz von 1964 von N. James Terrell vom Los Alamos Scientific Laboratory vorgeschlagen. Er wies darauf hin, daß dies einen Effekt einbeziehen würde, der als Anzeichen für ihre große Entfernung galt: der Mangel jeglicher Eigenbewegung. Normalerweise kann man sofort entscheiden, ob ein Licht am Nachthimmel ein Flugzeug oder einen Stern darstellt. Doch wenn das Flugzeug direkt vom Beobachter wegfliegt, erscheint sein Licht genauso bewegungslos wie das eines Sterns. Dies, schlug Terrell vor, ist der Grund, warum Quasare keine Eigenbewegung zeigen, denn sie fliegen alle von uns weg. Vertreter dieser Hypothese wiesen darauf hin, daß etliche explodierende Galaxien Material bei großen Geschwindigkeiten auszustoßen scheinen. Geoffrey Burbidge und Fred Hoyle regten an, daß Quasare nicht von unserer, sondern von der relativ nahen Galaxis herausgeschleudert worden seien, die für eine der stärksten

Radioemissionen am Himmel verantwortlich ist – Centaurus A. Sowohl aus ihren Radioemissionen als auch aus ihrer optischen Erscheinung geht hervor, daß sie sich mitten im Kampf einer gewaltigen Umwälzung befindet. Doch man bemerkte, daß, wenn Quasare aus Galaxien in dieser Weise hervorgeschleudert würden, manche von ihnen mit großer Geschwindigkeit auf uns zufliegen sollten und ihr Licht deshalb „blauverschoben" wäre. Doch nichts derartiges ist zu sehen. Es schien unwahrscheinlich, daß eine solche Explosion einzigartig für eine Galaxis – unsere eigene – wäre.

Eine Entdeckung, die zur Klärung der Natur der Quasare beitragen könnte, ist die Identifizierung von Objekten, die viele, aber nicht alle Eigenschaften der Quasare besitzen. Wie diese waren sie seit langem auf den fotografischen Platten sichtbar und waren für schwache Sterne unserer Galaxis gehalten worden – für unmittelbare Nachbarn sozusagen. Eine Beobachtung des Canadian National Radio Observatory zeigte jedoch, daß es sich bei einem von ihnen um eine Radioquelle mit einem eigentümlichen Spektrum handelte (die Intensität wächst mit zunehmender Frequenz, anstatt wie bei den meisten Quellen abzunehmen). Man fand dann, daß das Objekt fast genauso weit entfernt wie die Quasare sein sollte und daher äußerst hell war.

Der „Stern" war als BL Lacertae bekannt, wobei die Buchstabenkombination BL bedeutet, daß es sich um den neunzehnten veränderlichen Stern handelt, der im Sternbild der Eidechse (Lacerta) entdeckt wurde. Inzwischen fand man etwa vierzig solcher BL-Lac-Objekte. Manche flammen bis zum Sechshundertfachen ihrer normalen Leuchtkraft auf und werden dabei hundertmal so hell wie die gesamte Milchstraße. BL Lacertae selbst variiert fünfzehnfach in der Helligkeit, ändert sich um 400 Prozent in zwei Tagen und flimmert um einige Prozent in Minuten. Die Energiequelle dürfte daher noch kompakter als die eines Quasars sein – kleiner als das Sonnensystem. Wie solche Energieströme in einem so kleinen Volumen erzeugt werden können, ist ein Rätsel.

Die BL-Lac-Objekte scheinen in schwache elliptische Galaxien eingebettet, wenngleich nur wenige solcher Galaxien beobachtet werden konnten, indem man das strahlende Licht aus dem Zentrum abblendete. Anders als Quasare zeigen sie nur äußerst schwache Spektrallinien, und ihr Licht ist stark polarisiert wie das von Synchrotronstrahlung erzeugte. Wenn diese Hinweise zu einem Verständnis ihrer Energiequelle führen können, könnte dies auch die Quasare erklären.

Zu den sensationellsten Entwicklungen bei den frühen Quasarbeobachtungen zählt ein Bericht aus dem Jahr 1965. Die Gruppe um Schklowski in Moskau sollte veränderliche Signale von der Radioquelle CTA 102 empfangen haben, die auf eine Zivilisation hinwiesen, die auf sich aufmerksam machen wollte. Das Kürzel CTA bezieht sich auf den Caltech-A-Katalog der Radioquellen. Der erste Bericht kam von der sowjetischen Nachrichtenagentur TASS. Schklowski, damals in der Sowjetunion der führende Vertreter der wahrscheinlichen Existenz intelligenter außerirdischer Zivilisationen, beeilte sich zu erklären, daß die Signale nicht notwendigerweise intelligenten Ursprungs wären. Er fügte jedoch hinzu: „Man kann jedoch die faszinierende Vermutung nicht ausschließen, daß wir ein künstliches Signal einer extraterrestrischen Zivilisation empfangen. Neue, spezielle Beobachtungen werden jedoch nötig sein, bevor diese Theorie eine wissenschaftliche Tatsache wird."

Die ursprünglichen Beobachtungen wurden gemacht, nachdem man bemerkt hatte, daß beide Radioquellen CTA 102 und CTA 21 ihre meiste Energie in einem Frequenzbereich abstrahlten, der am besten für die Kommunikation zwischen Galaxien geeignet ist – dieser Bereich durchdringt ungehindert Atmosphären wie die der Erde und erfährt wenig Konkurrenz durch Störquellen. Um zu sehen, ob sich eine der Quellen so veränderte, daß eine Botschaft übertragen werden könnte, wurde sie gleichzeitig mit einer Quelle, die man für stetig hielt, nämlich 3C 48, aufgezeichnet. Auf diese Weise würden Fluktuationen, wie sie zum Beispiel die Erdatmosphäre verursachen könnte, aufgehoben, da beide Quellen gleich betroffen würden. Nur Veränderungen der relativen Stärke der beiden Signale wurden berücksichtigt. Die Signale von CTA 21 stellten sich als unveränderlich heraus, doch jene von CTA 102 schienen in einem hunderttägigen Zyklus zu variieren. Der Sender, schlug man vor, liege in unserer eigenen Galaxis. Die Erregung war jedoch nur von kurzer Dauer. Das Mount-Palomar-Teleskop wurde auf das Objekt gerichtet und zeigte einen schwachen, violetten Stern. Maarten Schmidt bestimmte seine Rotverschiebung und zeigte, daß es sich um einen Quasar handelte, der wahrscheinlich sehr weit entfernt war.

1967, als die Internationale Astronomische Vereinigung die Astronomen der Welt in Prag versammelte, kannte man mehr als 100 Quasare. Das Treffen verlief recht heiter. Es wurde nicht nur ein breites Spektrum neuer Entdeckungen vorgestellt, sondern auch die Atmosphäre in Prag selbst zeigte sich aufregend. Es war der Prager Frühling, als die sowjetische Kontrolle nachgelassen hatte und die Tschechen ihre neue Freiheit leidenschaftlich feierten – eine Stimmung, die ein Jahr später jäh unterbrochen wurde, als sowjetische Truppen das Land besetzten.

Da keine allgemein anerkannte Erklärung der Quasare gefunden worden war, entstanden in dieser Periode bizarre Vorschläge. Eine Häufung von Quasaren bei bestimmten Rotverschiebungen war beobachtet worden, und man regte an, daß sie eine „Kristallstruktur" des Universums bestimmten, indem jeder Quasar an einem Schlüsselpunkt des symmetrischen Gitters dieses Superkristalls plaziert war. Eine andere Idee wollte, daß Quasare Überreste eines Feuerballs seien, aus dem das Universum geboren wurde.

Zwei Jahre vorher hatte ein Forscherpaar bei den Bell Laboratories in New Jersey eine außerordentliche Entdeckung gemacht, als sie an der Entwicklung einer Antenne für das erste Nachrichtensatellitensystem arbeiteten. Diese befand sich auf dem Crawford Hill, beinahe in Sichtweite des Feldes nahe Holmdel, wo Karl Jansky in den dreißiger Jahren die ersten Radioemissionen vom Himmel empfangen hatte. Bei der Antenne handelte es sich um ein gigantisches Exemplar des hornförmigen Typs, die so montiert war, daß sie überallhin ausgerichtet werden konnte. Da sie ihre Rolle bei den Vorbereitungen für die erste transatlantische Verbindung mit dem Satelliten Telstar vollendet hatte (ihre Pendants befanden sich in Andover, Maine, und Pleumeur-Bodu, Frankreich), hatten Arno A. Penzias und Robert Wilson begonnen, das Instrument für radioastronomische Untersuchungen zu verwenden.

Beim Studium der Emissionen der Milchstraße versuchten sie alle Störungen im System auszuschalten oder wenigstens zu identifizieren – Emissionen der eigenen Elektronik, der Atmosphäre und bestimmte Radioquellen am Himmel. Nachdem alle Quellen identifiziert oder korrigiert waren, blieb ein kleiner Rest, den sie nicht erklären konnten. Dieser war nicht atmosphärischen Ursprungs, denn dann hätte er stärker werden müssen, wenn die Antenne flach über den Horizont gerichtet war, und so „mehr Luft sah", als wenn sie senkrecht nach oben zeigte. Die Quelle befand sich nicht in der Milchstraße, denn die Emissionen waren in allen Richtungen gleich stark.

Die Anlage wurde gesäubert: Tauben, die in der Antenne nisteten, wurden gefangen und weit entfernt wieder freigelassen. Sie waren jedoch bald zurück, und eine dauerhaftere Lösung war nötig. Im Inneren der Antenne hatten die Vögel zurückgelassen, was Penzias vornehm als „Beweise ihrer

Besuche" beschrieb; auch das wurde entfernt. Doch das unerklärte Rauschen blieb.

Die Experimentatoren ersetzten die Flansche am Ende der Antenne und überprüften andere Teile, um ein gleichmäßiges Funktionieren zu gewährleisten. Sie untersuchten die Installationen mit einer Sorgfalt, wie sie bei der Vorbereitung eines Raumschiffes für einen bemannten Flug üblich ist. Auch dies eliminierte das zusätzliche Signal nicht. Vielleicht, dachten sie, kam es von Autos, die auf dem nahe gelegenen Garden State Parkway vorbeifuhren oder von einer anderen irdischen Quelle, obwohl die Konstruktion der Antenne dies unwahrscheinlich machte. Sie brachten einen Sender zu verschiedenen Punkten in der Nähe, doch es ergab sich kein Zeichen für ein Leck im System.

Die beobachtete unerklärte Strahlung erwies sich als Radioenergie, die bei äußerst kurzen Wellenlängen (Mikrowellen) von einem völlig schwarzen Objekt bei etwa drei Kelvin (das heißt drei Grad über dem absoluten Nullpunkt, der bei minus 273 Grad Celsius liegt) ausgesandt wird.

Dies mag nicht nach einer sehr hellen „Radioglut" klingen, doch wenn das ganze Universum damit ausgefüllt war, dann würde das eine enorme Energiemenge bedeuten. Penzias und Wilson erfuhren dann durch wissenschaftliche Flüsterpropaganda, daß an der nahen Princeton-Universität die von Robert H. Dicke geleitete Gruppe (zu der P. J. E. Peebles, P. G. Roll und D. T. Wilkinson gehörten) dabei war, eine Antenne zu bauen, die gerade zu dem Zweck bestimmt war, eine derartige Strahlung zu empfangen, die man als Überrest des hypothetischen Urknalls erwartete. Man nahm an, daß der Blitz des ursprünglichen Feuerballs immer noch im Universum enthalten sei, doch daß die Wellenlängen seines Lichtes in großem Umfang durch die Expansion des Universums gedehnt worden seien. Die Wellen lägen nicht mehr im sichtbaren Teil des Spektrums, sondern bei Radiofrequenzen (im Mikrowellengebiet). Peebles hatte berechnet, daß dieses „Mikrowellenglühen" sehr schwach sein würde – vergleichbar mit dem eines schwarzen Körpers nur wenige Grad über dem absoluten Nullpunkt. Die genaue Temperatur hing von der Art der Geburt des Universums ab – ob zum Beispiel „aus dem Nichts" oder aus „der Asche eines vorhergehenden Zyklus" in einem Universum, das nie einen Anfang hatte und zwischen Expansion (dem augenblicklichen Zustand) und Kontraktion hin- und herschwingt.

1928 hatten Ralph A. Alpher und Robert Herman, die mit George Gamow an dessen Urknalltheorie gearbeitet hatten, ein restliches Glühen

Arno Enzias (links) und Robert W. Wilson vor ihrer Hornantenne, mit der sie die Mikrowellen-Hintergrundstrahlung entdeckten, die man für einen Überrest des Feuerballs des Urknalls hält.
(Bell Labs.)

vorhergesagt, das einer Temperatur von fünf Kelvin entsprach. Doch niemand hatte versucht, dies zu beobachten, und die Vorhersage war offensichtlich sowohl den Forschern in den Bell Laboratories als auch der Princeton-Gruppe unbekannt. Die Entdeckung erwies sich daher als absoluter Zufall. Einer der Wissenschaftler der Bell Laboratories erzählte später, er hätte den sensationellen Charakter ihrer Entdeckung erst erkannt, als er einen Bericht darüber auf der ersten Seite von *The New York Times* sah.

Steven Weinberg, einer der führenden theoretischen Physiker, betrachtet dies als „eine der bedeutendsten wissenschaftlichen Entdeckungen des zwanzigsten Jahrhunderts" (für die sich Penzias und Wilson 1978 den

117

Die helle Spiralgalaxis NGC 1566 zeigt in ihrem Kern explosive, von den Astronomen nicht vollständig verstandene Prozesse, die unerhörte Energiemengen freisetzten. Fotografiert mit dem anglo-australischen 3,9-Meter-Teleskop in Siding Spring (Australien).

Nobelpreis teilten). Warum, so fragt er in seinem Buch „*Die ersten drei Minuten*" vergaß man die Vorhersage von Alpher und Herman, anstatt sie zu verfolgen? Die mögliche Antwort lautet: weil 1928 kein genügend empfindliches Empfangssystem in Aussicht war. Weinberg glaubt auch, daß der engstirnigen Gemeinde der Wissenschaftler eine so sensationelle Idee, wie sie die Suche nach dem Blitz des Urknalls darstellte, als ungeeignet „für ernsthafte theoretische und experimentelle Anstrengungen" erschien.

Sie war jedoch nicht wirklich vergessen worden. Kurz nach dem Zweiten Weltkrieg betrat ein junger Mann namens James W. Follin das Büro von Allan Sandage im Hauptquartier der Mount-Wilson-Mount-Palomar-Observatorien in Pasadena. Sie diskutierten mehrere Stunden lang über Kosmologie. Follin hatte mit Gamow, Alpher und Herman am Applied Physics Laboratory der John-Hopkins-Universität gearbeitet, und er vergaß die Anregung nicht, daß es möglich sein könnte, direkte Beweise für den Urknall oder seine unmittelbaren Folgen zu finden. „Wir werden danach suchen", sagte er, „und etwas finden."

„Ich dachte, er war verrückt", sagte mir Sandage später. Insbesondere glaubte Follin, daß es mit Raketen möglich sein müßte, das Licht nachzuweisen, das von Wasserstoff ausgesandt wurde, als er nach dem Urknall zuerst begann, Galaxien zu bilden. (Es handelte sich um Licht, das ursprünglich im Ultravioletten, bekannt als Lyman Alpha, ausgestrahlt wurde, nun aber extrem rotverschoben wäre. Im Augenblick der Niederschrift dieses Buches ist das Experiment noch nicht durchgeführt.)

Infolge der ursprünglichen Beobachtungen von Penzias und Wilson wurde die Existenz des Mikrowellen-Glühens von diesen und anderen bei etlichen Wellenlängen und mit verschiedenen Methoden bestätigt. Während die außerordentliche Entdeckung, daß wir den Feuerball, aus dem das Universum entstand, noch heute „sehen" können, jetzt allgemein anerkannt wird, festigte sich der Vorschlag, daß Quasare Überreste dieses Feuerballs wären, nicht. Die wahre Natur der Quasare bleibt weiterhin ein Rätsel, doch glauben die meisten Astronomen immer noch, daß sie bei der Untersuchung der Quasare mit der größten Rotverschiebung (inzwischen hat man einige gefunden, die mit 90 Prozent der Lichtgeschwindigkeit davonrasen) weit hinaus zum „Ende" des beobachtbaren Universums und zum Beginn der Zeit blicken.

8 Die „kleinen grünen Männchen"

Im November 1967 schien Jocelyn Bell wie viele Studenten mit ihrer Arbeit hoffnungslos im Rückstand – einen halben Kilometer zurück. Doch anders als die meisten Studenten waren sie und ihr Doktorvater Antony Hewish (der später den Nobelpreis dafür bekam) dabei, eine weitreichende Entdeckung zu machen. Wäre ihr erster Verdacht bestätigt worden, hätte es sogar die aufregendste der menschlichen Geschichte sein können.

Jocelyn Bell war einen halben Kilometer im Rückstand, denn das war die Länge des Kurvenblattes mit den dreispurigen Aufzeichnungen von Radiosignalen, die darauf warteten, analysiert zu werden. Und die Aufzeichnungsgeräte des Empfangssystems, die zu bauen sie selbst in der Nähe von Cambridge mitgeholfen hatte, spuckten jeden Tag weitere dreißig Meter aus.

Der Zweck des Projekts war, Quasare durch das Ausmaß zu identifizieren, in dem sie szintillierten oder „funkelten". Wie schon früher bemerkt, bedeutet ein derartiges Funkeln, daß die Quelle praktisch punktförmig ist. Sterne funkeln, doch die näheren, helleren Planeten tun es nicht. Ebenso war es, wenn Radioquellen szintillierten, wahrscheinlich, daß sie sehr weit entfernt und Quasare waren. Hewish hatte geschlossen, daß die Szintillation von Radioquellen – die sehr viel langsamer als das Funkeln der Sterne ist – nicht wie im Fall der Sterne durch Turbulenzen der Atmosphäre, sondern durch Wolken ionisierten Gases, die mit hoher Geschwindigkeit die Sonne verließen – den Sonnenwind –, verursacht würde.

Das Beobachtungsprogramm war ehrgeizig. Ein fast zwei Hektar großes Feld war mit 2048 Dipolantennen bedeckt (jede bestand aus zwei ausgerichteten Stäben, deren Länge der zu beobachtenden Wellenlänge angepaßt war). Die vierundzwanzigjährige Jocelyn Bell war für die Verdrahtung des Antennenfeldes verantwortlich gewesen. (Viele Doktoranden müssen wie sie „Sklavenarbeit" zusätzlich zu ihrer Doktorarbeit leisten.) Im Juli 1967 war alles fertig und die Aufzeichnungen begannen. Die Erddrehung schwenkte das „Gesichtsfeld" der Antenne über den Himmel, doch man benötigte mehrere Tage, bis das ganze Firmament abgetastet war, worauf man von neuem begann. Auf diese Weise konnten fluktuierende Quellen menschlichen Ursprungs ausgesondert werden. Nur wenn die Signale Woche um Woche von der gleichen Stelle kamen, wurden sie als Quasarkandidaten betrachtet.

Bell wertete die Daten aus; ihre Interpretation der Aufzeichnungen sollte ihre Dissertation werden. Bei der Untersuchung der Daten vom 6. August bemerkte sie – was sie später einen „Buckel" nannte – ein wellenförmiges Signal von einem Zentimeter auf dem 120 Meter langen Blatt, das den ganzen Himmel darstellte. Als der „Buckel" aufgezeichnet worden war, war es Mitternacht; die Antenne war also genau von der Sonne weggerichtet – das Gebiet durch die Erde vom Sonnenwind abgeschattet. Quasarszintillationen schienen daher unwahrscheinlich. Die Beobachtung wurde als lokalen Ursprungs zurückgewiesen – und fast vergessen.

Im September sah Bell den „Buckel" wieder. „Ich fing an, mich zu erinnern, daß ich diesen eigenartigen Buckel schon vorher und in der gleichen Gegend gesehen hatte", sagte sie später. „Er schien mit 23 Stunden, 56 Minuten zu rotieren – das heißt mit den Sternen Schritt zu halten."

Ein ähnliches Argument führte zur Geburt der Radioastronomie. Als Jansky in den frühen dreißiger Jahren zum ersten Mal Radiostörungen vom Himmel empfing, dachte er, sie kämen von der Sonne. Erst als die Sonne in den folgenden Monaten ihre Position relativ zu den Sternen verändert hatte, erkannte er, daß sich die Quelle nicht mit der Sonne bewegt hatte, sondern bezüglich der Sternbilder fest war (die alle 23 Stunden, 56 Minuten und nicht alle 24 Stunden an uns vorbeiziehen).

Ende September war der „Buckel" sechsmal (jedoch nicht jedesmal) aufgetaucht, als das Sternbild Füchschen (Vulpecula) von der Antenne erfaßt wurde. Hewish dachte, es könnte sich um einen der Sterne handeln, die periodisch ausbrechen oder aufflackern. So beschlossen er und Bell, ein schnelles Aufzeichnungsgerät einzusetzen, um beim Auftauchen seine

Fluktuationen im einzelnen beobachten zu können. Wochenlang blieb er verschwunden. Dann, Ende November, kündigte, nach Hewishs Bericht, „Miss Bell undramatisch an: ‚Er ist wieder da.'" Eine Hochgeschwindigkeitsaufzeichnung vom 28. November zeigte Impulse wie von einer Uhr im Abstand von etwas mehr als einer Sekunde.

Als Jocelyn Bell dieses erstaunliche Ergebnis Hewish mitteilte, antwortete er: „Das erklärt alles, es muß künstlich sein." Kein rhythmisches Phänomen, das den Astronomen bekannt war, lief mit einem solchen Tempo ab – keine Rotation, kein Umlauf, keine vermuteten Vibrationen. Die kürzesten Perioden variabler Sterne betrugen etwa acht Stunden.

„Wir betrachteten und eliminierten vom Mond in das Teleskop reflektierte Radarwellen, Satelliten auf eigenartigen Umlaufbahnen und besondere, durch ein großes, nahe gelegenes Wellblechgebäude verursachte Effekte", sagte Bell. Obwohl die Quelle am Fixsternhimmel zu ruhen schien, glaubte Hewish, daß sie sich in Erdnähe befinden müßte. „Schließlich", sagte er später, „machen kampferprobte Radioastronomen nicht den Fehler, daß sie glauben, jedes außergewöhnliche Signal in ihren Aufzeichnungen sei außerirdischen Ursprungs; in 99 Prozent der Fälle stellt sich heraus, daß eigentümliche ‚variable Radioquellen' auf irgendeine elektrische Störung zurückgehen – von einem schlecht entstörten Auto zum Beispiel oder von einem Wackelkontakt bei einem nahen Kühlschrank." Da die Quelle mit dem Durchzug des Sternbildes Vulpecula und nicht mit der Uhrzeit in Beziehung stand, dachte Hewish, daß vielleicht ein anderes Observatorium in diesem Augenblick Signale aussandte. Er fragte bei einer Reihe seiner Kollegen nach, doch die Antwort war negativ. „Immer noch skeptisch", ließ er hochgenaue Zeitsignale, die im Einsekundenabstand ausgesandt werden, mit den Radioimpulsen aufzeichnen. „Zu meinem Erstaunen", sagte er, „waren die Pulse so genau, daß ihre Abweichung nur eine Sekunde in vier Monaten betrug." Die Pulsrate war, wie sich später herausstellte, bemerkenswert konstant, einer alle 1,33730113 Sekunden. Darüber hinaus dauerten die Pulse, wenn man sie in einem engen Frequenzband beobachtete, nur 0,016 Sekunden, was – aufgrund desselben Arguments, das man auf die Quasarausbrüche angewandt hatte – bedeutete, daß die Quelle sehr klein sein mußte.

„Nachdem keine befriedigende irdische Erklärung für die Pulse gefunden werden konnte", sagte Hewish, „begannen wir nun zu glauben, daß sie nur aus einer Quelle weit jenseits des Sonnensystems stammen konnten, und die kurze Dauer jedes Pulses deutete an, daß der Strahler nicht

Jocelyn Bell-Burnell, die als erste Pulsare entdeckte, mit ihren Antennen.

größer als ein kleiner Planet sein konnte. Wir mußten die Möglichkeit in Betracht ziehen, daß die Signale tatsächlich auf einem Planeten, der einen entfernten Stern umkreise, erzeugt wurde und daß sie künstlichen Ursprungs waren."

„Zweifellos", erzählte Tony Hewish später, „waren jene Wochen im Dezember 1967 die aufregendsten meines Lebens." Die Entdeckung von Signalen einer anderen Zivilisation würde eine weltweite Sensation auslösen – und es könnte sich herausstellen, daß sich, wie im Fall des sowjetischen Berichts über CTA 102, eine natürliche Erklärung finden würde.

„Unmittelbar vor Weihnachten", erzählte Bell später, „wollte ich Tony etwas sagen und geriet in eine Konferenz, bei der beraten wurde, wie man diese Ergebnisse der Öffentlichkeit vorstellen sollte. Wir glaubten nicht wirklich an Signale einer anderen Zivilisation, doch natürlich hatten wir diese Idee erwogen, und wir hatten keinerlei Beweise, daß es sich um völlig natürliche Radioemissionen handelte. Es ist ein interessantes Problem, wenn man glaubt, Leben irgendwo im Universum entdeckt zu haben. Wie teilt man das der Öffentlichkeit verantwortungsvoll mit? Wem sagt man es zuerst? Wir lösten das Problem an diesem Nachmittag nicht, und ich ging ärgerlich nach Hause. Hier versuchte ich, meinen Doktor mit einer neuen Technik zu machen, und ein paar blöde grüne Männchen mußten meine Antenne und meine Frequenz wählen, um mit uns zu kommunizieren. Gestärkt vom Abendessen ging ich jedoch ins Labor zurück und wertete weitere Aufzeichnungen aus."

Kurz bevor das Labor schloß, sah sie in den Aufzeichnungen eines anderen Himmelsabschnitts einen anderen „Buckel". Sie überprüfte frühere Aufzeichnungen desselben Gebietes und fand, daß er schon vorher aufgetreten war. Das Labor würde bald geschlossen werden, doch um ein Uhr morgens würde diese Himmelsgegend an der Antenne vorbeiziehen, und sie war da, um es zu beobachten. „Es war eine sehr kalte Nacht", sagte sie einem Interviewer, „und das Teleskop funktioniert nicht sehr gut bei kaltem Wetter. Ich blies warme Luft darauf, ich schlug darauf ein und verfluchte es – und brachte es für fünf Minuten zum Gehen. Es waren die richtigen fünf Minuten an der richtigen Stelle. Die Quelle gab eine Folge von Pulsen ab, aber die Periode war verschieden, sie betrug etwa $1^{1}/_{4}$ Sekunden."

Bald waren vier derartige Quellen gefunden, jede mit ihrer charakteristischen Pulsrate. In Übereinstimmung mit der astronomischen Tradition bezeichnete man sie mit Buchstaben-Zahlen-Kombinationen. Aufgrund ihrer vermuteten künstlichen Herkunft nannte man sie LGM-1 (die zuerst entdeckte) bis LGM-4, die Buchstaben bedeuteten „little green man".

Bevor Bell ihre Entdeckung veröffentlichte, hatte die Cambridge-Gruppe herausgefunden, daß LGM-1 einen Test für ihren künstlichen Ursprung nicht bestand. Dies lag an der Variation der Pulsrate, die man erwartete, sollten die Signale von einem Planeten, der eine Sonne umkreiste, kommen. Aufgrund der hohen Gleichförmigkeit der Pulsrate (sie konnte sich mit einer Atomuhr vergleichen) hätte eine Variation der beobachteten Rate auftreten sollen, wenn der Planet auf seiner Kreisbahn seine Geschwindigkeit relativ zur Erde veränderte – eine Variante des vielgenutzten Dopplereffekts. Dieser Effekt konnte aber nicht entdeckt werden, obwohl jener der Erdbewegung offenbar war. Es bestand noch die Möglichkeit, daß die sendende Zivilisation die Pulsrate regulierte, um sie trotz der Bewegung des Senders konstant zu halten. Dies würde man tun, wenn die Pulse – wie ein Radioastronom anregte – als Navigationshilfe für Weitstreckenraumflüge dienten, so wie die Loran-Baken von Schiffen und Flugzeugen auf der Erde benutzt werden. Doch da es immer weniger wahrscheinlich schien, daß sie künstlicher Natur wären, gab man die Bezeichnung LGM auf. Die Quellen wurden als Pulsare bekannt.

Da der höherfrequente Teil jedes Radiopulses vor dem niederfrequenten Teil ankam, war es möglich, die Entfernungen der Pulsare abzuschätzen. Wellen niedriger Frequenz werden von den Elektronen im Raum stärker verlangsamt als hochfrequente Wellen. Die Berechnung der Entfernung des Ursprungs der Wellen entsprach daher der Ermittlung der Strecke, die zwei Läufer zurückgelegt haben, bevor der erste die Ziellinie überquert. Wenn man weiß, wie schnell jeder lief und um wieviel der erste früher ankam als der zweite, ist es leicht auszurechnen, wie weit der Sieger zu laufen hatte, um mit einem solchen Vorsprung zu gewinnen. Während die genaue Elektronendichte längs des Wegs der Radiopulse unbekannt war (und damit die genaue Verlangsamung), waren grobe Abschätzungen möglich, und es war klar, daß alle Pulsare in der Milchstraße lagen. Doch wo waren sie? Hewish konnte sich zunächst kein astronomisches Objekt vorstellen, das solche rhythmischen Pulse erzeugte. Ohne einen Grund zu nennen, verbrachte er viel Zeit in der Bibliothek des optischen Observatoriums der Universität Cambridge. Seine Freunde dort, sagte er, »waren überrascht, einen Radioastronomen zu sehen, der ein derartiges Interesse an Büchern über Sternentwicklung – normalerweise eine Domäne optischer Astronomen – hatte".

Er konzentrierte sich auf die Art, auf die sich Sterne entwickeln und schließlich kollabieren, denn er dachte, Weiße Zwerge oder Neutronensterne könnten die Antwort sein. Während der Vorschlag Zwickys und Baades von 1933, daß große Sterne in ihrem Todeskampf explosionsartig zu Neutronensternen kollabieren, beinahe vergessen worden war, hatte man die Idee, daß superdichte Objekte existierten, jüngst wiedererweckt, insbesondere um hell strahlende Röntgenquellen an bestimmten Punkten des Himmels zu erklären. Alastair G. W. Cameron vom Institute for Space Studies der NASA in New York hatte vorgeschlagen, daß extrem dichte Sterne sich abwechselnd zusammenzögen und ausdehnten, wie ein schlagendes Herz. Man hatte daraus eine Formel abgeleitet, die die Schwingungszahl durch Dichte und Größe des Sterns ausdrückte, doch als Hewish versuchte, sie auf Weiße Zwerge anzuwenden, funktionierte es nicht. Solche Sterne waren weder klein noch dicht genug, um einmal pro Sekunde zu schwingen.

Als Hewish in Stockholm den traditionellen Vortrag der Nobelpreisträger hielt, sagte er, daß die Entdeckung, daß einer der vier ursprünglichen Pulsare eine Rate von nur einer viertel Sekunde hatte, „Erklärungsversuche mit Weißen Zwergen zunehmend schwieriger machte". Neutronensterne schienen bessere Kandidaten, doch es blieb unsicher, ob solche Objekte überhaupt existierten. 1942 hatte Baade auf einen Stern im Zentrum des Krebsnebels – des spektakulären Überrestes der Supernova von 1054 – als möglichen Neutronenstern hingewiesen. Er wählte diesen Stern unter mehreren in dieser Gegend sichtbaren aus, da er sich, anders als die übrigen, gemeinsam mit dem Nebel vor dem Hintergrund entfernter Objekte bewegte. Seine Anregung wurde später von seinem Kollegen Rudolph Minkowski unterstützt, obwohl es damals wenig mehr als die unübliche Natur des Sterns gab, worauf man diese Vermutung gründen konnte:

Seinem Licht schienen jegliche Spektrallinien zu fehlen.

Als Hewish mit Jocelyn Bell und anderen Mitgliedern der Cambridge-Gruppe über ihre Entdeckung in *Nature* in der Ausgabe vom 24. Februar 1968 berichtete, zählte er die hypothetischen Neutronensterne mit den Weißen Zwergen zu den möglichen Quellen der Radiopulse. „Wenn sich der vermutete Ursprung der Strahlung bestätigt", sagten sie prophetisch, „ist zu erwarten, daß weitere Untersuchungen wertvolle Erkenntnisse über das Verhalten kompakter Sterne und auch der Materie bei hohen Dichten liefern."

126

Eine Eiskunstläuferin kann ihre Drehgeschwindig-keit verlangsamen, indem sie ihre Arme ausstreckt, und beschleunigen, indem sie sie gerade über ihrem Kopf zusammenlegt. Dieses Prinzip, das für alle Körper gilt, ist als Drehimpulserhaltung bekannt.

Die Idee, Pulsationen dafür verantwortlich zu machen, schien nicht sehr plausibel, und Thomas Gold von der Cornell-Universität erkannte, daß Rotation eine viel wahrscheinlichere Ursache war. Gold, der mit Fred Hoyle und Hermann Bondi zur Formulierung des „steady state"-Univer-sums beigetragen hatte, war für seine äußerst originellen – und oft kon-troversen – Ideen bekannt.

Wenn Pulsare, sagte er, die hypothetischen Neutronensterne sind, soll-ten sie sich sehr schnell drehen. Denn wenn ein rotierender Stern kolla-biert, muß seine Drehgeschwindigkeit radikal zunehmen, außer er kann einen Großteil seines Drehimpulses abstoßen. Dies wird oft am Beispiel einer Eiskunstläuferin beschrieben, deren Drehgeschwindigkeit zunimmt, wenn sie die zunächst ausgestreckten Arme nahe an den Körper legt. Im Fall eines Neutronensterns wäre der Effekt – so hatte Gold ausgerechnet – extrem. Würde zum Beispiel ein Stern wie die Sonne, die sich einmal im Monat dreht, zu einem zehn Kilometer großen Neutronenstern kollabie-ren, würde er sich zehntausendmal in der Sekunde drehen! In Wirklich-keit würde wahrscheinlich eine große Menge Material während des Kol-lapses fortgeschleudert und dabei genügend Drehimpuls mitnehmen, so daß die Drehgeschwindigkeit am Schluß nicht so groß wäre, doch Gold schätzte, daß ein Neutronenstern anfangs schneller als hundertmal je Se-kunde rotieren würde. Er würde dann in dem Umfang langsamer, in dem er Material und Energie verlieren würde (auch durch seine Pulse).

Auch das Magnetfeld des Sterns sollte sich enorm konzentrieren. Ein solches Feld wird oft durch Kraftlinien dargestellt, die den Raum durchziehen. Diese Linien bleiben beim Kollaps ebenso wie der Drehimpuls erhalten und werden dicht zusammengepreßt. Die magnetische Feldstärke an der Oberfläche eines sonnenartigen Sterns würde zehnmilliardenfach anwachsen, wenn er auf die Größe eines Neutronensterns kollabierte.

Das mächtige Magnetfeld würde das ionisierte Gas oder Plasma, das den Neutronenstern umgibt, mit solcher Gewalt festhalten, daß ein großes Volumen des Plasmas mit dem Stern rotieren würde. Diese wirbelnde Hülle könnte sich so weit nach außen erstrecken, daß sich ihr Rand mit beinahe Lichtgeschwindigkeit bewegen würde. Dort müßte dann an Punkten mit geeigneter Richtung des Magnetfeldes Plasma fortgeschleudert werden, wobei es einen sehr stark ausgerichteten Strahl von Radiowellen (und vielleicht Lichtwellen) erzeugte. Dieser Strahl würde wie der eines Leuchtturms über den Himmel streichen. Die erzeugten „Blitze" (denn so würde man dies auf der Erde beobachten) wären äußerst rhythmisch, doch besonders bei den jüngsten, am schnellsten rotierenden Pulsaren sollte sich die Rate gemäß Golds Hypothese verlangsamen.

Als die Existenz von Pulsaren allgemein bekannt wurde, ließen Radioastronomen überall auf der Welt ihre Pläne fallen, um nun diese zu beobachten – und nun nach anderen Ausschau zu halten. Noch vor der Jahreswende 1968 waren etwa zwei Dutzend gefunden worden. Bei weitem der aufregendste war einer, der gerade in der Mitte des Krebsnebels erschien. Er wurde zum ersten Mal mit dem 90-Meter-Teleskop am National Radio Astronomy Oberservatory in Green Bank, West Virginia, entdeckt. Dessen Antenne kann nur in Nord-Süd-Richtung geschwenkt werden, während die Erddrehung für die Bewegung von Ost nach West sorgt. Zunächst waren weder die Position des Pulsars noch seine Pulsrate genau bekannt, doch würde, wie die Beobachter David H. Staelin und Edward C. Reifenstein III sagten, seine Zuordnung zum Krebsnebel, einem eindeutigen Supernova-Überrest, „die Ansicht unterstützen, daß pulsierende Radioquellen Neutronensterne wären, die bei Supernova-Explosionen entstünden". Weitere Beobachtungen siedelten ihn in die Nähe des Zentrums des Nebels an; seine Pulsrate war mit dreißig je Sekunde äußerst schnell. Dies entsprach den Erwartungen aus Golds Theorie, da der Pulsar erst 914 Jahre alt war. Die Pulse selbst waren so kurz – etwa drei Tausendstel einer Sekunde –, daß sie nur in einem sehr kleinen Gebiet erzeugt werden konnten (was wieder aus der Begrenzung durch die Lichtgeschwindigkeit folgte). Dies entsprach dem Neutronenstern-Konzept, da der Durchmesser solcher Sterne nur wenige Kilometer beträgt.

Am beeindruckendsten war, daß Beobachtungen mit dem 300-Meter-Teleskop, das in einem kesselförmigen Tal nahe Arecibo auf Puerto Rico aufgehängt ist, zeigten, daß sich die Pulsrate verlangsamte. Dies geschah zwar nur mit einer millionstel Sekunde pro Monat, doch der Effekt war eindeutig. Sorgfältige Beobachtungen zeigten, daß sich praktisch alle Pulsare allmählich verlangsamen. Golds Theorie hatte überall dramatische Unterstützung erfahren.

Bei einem Rückblick auf den Gedankenblitz, der zu seinem Vorschlag geführt hatte, sagte Gold, daß er am meisten davon beeindruckt war, „wie furchtbar dumm wir sind, wenn es darum geht, die Konsequenzen einer Sache, die wir verstehen, auszuwerten". Alle Wissenschaftler, sagte er, wußten sehr gut, daß bei der Kontraktion eines rotierenden Objekts mit einem Magnetfeld seine Drehgeschwindigkeit und sein Magnetfeld in wohldefinierter Weise anwachsen. „Doch", sagte er, „niemand hatte die Idee, dies für einen Neutronenstern auszurechnen. Warum nicht? Nur weil uns keine Beobachtung dazu zwang ... Warum machte niemand diese Rechnung? Er hätte vielleicht Pulsare vorhersagen können. Man muß uns wirklich mit der Nase auf etwas stoßen, bevor wir zu denken beginnen." Sein Kommentar erinnert an die lange Verzögerung bei der Suche nach dem Rest des Feuerballs, aus dem das Universum hervorging.

Die Aufmerksamkeit wendete sich nun dem Stern in der Nähe des Zentrums des Krebsnebels zu, auf den Baade als möglichen Supernova-Überrest hingewiesen hatte, sowie der ganzen zentralen Region dieses Nebels. Könnte ein so junger Pulsar sichtbares Licht aussenden – ein Stern sein, der dreißigmal je Sekunde aufblitzt? Da der Stern und seine nächsten Nachbarn alle sehr schwach waren, schien es hoffnungslos, die Ein-Aus-Blitze durch fotografische Aufnahmen von weniger als einer dreißigstel Sekunde aufzuzeichnen, insbesondere da der Stern aufgrund der Dauer der Radiopulse wahrscheinlich jeweils nur für drei tausendstel Sekunden schien.

In der Hoffnung, ein derartiges Aufblitzen nachzuweisen, entwickelten die Astronomen am Steward-Observatorium der Universität von Arizona ein spezielles Beobachtungssystem, das auf „künstlicher Synchronisation" beruhte. Wenn man zum Beispiel glaubte, ein entferntes Licht, das stetig schien, würde in Wahrheit vierundzwanzigmal je Sekunde aufblitzen (das entspricht der Bildfolge im Kino), könnte man dies überprüfen, wenn man mit den Augenlidern so schnell zwinkern würde. Wäre das Zwinkern mit der „An"-Phase des Lichts im Takt, so sähe man es leuchten; wäre es mit

Die größte Radioastronomie-Antenne der Welt (Duchmesser 305 Meter, Fläche acht Hektar) ist in einem Talkessel nahe Arecibo auf Puerto Rico aufgehängt.
(Arecibo Observatory, National Astronomy and Ionosphere Center.)

131

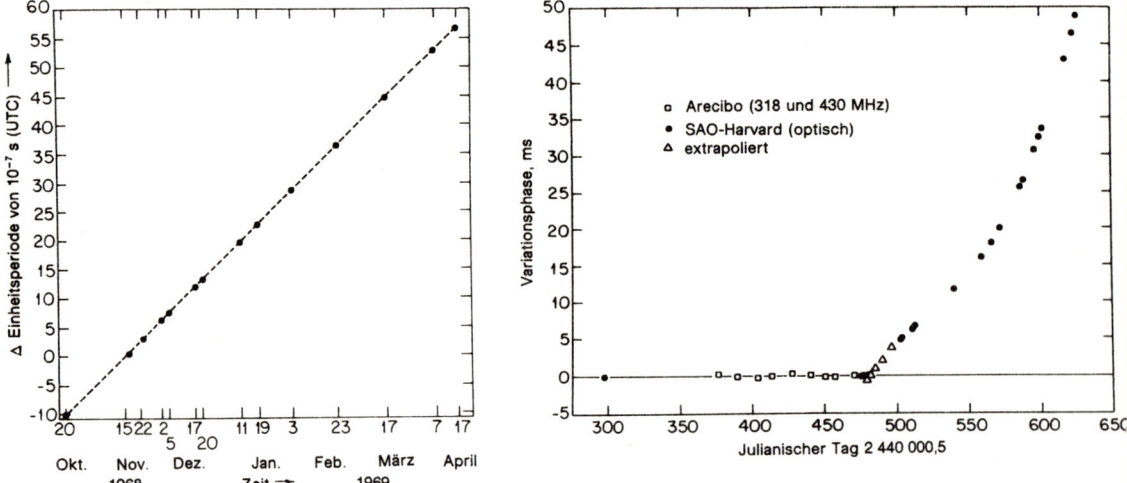

Die stetige Verlangsamung des Krebspulsars wird aus dieser Darstellung seiner Pulsrate Ende 1968/Anfang 1969 ersichtlich (links). Dies bestätigte dramatisch die Hypothese, daß die Pulsrate mit der Rotation eines Neutronensterns, der allmählich Drehimpuls verliert, in Beziehung steht. Rechts sind die Veränderungen in großem Maßstab aufgetragen, was zeigt, daß die Verlangsamung eher parabolisch als linear erfolgt, was für einen Kreisel typisch ist. Es gibt auch kleine Abweichungen in der Gleichförmigkeit, wenn der Stern mit abnehmendem Drehimpuls in „Sternbeben" geringfügig kollabiert. Obwohl die Schrumpfung auch bei den stärksten Beben nur auf einen hundertstel Millimeter geschätzt wird, entspricht die dabei freigesetzte Energie der von der Sonne in einem Jahr abgestrahlten. Bei der Erde entspräche dies einem Absacken der Oberfläche um achtzig Kilometer.
(Diagramme mit freundlicher Genehmigung des Arecibo Observatory, National Astronomy and Ionosphere Center.)

der „Aus"-Phase im Takt, so bliebe das Licht unsichtbar. Wenn obendrein ein einzelner Blitz zu schwach wäre, um gesehen werden zu können, das Auge aber das bißchen Licht, das es erreichte, speichern könnte, dann sollte sich nach wiederholten Blitzen genug Licht angesammelt haben, um sichtbar zu sein.

Man plante, das 90-Zentimeter-Teleskop des Steward-Observatoriums auf dem Kitt Peak in Südarizona zu verwenden. Ein Mitglied des Beobachtungsteams, Donald J. Taylor, hatte ein computergeregeltes Aufzeichnungssystem entwickelt, das auf die erwartete Leuchtfrequenz des Pulsars abgestimmt werden und den Ablauf jedes Zeitintervalls auf einem Bildschirm darstellen konnte. Die Lichtmenge, die man in jedem Moment des Intervalls beobachtete, wurde durch eine Reihe grüner Punkte auf dem

132

Schirm dargestellt. Wenn kein Licht beobachtet wurde, bildeten die Punkte eine mehr oder minder gerade Linie. Die Anzeige arbeitete kumulierend, wenn also in aufeinanderfolgenden Intervallen wiederholt winzige Lichtmengen an der gleichen Stelle des Zyklus aufgezeichnet wurden, dann begannen die Punkte höher zu steigen.

Eine Besonderheit des Experiments bestand darin, daß die Stimmen der Teilnehmer während der Beobachtung unabsichtlich auf Tonband aufgenommen wurden; ihre Berichte sollten später durch Interviews vervollständigt werden (vom Center for History of Physics des American Institute of Physics durchgeführt). Nachdem die Apparatur installiert, getestet und genau auf die Radiopulsrate abgestimmt worden war, richtete man das Teleskop auf den Stern, den Baade identifiziert hatte. Im Fernrohr befand sich eine Blende, die alles Licht mit Ausnahme einer zweiundzwanzig Bogensekunden großen Fläche unterdrückte (zur Erinnerung: dies entspricht etwa der Größe vom Mars, wenn er der Erde am nächsten steht). Das Licht fiel dann auf einen Fotovervielfacher – ein Gerät, das einen Lichtblitz verstärken konnte, der so schwach war, daß er nur aus wenigen Photonen bestand. Die Ausgangsspannung dieses Geräts wurde in Stücke geschnitten und auf dem Bildschirm überlagert.

Als alles fertig war, wurde die Apparatur eingeschaltet, und die drei Experimentatoren – Don Taylor, John Cocke und Michael Disney – betrachteten den Bildschirm. „Wonach wir Ausschau hielten", sagte Disney später, „war, daß einige der Punkte den anderen davonlaufen sollten, da uns dies sagen würde, daß es sich um einen Lichtpuls von diesem Pulsar handeln würde ... Ja, für einige Augenblicke waren wir ziemlich aufgeregt, denn wir glaubten wirklich, daß Baades Stern der Ort war, an dem der Pulsar zu finden sei. Aber es gab überhaupt kein Zeichen von einem Pulsar, so daß wir alle etwas enttäuscht waren."

Taylor, der Elektronikspezialist, der das Beobachtungssystem entwickelt hatte, mußte später den Berg hinunter zurück zur Universität in Tucson fahren, doch die beiden anderen versuchten es in der nächsten Nacht wieder. „Wir wiederholten hauptsächlich, was wir in der vorausgehenden Nacht getan hatten", sagte Disney, „und wir fanden keinen Pulsar."

Wie es Cocke ausdrückte: „Ich erinnere mich, ziemlich enttäuscht gewesen zu sein. Natürlich waren wir alle nicht sehr optimistisch von Anfang an, zumindest ich war's nicht. Deshalb fühlte ich mich auch nicht so entmutigt, als wenn ich große Hoffnungen gehegt hätte."

133

Sie hatten zwei weitere Nächte für das Experiment vorgesehen, doch es war zu wolkig am Himmel. „Die zwei folgenden Tage", sagte Cocke, „verbrachte man mehr oder weniger damit, unter den Wolken auf dem Berg herumzuwandern und zu überlegen, was jetzt zu tun wäre." Er beschloß, die Berechnungen, die in die Experimentieranordnung eingingen, durchzugehen, und plötzlich wurde ihm bewußt, daß man eine kleine Feinheit übersehen hatte: Sie hatten die Veränderung der Pulsrate durch die Bewegung des Observatoriums nicht richtig korrigiert. Da die Pulsrate sehr genau bekannt war, sollte sie schneller scheinen, wenn sich das Observatorium (wegen der Bahnbewegung und Eigendrehung der Erde) der Quelle näherte, und langsamer, wenn es sich entfernte.

„Ich fühlte mich wirklich wie ein Idiot", sagte Cocke. „Und ich war etwas vor den Kopf gestoßen, denn jetzt, nachdem ich all die Zeit aufgewendet hatte, um diese Beobachtungen zu machen, jetzt sollte ich zurückgehen und das ganze verdammte Zeug nochmal machen – und dies mit dem Gefühl, daß es sowieso überflüssig war und daß das Ganze wirklich nur Zeitverschwendung wäre."

In der Nacht des 15. Januar 1969 waren Cocke und Disney wieder im Observatorium. Sie setzten die Apparatur, die automatisch lief, in Betrieb, kauerten sich vor den kleinen Schirm und begannen, die Linie der grünen Punkte zu betrachten. Bob McCallister, der Nachtassistent der Sternwarte, schaltete das Tonband für den Fall an, daß irgend jemand Bemerkungen machen wollte, und sprach:

„Die nächste Beobachtung wird die Beobachtung Nr. 18 sein." Dann vergaß er, das Gerät auszuschalten. Was folgte, wurde wortgetreu Teil der Wissenschaftsgeschichte. Auf dem Band kann man das Summen der Apparate und den Widerhall scharfer Laute in der Kuppel der Sternwarte hören. Dann bemerkte die Stimme Disneys (seine Wortwahl und sein Akzent verrieten seine britische Herkunft) ziemlich ruhig:

„Wir haben einen verdammten Puls hier." Beinahe unmittelbar hatten die grünen Punkte in der Nähe der Mittellinie des Bildschirms aufzusteigen begonnen.

„Hey", sagte Cocke erstaunt. Nach einer langen Pause: „Wow! Du glaubst doch nicht, daß es das wirklich ist, nicht wahr? Das kann nicht sein."

Die die Lichtintensität aufzeigenden Punkte begannen eindeutig einen Puls aufzubauen.

„Er ist in die Mitte der Periode geknallt", sagte Disney. „Schau! Ich meine in die Mitte der Skala . . . Er wächst auch. Er wächst auch etwas an der Seite!"

„Mein Gott! Das ist's, nicht wahr", sagte Cocke, und Disney unterbrach ihn: „Guter Gott, das sieht wie ein verdammter Puls aus", worauf beide Männer etwas hysterisch kicherten.

„Er wächst, John. Schau!" schrie Disney. „. . . Es baut sich wirklich etwas auf. Schau dir das an . . . Kein einziger ist jetzt zurückgeblieben. Sieh, schau, keiner dieser Punkte ist zurückgeblieben."

„Bei Gott – yeah – uh huh", rief Cocke.

„Da drüben ist auch noch etwas", sagte Disney, als ein schwächerer Zwischenpuls auftauchte.

„Sicher, wir erwarten zwei", sagte Cocke, „einen kleinen Puls und einen größeren Pulsar, weißt du noch?"

„Uh huh, richtig", sagte Disney. Dann, später: „Ich kann's nicht glauben – ich kann's nicht glauben, bis wir's ein zweites Mal kriegen."

„Ich kann's nicht glauben, bis wir's ein zweites Mal kriegen und das Ding wo anders auftaucht", sagte Cocke. Sie befürchteten, daß das Erscheinen des Pulses genau in der Mitte des Schirms eher auf einen Defekt der Elektronik als auf einen Pulsar hinwies. Doch wenn bei einer zweiten Aufnahme der Puls an einer anderen Stelle des Bildschirms erschien, wäre es ein überzeugender Beweis, daß es sich um ein wirkliches Phänomen handelte.

„Gott, komm und schau dir das hier an", rief Disney Cocke zu, und sie brachen wieder in Gelächter aus. „Das ist ein historischer Augenblick!"

„Hmm", fügte Cocke in einer leise gesprochenen Fußnote hinzu, „ich hoffe, es ist ein historischer Augenblick."

Ein Test für die Authentizität des Signals wäre, die Richtung des Teleskops zu ändern, so daß es nicht länger auf den verdächtigen Stern deutete. So wollte man prüfen, ob der Effekt noch einmal aufträte.

„Bewegen wir es aus dieser Position und bringen es in eine andere Richtung und sehen, ob wir dasselbe bekommen. All right?" sagte Cocke. „Ich hoffe bei Gott, daß es kein Produkt der Apparatur ist."

Sie bewegten das Teleskop zur Seite, und die Punkte auf dem Schirm bildeten eine Spitze – viel kleiner als vorher. Das Phänomen schien also doch in der Apparatur zu stecken und nicht von einem Stern weit draußen im Krebsnebel verursacht worden zu sein. Ihr Mut sank.

Ein anderer Test bestand darin, den Rhythmus des Zerhackers zu verändern, so daß er nicht länger mit dem Pulsar übereinstimmte. Dies zer-

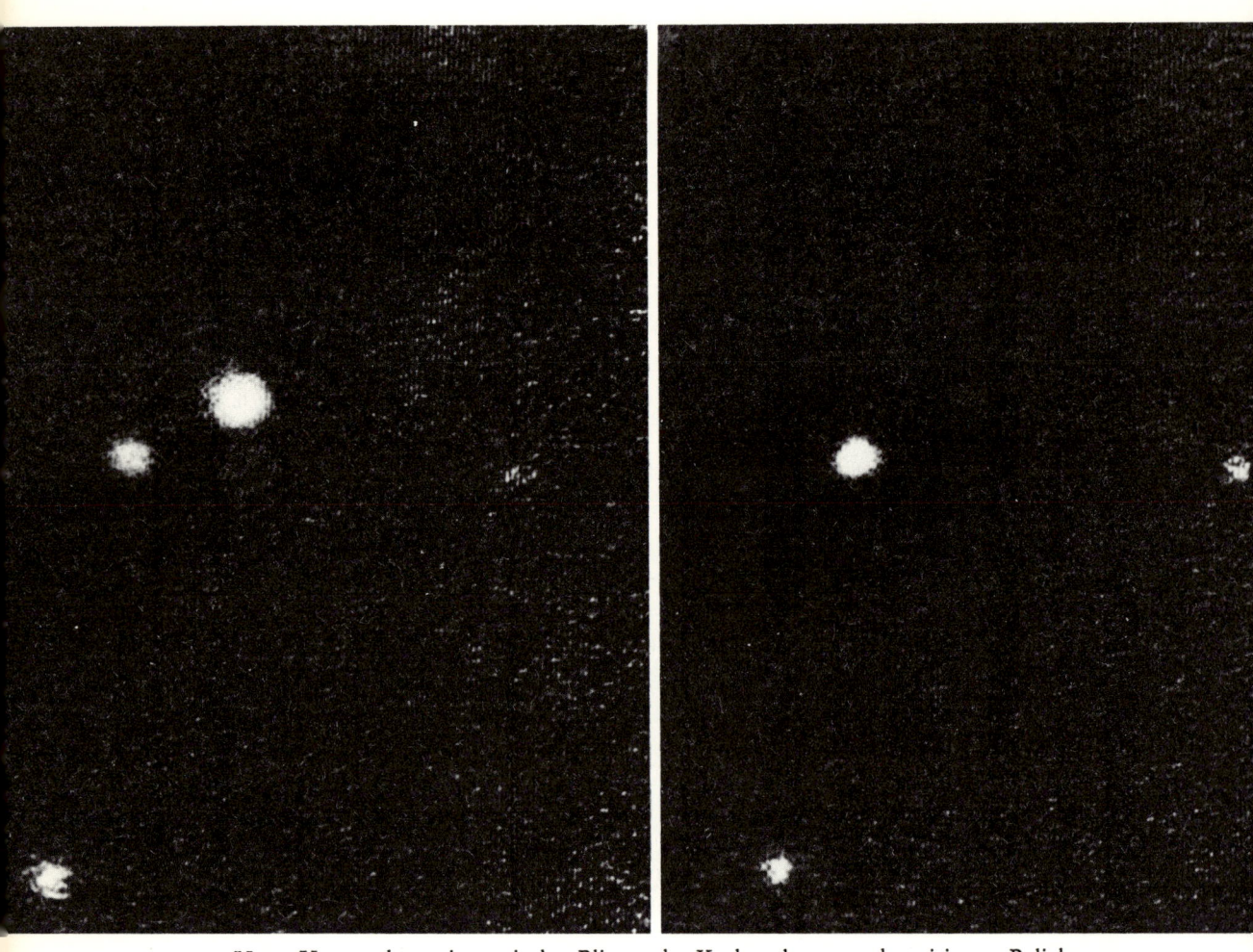

Unter Verwendung eines mit den Blitzen des Krebspulsars synchronisierten Belichtungssystems erhielt das Lick Observatory diese Fotografien des Sterns: links „eingeschaltet", rechts „ausgeschaltet".   *(Fotografie des Lick Observatory.)*

störte den Effekt vollständig, was ihnen neue Hoffnung gab. Vielleicht, dachten sie, hatten sie das Teleskop nicht weit genug gedreht und etwas von dem Sternlicht fiel immer noch durch die Blende. Sie drehten es völlig zur Seite, und dieses Mal gab es keinerlei Pulsieren. Schließlich drehten sie es wieder auf den Pulsar und stimmten den Rhythmus richtig ab, um die erste Beobachtung zu wiederholen. McCallister setzte das Tonband wieder in Gang.

136

„Dies ist Beobachtung Nr. 23", sagte er. „Es ist eine Wiederholung von Beobachtung 18 dieser Nacht."

Disney murmelte etwas von einem „kleinen Gebet" und schrie dann: „Da kommt er." Die Spitze aus den kleinen Punkten begann zu wachsen. „Er ist da, all right", rief Cocke. „Sieh ihn an. Gott!"

„Ja, das wär's – eindeutiger geht's nicht, nicht wahr?" sagte Disney.

„Mach zu, Band, halte durch", sagte McCallister.

„Geht uns das Band aus?" fragte Cocke.

„Yeah", antwortete McCallister.

„Gibt es noch Platz für die amerikanische Nationalhymne?" sagte Disney. Sie lachten, und einen Augenblick später war das Band zu Ende.

Vier Nächte lang stellten sie die optischen Pulse auf diese Weise fest. Nachdem sie die Position der Quelle besser kannten, wurde eine kleinere Blende verwendet (deren Loch fünf Sekunden groß war). Während 5000 Pulse überlagert werden mußten, um mit der größeren Blende einen deutlichen Effekt zu erzielen, erzeugte die kleinere, auf Baades Stern ausgerichtet, schon mit 300 Pulsen ein stärkeres Signal.

Diese Neuigkeit wurde vom Central Bureau for Astronomical Telegrams verbreitet, das vom Smithsonian Astrophysical Observatory in Cambridge, Massachusetts, für die Astronomen der Welt betrieben wird. Innerhalb weniger Tage konnte die Entdeckung dann von zwei anderen Sternwarten bestätigt werden. Schließlich war es dem Lick-Observatorium mit seinem 3-Meter-Teleskop und einem fotografischen Pendant der künstlichen Synchronisation gelungen, Aufnahmen zu machen, die das Gebiet einmal mit dem deutlich sichtbaren Stern zeigten und dann ohne ihn.

Die Entdeckung der Pulsare – mehr als 300 sind inzwischen bekannt – hat zu einem völlig neuen Forschungsgebiet geführt. Wie schon von Hewish und seinen Kollegen vorausgesagt, ist es möglich geworden, das Material, das Atomkerne bildet, unter Bedingungen zu beobachten, die jenseits der Möglichkeiten eines Laboratoriums liegen, wenn auch nur aus großer Entfernung. Wahrscheinlich hat kein einzelnes Objekt außerhalb des Sonnensystems in den letzten Jahren soviel Aufmerksamkeit auf sich gezogen wie der Krebsnebel und sein Pulsar. Sein größter Rivale ist der einzige andere Pulsar mit großer Pulsrate: Er liegt im Sternbild Vela (die Segel) und zeigt einen Impuls alle zehntel Sekunden. Wie beim Krebsnebel scheinen seine Pulse das gesamte elektromagnetische Spektrum von den sehr kurzwelligen Röntgenstrahlen über das sichtbare Licht bis zu den Radiowellen zu überspannen. Da Röntgenstrahlen die Erdatmosphäre nicht durchdringen können, wurden die Pulsationen bei diesen Wellenlängen mit Raketen, Satelliten und Ballons ermittelt.

Im Januar 1977 war das Anglo-Australian Observatory in Siding Spring, Australien, schließlich in der Lage, optische Pulse von Vela aufzuzeichnen, nachdem die Bodenstation des amerikanischen Raumfahrtprogramms bei Canberra die Pulsrate bis auf Bruchteile einer Sekunde angegeben hatte und australische Radioastronomen die Position genauer bestimmt hatten.

Mit ihren Pulsen, die einen so weiten Bereich von Wellenlängen überspannen, sind die Pulsare wirklich bemerkenswerte „Leuchttürme am Himmel". Wenn die phantastisch schöne Wolke von Filamenten, die den Krebsnebel bildet, ein Überrest der Supernova ist, in der der Pulsar geboren wurde, wo sind die Reste der Supernova, die den Vela-Pulsar hinterließ? Da die Pulsrate des letzteren langsamer ist, ereignete sich die Explosion wahrscheinlich Jahrhunderte früher, wobei ihre Relikte viel weiter verstreut wurden.

1952 erkannte der Australier Colin S. Gum einen schwachen, sich weit über den südlichen Himmel erstreckenden Nebel. Er nimmt sechzig Grad des Himmels ein und ist so groß und schwach, daß er während all der Jahrhunderte, während derer man teleskopische Beobachtungen ausführt, unbemerkt blieb. Das nach seinem Entdecker Gum-Nebel genannte Objekt mißt etwa 3000 Lichtjahre. Sein Schein wurde ursprünglich, wie bei vielen anderen solchen Wolken, der Beleuchtung (exakter: der Anregung der Atome) durch die Strahlung heißer Sterne in seinem Innern zugeschrieben. 1971 schlugen jedoch vier Wissenschaftler (drei gehörten dem

Oben rechts: Synchrone optische Abtastung des „Baade-Sterns" im Krebsnebel, angepaßt an die Radiopulsrate von dreißig je Sekunde. Dies ergab den Nachweis eines optischen Blitzes in der Mitte jedes Durchgangs, wie diese von Astronomen der Universität von Arizona gemachte Aufzeichnung zeigt.

Unten rechts: Die Überlagerung von zwei Fotografien des Krebsnebels, die im Abstand von vierzehn Jahren gemacht wurden, zeigt seine Expansion. Eine Aufnahme, 1964 von Guido Munch hergestellt, ist (im Negativ) einer Aufnahme von Walter Baade aus dem Jahr 1950 (im Positiv) überlagert. So sieht man die frühere Position jedes Objektes in Weiß und die spätere in Schwarz. „Baades Stern" (der Pulsar) ist durch einen Pfeil gekennzeichnet.
(Hale Observatories.)

138

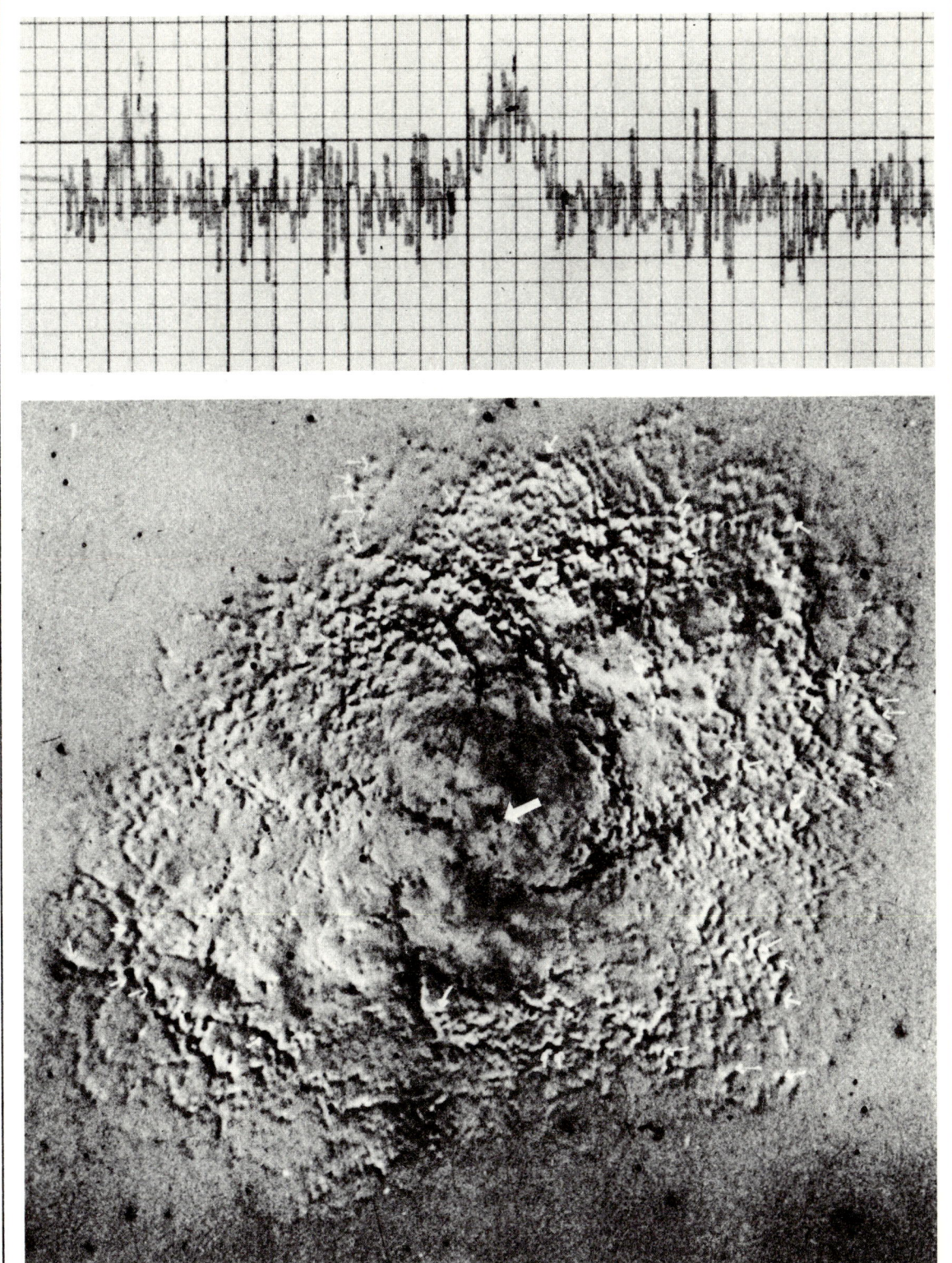

Goddard Space Flight Center in Maryland und einer dem Kitt Peak National Observatory an) vor, daß der Gum-Nebel in Wirklichkeit der Überrest der großen Explosion ist, die den Vela-Pulsar schuf.

Der Vela- und der Krebs-Pulsar, die beinahe unglaublich schnell rotieren, sind plötzlichen Veränderungen ihrer Geschwindigkeit unterworfen. Es kann sich dabei um „Sternbeben" handeln, die sich ereignen, wenn ihr Kern aus Neutronen plötzlich zu größerer Dichte kollabiert, da die Drehgeschwindigkeit (und mit ihr die Zentrifugalkraft) abnimmt, oder wenn eine andere innere Veränderung stattfindet. Material, das auf den Stern fällt oder von ihm fortgeschleudert wird, würde eine andere Erklärung liefern.

Manche Physiker betrachten heute die Pulsare als Antwort auf ein altes Geheimnis: den Ursprung der höchstenergetischen kosmischen Strahlen. Die „Strahlen" bestehen hauptsächlich aus Atomkernen, deren Geschwindigkeit der des Lichts nahekommt. Einige besitzen genügend Energie, um tief in Tunnels und Bergwerke einzudringen. Während verschiedene Mechanismen für die Beschleunigung dieser Teilchen vorgeschlagen worden sind (die Komponente mit der niedrigsten Energie wird von Sternen wie der Sonne erzeugt), ließen sich jene mit sehr hoher Energie bis zur Entdeckung der Pulsare nicht befriedigend erklären. Tom Gold, Jeremiah P. Ostriker von der Princeton-Universität und andere führten aus, daß bei der Pulserzeugung von sehr jungen, schnell rotierenden Pulsaren, wie Krebs und Vela, Teilchen höchster Energie fortgeschleudert werden könnten.

Nun, da die Existenz von Neutronensternen – über die Baade und Zwicky spekuliert hatten – zur Befriedigung der meisten Wissenschaftler bestätigt war, fragten sich viele, ob nicht auch die extremeren Objekte wie Schwarze Löcher eine Realität wären. Anhaltspunkte dazu kamen von einer Reihe ausgeklügelter Beobachtungen, die außerhalb der Erdatmosphäre durchgeführt wurden.

9 Uhuru und der Röntgenhimmel

So, wie Krabben und Hummer am Meeresgrund leben und nur wenig von den Vorgängen über der Wasserfläche mitbekommen, leben wir unter einem Meer von Luft. Doch in den letzten Dekaden des zwanzigsten Jahrhunderts haben wir unsere Augen und Instrumente aus diesem Meer erhoben und einige der Wunder, die dort auf uns warteten, entdeckt.

Die Atmosphäre behindert unsere Sicht, indem sie einen Großteil des „Lichts" – das heißt der elektromagnetischen Strahlung –, das uns aus der Ferne erreicht, absorbiert. Unser Auge ist darauf eingestellt, einen sehr begrenzten Teil dieser Strahlung – jene Wellenlängen, die die Regenbogenfarben bilden – zu sehen, denn diese Strahlen durchdringen die Atmosphäre leicht und sind daher für uns nützlich. Dies trifft nicht jenseits des roten Endes des Spektrums (also bei größeren Wellenlängen) zu – im Infraroten und in einem Großteil des Radiospektrums. Noch trifft es in der anderen Richtung zu – für ultraviolette und Röntgenstrahlen.

Schuld daran ist nicht nur die Atmosphäre. Zum Beispiel absorbieren Wasserstoffatome in den Weiten des Raumes zwischen den Sternen einen Teil des Ultravioletten, und Staubwolken begrenzen unsere Sicht zu großen Entfernungen. Die Möglichkeit, daß wir aufregende Entdeckungen machen können, indem wir in den Himmel steigen und durch ein „Fenster" neue Wellenlängen erblicken, wurde durch die Wissenschaft der Radioastronomie und die Ankunft erbeuteter deutscher V-2-Raketen in den USA nach dem Zweiten Weltkrieg eröffnet.

Diese Raketen wurden in der damals größten unterirdischen Fabrik der Welt bei Nordhausen gebaut. Sie lag in der sowjetischen Besatzungszone, doch es gelang den Amerikanern, zuerst dorthin zu gelangen und genug

Teile mitzunehmen, um etwa hundert Raketen zusammenzusetzen. Sie wurden zu White Sands Missile Range in New Mexico gebracht und für militärische und wissenschaftliche Forschung verwendet.

Die V-2 war vierzehn Meter hoch und breit genug, um einen Mann hineinkriechen zu lassen. Wurde sie senkrecht nach oben abgefeuert, konnte sie eine Höhe von 100 Kilometern erreichen. Dies gab den Wissenschaftlern eine Gelegenheit, die Natur des Sonnenlichtes jenseits des violetten Endes des Spektrums (bei ultravioletten und Röntgenwellenlängen) kennenzulernen. Eine Gruppe des Naval Research Laboratory beschloß, diese Gelegenheit zu nutzen. Ein für die vermuteten ultravioletten Strahlen – man hatte aus der durch die Reflexion von Radiowellen bekannte Ionisation der oberen Atmosphäre auf ihre Existenz geschlossen – empfindlicher Detektor (Spektrograph) wurde in die Nase einer V-2 eingebaut und die Rakete am 28. Juni 1946 gezündet – weniger als ein Jahr nach Kriegsende.

„Das Ergebnis," berichtete Herbert Friedman vom Naval Research Laboratory, „war katastrophal. Anstatt sich in den Himmel zu erheben, kehrte die Rakete in rasendem Fluge, die Nase nach unten, zur Erde zurück und grub sich in einem riesigen Krater von etwa fünfundzwanzig Meter Durchmesser und neun Meter Tiefe ein. Mehrere Wochen dauerten die Grabungen; sie brachten nur einen kleinen Haufen unidentifizierbarer Reste zum Vorschein. Es schien, als sei die Rakete beim Aufschlag verdampft."

Die ersten fünf Versuche schlugen sämtlich fehl. Glücklicherweise wurde das Blockhaus, in dem die Wissenschaftler und Techniker untergebracht waren, nicht getroffen. Doch als eine Rakete auf der Plattform explodierte und umfiel, „brannte sie so wild, daß Rauch und Flammen das Blockhaus zu verschlingen schienen – ein Erlebnis, das diejenigen, die sich darin aufhielten, das Fürchten lehrte" – wie Friedman sagte.

Bei späteren Flügen sprengte man Nase und Schwanz ab, um die Absturzgeschwindigkeit der Instrumentenlast auf vergleichsweise „langsame" 320 Stundenkilometer zu vermindern. Die schweren Metallkassetten, die die belichteten Filme enthielten, konnten dann unversehrt geborgen werden.

Wie erwartet, waren ultraviolette Strahlen hauptsächlich für die tagsüber auftretende Ionisation der oberen Atmosphäre verantwortlich, doch man vermutete, daß auch solare Röntgenstrahlen eine Rolle spielten. Für diese Strahlen empfindliche Filme, die 1948 mit einer Rakete der Marine

Dieser V-2-Start sah nach
einem guten Anfang aus.
(Foto der U. S. Air Force.)

ins All flogen, kamen geschwärzt zurück. Friedman plante genauere Messungen, die bei einem V-2-Start im folgenden Jahr bestätigten, daß die Sonne schwach im Röntgenbereich scheint.

Man hatte ein besonderes Interesse herauszufinden, was die Radiostörungen verursacht, wenn die Auswirkungen der Sonnenfackeln (Eruptionen) die Erde erreichten. Würde eine Salve von Röntgenstrahlen die obere Atmosphäre so stark ionisieren, daß die Radioverbindungen abrissen? Die Herausforderung bestand darin, eine Eruption festzustellen und die Instrumente Minuten später in den Raum zu bringen, und zwar bevor die Eruption abklang. James A. Van Allen (der später die die Erde umgebenden Strahlungsgürtel entdeckte, die seinen Namen tragen), der damals am Applied Physics Laboratory der Johns-Hopkins-Universität arbeitete, entwickelte einen raffinierten Plan. Noch bevor der Vorrat an V-2-Raketen zur Neige ging, hatte er eine billigere Rakete vorgeschlagen, die – sie war von der Navy als Aerobee entwickelt worden – das Hauptobjekt der Raketenforschung wurde. Sie besaß jedoch den Nachteil, innerhalb von ein oder zwei Stunden, nach Einfüllen des flüssigen Brennstoffs gestartet werden zu müssen. Sie konnte also nicht tagelang in Bereitschaft gehalten werden, bis eine Eruption wieder auftrat.

Van Allens Antwort darauf lautete, kleine Deacon-Raketen an Ballons zu hängen, die sie in große Höhe trugen. Wenn man eine Eruption sah, konnte die Rakete über Funk gezündet werden, die die Instrumente noch höher hinauf trug. Diese Ballon-Raketen-Kombination, genannt Rokkoon (rocket + balloon), konnte lange in Bereitschaft gehalten werden, denn die Deakon war eine Feststoffrakete. Rockoon-Abschüsse zeigten, daß Röntgenstrahlen an der Unterbrechung der Radioverbindungen schuld waren, was auch die folgenden Experimente bestätigten, bei denen die kleine Rakete von einer Nike-Flugabwehrrakete aus gestartet wurde.

Während ein Rockoon hochenergetische („harte") Röntgenstrahlen aufgezeichnet hatte, obwohl keine Eruption stattfand, schien es unwahrscheinlich, daß die Strahlen ihren Ursprung weit außerhalb des Sonnensystems hatten. Selbst die stärksten Ausbrüche der Sonne waren bei weitem zu schwach, um aus großer Entfernung wahrnehmbar zu sein. Es bestand

In den Anfangszeiten der Raketenexperimente war es ein gefährliches Unternehmen, Instrumente in die Nase einer V-2 zu laden. Erst später machten Gerüste den Job leichter und sicherer.
(R. Tousey, Naval Research Laboratory.)

144

kein Grund anzunehmen, daß andere Sterne bei solchen Wellenlängen wesentlich heller als die Sonne wären. Darüber hinaus zeigten Versuche, mit Raketen vom Nachthimmel weiche (niederenergetische) Röntgenstrahlung zu empfangen, mit den benutzten Instrumenten gar nichts.

Die Entdeckung, daß es bei diesen Wellenlängen eine ganze Menge zu sehen gibt (darunter die ersten Beweise für Schwarze Löcher), geschah mehr oder weniger zufällig – das Hauptinteresse des Experiments galt dem Mond. Es wurde von einer Gruppe von Physikern aus Cambridge, Massachussetts, durchgeführt, die zu einer Firma gehörten, die sich American Science and Engeneering (AS & E) nennt. Sie war hauptsächlich gegründet worden, um Geheimforschungen für das Verteidigungsministerium über die Auswirkungen von Kernwaffenexplosionen durchzuführen. Der Leiter hieß Bruno Rossi, ein hagerer aristokratisch aussehender Physiker, der Italien während der Herrschaft des Faschismus verlassen hatte, um Professor am Massachussetts Institute of Technology zu werden. Er war eine Autorität auf dem Gebiet der kosmischen Strahlen.

Seit man Kindern erzählt, der Mond bestünde aus Kräuterkäse, fragen die Wissenschaftler nach seiner wahren Zusammensetzung. Die Entdeckung, daß die Sonne auch im Röntgenbereich scheint, eröffnete einen Weg, dies herauszufinden. Röntgenstrahlen von der Sonne (und das Bombardement durch Gasteilchen hoher Geschwindigkeit), so überlegte man, sollten die Mondoberfläche Röntgenstrahlen aussenden lassen (fluoreszieren lassen), deren Wellenlänge Auskunft über die Natur des Materials gäbe.

Um solche Forschungen auszuführen, stellte AS & E den achtundzwanzigjährigen Physiker Riccardo Giacconi an, der drei Jahre zuvor als Fulbright-Stipendiat aus Italien gekommen war, wo er bei einem Schüler Rossis studiert hatte. Die Firma forderte die Unterstüzung der Luftwaffe an, um mittels einer Rakete derartige Emissionen aufzeichnen zu können. Man stellte dann fest, daß auch andere Objekte als Sonne und Mond, zum Beispiel Supernova-Überreste, Röntgenstrahlen aussendeten, doch es schien unwahrscheinlich, daß diese über große Entfernungen hinweg beobachtet werden könnten. Das Hauptziel sollte daher der Mond sein.

Nach einem Mißerfolg mit einer kleineren Rakete wurde von White Sands am 12. Juni 1962 eine Aerobee gestartet. Sie erklomm 230 Kilometer und befand sich für fünf Minuten fünfzig Sekunden praktisch außerhalb der ganzen Atmosphäre, wobei sie ihre Röntgenaugen über den Himmel wandern ließ. In der Spitze der Rakete befanden sich drei Geigerzähler hinter Glimmerfenstern, die mit Ruß bedeckt waren, um das Eindringen anderer Strahlen zu verhindern. Ein elektronisches Auge ermöglichte deren Orientierung, so daß man das Sichtfeld der Geigerzähler in jedem Augenblick des Fluges bestimmen konnte.

Es war ein Tag nach Vollmond. Aus der Frequenz, mit der das elektronische Auge den Mond sah, ging hervor, daß sich die Rakete zweimal je Sekunde drehte und während des Steigfluges beinahe senkrecht nach oben zeigte.

Sobald der Rand der Atmosphäre erreicht war, begannen die Geigerzähler Strahlung anzuzeigen. Die Intensität variierte mit der Drehung der Rakete und erreichte ein Maximum etwa fünfzehn Grad westlich der Südrichtung (während der Mond zwanzig Grad östlich stand). Dieses Maximum zeigte sich deutlicher beim Zähler mit dem dünnsten Glimmerfenster, was auf relativ weiche Strahlen hinwies. In keiner Richtung fiel das Signal auf Null, was bedeutete, daß der ganze Himmel von diffuser Röntgenstrahlung erfüllt war. Sie war so intensiv, daß vom Mond keine Strahlung entdeckt werden konnte. Tatsächlich enthüllten spätere Starts, daß der Mond ein „Loch" im Röntgenhimmel darstellt.

Da die Feldlinien des Erdmagnetfeldes beinahe genau in die Richtung liefen, aus der die stärkste Strahlung beobachtet wurde, befürchteten die AS & E-Wissenschaftler, daß die Quelle, anstatt entfernt zu sein, ein Effekt wäre, der von hochenergetischen Teilchen, die längs dieser Linien spiralten, herrührte. Solche eingefangenen Teilchen bilden die Van-Allen-Gürtel, die die Erde einhüllen.

Es gab jedoch einen Hinweis auf eine zweite Röntgenquelle etwa in Richtung der stärksten Radioquellen außerhalb des Sonnensystems – Kassiopeia A (ein Supernova-Überrest) und Cygnus A (eine „explodierende" Galaxis). Die Hauptspitze lag in Richtung des Zentrums der Milchstraße. Aus diesem und anderen Gründen schlossen Giacconi und seine Kollegen (Herbert Gurski, Frank R. Paolini und Bruno Rossi), daß sie zum ersten Mal Röntgenquellen außerhalb des Sonnensystems entdeckt hätten.

Um eine so wichtige Entdeckung zu bestätigen, führte AS & E zwei weitere Starts durch – im Oktober 1962 und im Juni 1963. Die Quellen schienen trotz der Bahnbewegung der Erde ihre Lage zu den Sternen nicht verändert zu haben, so daß es klar war, daß es sich nicht um einen lokalen Effekt handeln konnte. Es gab auch Hinweise auf Röntgenstrahlen-Emission in anderen Teilen des Himmels, und es schien, daß die stärkste Quelle nicht genau in der Richtung des Zentrums unserer Galaxis lag.

Den Ort und die Art der Quellen zu ermitteln war keine leichte Aufgabe, denn man kann nicht gewöhnliche Teleskope oder andere optische Geräte zur Beobachtung von Röntgenstrahlen verwenden. Sie werden durch Linsen nicht gebündelt und von Spiegeln nur bei sehr flachem, streifendem Einfall reflektiert. Ein Weg, die Positionen näherungsweise zu bestimmen, bestand darin, den Detektoren Rohre vorzuschalten, die den Einfall von Röntgenstrahlen verhinderten, wenn sie nicht senkrecht auf die Rohre trafen. Zumindest ein UV-(ultraviolett)Versuch verwendete Injektionsnadeln zu diesem Zweck.

Herbert Friedmans Gruppe vom Naval Research Laboratory benutzte sechseckige Rohre, die wie die Waben eines Bienenstocks zusammengesetzt waren. Eine derartige Anordnung mit der sechsfachen Detektorfläche des AS & E-Experiments wurde am 29. April 1963 von einer Aerobee emporgetragen und engte die Position der stärkeren der beiden entdeckten Quellen ein. Achtmal überstrichen die Detektoren die Quelle. Die starken Emissionen kamen eindeutig aus dem Sternbild Skorpion, das mit seinem skorpionartigen Schwanz in den nördlichen Breiten im Sommer den südlichen Himmel überspannt. Sogar auf dem Gipfel des Fluges lag das Herz der Milchstraße unter dem Horizont, so daß es offensichtlich nicht der Ursprung der Strahlung sein konnte. Eine andere Quelle mit einem Achtel der Stärke sah man in der Nähe des Krebsnebels, und Friedman schlug vor, daß beide Objekte Neutronensterne seien, die von früheren Supernovae stammten. Daß solche Sterne im Röntgenbereich scheinen sollten, war von mehreren Theoretikern postuliert worden. Wie schon früher erwähnt, belebten diese Beobachtungen das Neutronenstern-Konzept dreißig Jahre nach Baade und Zwicky wieder.

Eine Gelegenheit zu sehen, ob die Röntgenstrahlung tatsächlich von einem winzigen Punkt im Zentrum des Krebsnebels (der Pulsar war noch nicht entdeckt) kam, bestand am 7. Juli 1964, als der Mond vor dem Nebel vorbeiziehen und dabei allmählich die Emissionen unterbrechen („verfinstern") sollte. Friedmans Gruppe hoffte, den Mond wie Hazard zu benutzen, der zwei Jahre vorher den ersten Quasar mit seinem australischen Radioteleskop lokalisiert hatte. In diesem Fall konnten die Beobachtungen jedoch nicht vom Boden aus gemacht werden. Außerdem flog die Rakete nur fünf der zwölf Minuten, die der Mond am Nebel vorbeizog, außerhalb der Atmosphäre.

Man entschloß sich daher, den Start so zu legen, daß der mittlere Teil der Bedeckung aufgezeichnet wurde. Die Aerobee war mit einem neuen

Steuersystem ausgerüstet worden, das bei allen sechs vorhergehenden Versuchen versagt hatte, doch wie Friedman berichtete, „für diese besondere Verfinsterung des Krebses, die nur einmal in neun Jahren stattfindet, funktionierte es einwandfrei". Aus der Art, wie die Röntgenstrahlen allmählich verschwanden und wieder auftauchten, schloß man, daß der Hauptteil der Emissionen vom Nebel als ganzem kam. „Offensichtlich," schrieb Friedman, „werden die Krebs-Röntgenstrahlen nicht von einem Neutronenstern erzeugt." (Erst später fand man, daß es tatsächlich einen Neutronenstern im Zentrum des Nebels gibt, der dreißigmal je Sekunde im ganzen Spektrum von den Radiowellen über das sichtbare Licht, die Röntgenstrahlen bis hin zu den Gammastrahlen pulst.)

Riccardo Giacconi, Leiter der rivalisierenden Gruppe von AS & E und Gentleman, führte aus, daß es durch Friedmans „sehr schönes Experiment" unter Verwendung des Mondes „zum ersten Mal gelungen sei, eine Röntgenquelle mit einem vorher bekannten Objekt zu identifizieren". Da die Entfernung zum Krebs wohlbekannt war, bestand die Möglichkeit, die Stärke der Emissionen abzuschätzen. Die Ergebnisse waren nur schwer verständlich.

So fanden Friedman und seine Kollegen, als sie fünf Jahre später – nach der Entdeckung des Krebs-Pulsars – wieder eine Aerobee mit Röntgendetektoren abschossen, daß mit den Röntgenpulsen zehntausendmal mehr Energie abgestrahlt wird, als bei den zuerst beobachteten Radiowellen. Tatsächlich beträgt die Energieproduktion des Nebels bei allen Wellenlängen einhunderttausendmal die der Sonne. Wie, fragten sich die Astrophysiker, konnte die Strahlung mehr als 900 Jahre nach der Supernova noch so intensiv sein?

Die Antwort wurde klar, als Beobachtungen mit dem gigantischen Arecibo-Teleskop in Puerto Rico eine geringe, aber stetige Verlangsamung der Pulsrate ergaben – fünfzehn Millionstel einer Sekunde pro Jahr. Als die Neuigkeit Thomas Gold in Cornell erreichte, telefonierte dieser sofort mit Friedman am Naval Research Laboratory. Gold vermutete, wie schon früher bemerkt, daß ein Pulsar seine Rotationsenergie allmählich abgäbe und langsamer würde. War es möglich, fragte er sich, daß dies die Quelle der abgestrahlten Energie wäre? Was, fragte Gold, war die vom Pulsar im Röntgenbereich abgestrahlte Energie? „Bei meiner Antwort", berichtete Friedman später (in seinem Buch *The Amazing Universe*), „rief er aufgeregt aus, daß die Übereinstimmung vollkommen war! Die Leistung, die durch die Verlangsamung der Rotation des Pulsars frei wurde, betrug unglaubliche zehn Quadrillionen Megawatt (eine Eins mit fünfundzwanzig Nullen). Die Umwandlung dieser riesigen Leistung konnte die gesamte Strahlung des Sterns bei allen Wellenlängen erklären!"

Die Antwort auf das Rätsel des Krebses ist, sagte Friedman, „eine Geschichte von kosmischem Tod und Verklärung". Ein Stern, der auf gewöhnliche Weise Licht abgestrahlt hatte, kollabierte, wobei er so aufleuchtete, daß er auf der Erde Tag und Nacht sichtbar war. Er bildete einen äußerst dichten Pulsar, dessen Drehimpuls – er rotierte jetzt viele Male in einer Sekunde – es ihm ermöglichte, noch mehr Energie abzustrahlen als vorher als Stern.

Ebenso wie bei den Quasaren begann nun eine Jagd nach Röntgenquellen. 1966 waren mit verbesserten Instrumenten etwa zwanzig verschiedene Gruppen gefunden worden. Die meisten lagen in oder nahe der Milchstraße, was darauf hinwies, daß sie sich in unserer Galaxis befanden. Ausnahmen schienen mehrere „explodierende" Galaxien einzuschließen, deren Stärke im Radiobereich in Anbetracht der großen Entfernung erstaunlich war. 1964 gaben die Navy-Wissenschaftler die Quelle im Schwan, die jetzt als Cyg X-1 (was Cygnus [Schwan]-X-Strahlen [Röntgenstrahlen] – Quelle Nr. 1 bedeutet) bekannt ist, als die zweitstärkste an, doch bei einer Messung im folgenden Jahr war sie auf ein Viertel ihrer ursprünglichen „Helligkeit" zurückgegangen. Dies bedeutete eine enorme Veränderung der Energieabstrahlung; der erste Hinweis darauf, daß dieses Objekt äußerst bemerkenswert sein muß.

Der Schlüssel zur Enthüllung der Natur neuentdeckter Röntgenquellen bestand darin, ihre Positionen so einzuengen, daß optische und Radioastronomen sehen konnten, was sich dort befand. Die Aufmerksamkeit konzentrierte sich auf die zuerst entdeckte Quelle, die (zumindest bei den weichen Röntgenstrahlen) die hellste am Himmel war (der Krebs war bei den kürzeren [härteren] Wellenlängen heller).

Inzwischen war es klar, daß die ursprüngliche Beobachtung die Emissionen zweier Quellen zusammen registriert hatte. Die stärkere, die sich im Sternbild Skorpion befand, erhielt die Bezeichnung Sco X-1. Um den Astronomen die genau Lage zu verschaffen, entwickelte Minoru Oda von der Universität von Tokio, der mit der AS & E-Gruppe arbeitete, eine Methode von genialer Einfachheit. Er verwendete ein Abtastsystem, das mit einem Kerkerfenster verglichen werden kann, das aus einem kurzen Tunnel und zwei Reihen von Gitterstäben – am inneren und äußeren Ende – besteht; die Stäbe sind parallel und liegen dicht beisammen.

Bewegt sich außerhalb des Kerkers ein helles Licht von kleiner Winkel-größe, so wird dies den Gefangenen als Folge von Blitzen erscheinen. Ist die Lichtquelle jedoch groß, wie die Sonne, wird dieser Effekt vermindert. Die Lichtintensität mag schwanken, doch nur wenig, denn die Sonne ist so groß, daß immer etwas Licht hindurchfällt. Ist die Quelle klein, so werden die Lichtblitze am längsten dauern, wenn die Quelle dem Fenster genau gegenüber liegt.

Bei Odas Apparat war natürlich alles in einem kleinen Maßstab ausgeführt, da winzige Röntgenquellen gesucht wurden; statt Eisenstäben verwendete man Gitter aus feinen Drähten. Da die Spalte zwischen den Drähten keine Punkte, sondern Linien ergaben, benötigte man zwei Einheiten, deren Gitter zueinander rechtwinklig standen, um eine Quelle zu lokalisieren. Das System erlaubte beliebig große Detektorflächen – ein Vorteil bei der Suche nach schwachen Emissionen. Der einzige Faktor, der die Größe der „Röntgen-Fenster" begrenzte, bestand in der Größe der Rakete.

Dieses System wurde bei mehreren Flügen in den Raum gesandt. Am 8. März 1966 war es auf Sco X-1 gerichtet. Die Analyse der Ergebnisse zeigte, daß Sco X-1 nicht größer als zwanzig Bogensekunden war – das heißt sternartig. Seine Position wurde auf eine Reihe von Rechtecken eingeschränkt, deren Seitenlänge jeweils nur wenige Sekunden betrug. Zwei dieser Rechtecke waren bei weitem die wahrscheinlichsten Kandidaten. Oda übermittelte die Daten seinen Kollegen am Observatorium von Tokio zusammen mit der Vorhersage der AS & E-Gruppe, die aussagten, daß das Objekt – sollte es sichtbar sein – als Stern der dreizehnten Größenordnung (ziemlich schwach) erscheinen sollte. Diese Abschätzung beruhte auf der Beobachtung, daß es bei größeren Wellenlängen schwächer wurde und daher im sichtbaren Licht noch weniger hell sein sollte. Vergleichsweise mußte es im Ultravioletten am stärksten scheinen, sagten sie.

In einer Folge von Nächten zwischen dem 17. und 23. Juni wurden der 188-Zentimeter-Reflektor und ein kleineres Teleskop der Sternwarte auf die beiden Rechtecke gerichtet. Obwohl, wie die Astronomen berichteten, die Beobachtungen „häufig von Wolken unterbrochen wurden, die in Japan in dieser regnerischen Jahreszeit überwiegen", fanden sie in der Nähe eines der beiden Rechtecke „ein tief ultraviolettes Objekt" der vorhergesagten Größe. Seine Farbe, sagen sie, „ist absolut ungewöhnlich und liegt im Rahmen der Arbeitshypothese".

Die Ergebnisse wurden Giacconi telegrafiert, der sofort Allan Sandage in Kalifornien anrief. Dieser richtete noch in der gleichen Nacht das Fünf-Meter-Teleskop von Mount Palomar auf das Objekt. Er bestätigte nicht nur die Beobachtungen, sondern fand, daß es auf außergewöhnliche Weise flackerte. Während zweiundvierzigminütiger ständiger Beobachtung änderte sich die Helligkeit alle paar Minuten um 2 Prozent. Zwischen dem 17. und 18. Juli nahm seine Helligkeit, durch einen B-Filter (blau) gemessen, mehr als zweieinhalbfach zu. Eine Untersuchung fotografischer Platten am Harvard College Observatory, die bis 1896 zurückgingen, zeigte, daß es seit langem veränderlich war. Während es eine gewisse Ähnlichkeit mit einem Stern, der gelegentlich aufleuchtet – einer Nova – zeigte, gab es dafür auf den Platten keinen Anhaltspunkt. „Die auffallendste Eigenschaft des Objekts", berichteten Sandage, der Japaner und die Wissenschaftler aus Cambridge, „ist, daß es Röntgenstrahlen in großer Menge aussendet." Die in diesem Teil des Spektrums ausgesandte Energie, sagten sie, „ist etwa tausendmal größer, als die im sichtbaren Licht abgestrahlte".

Während die Beobachtungen von Tokio und Mt. Palomar gemacht wurden, führten zwei Astronomen auf dem Kitt Peak in Arizona (Hugh M. Johnson von Lockheed und C. B. Stephenson vom Case Institute of Technology) ihre eigenen Forschungen an Sco X-1 durch. Obwohl ihnen nur die frühen, ungenauen Positionen zur Verfügung standen, isolierten sie einen Stern, der sehr veränderlich, sehr ultraviolett und in etwa von der richtigen Größenordnung schien. Tatsächlich war es dasselbe Objekt, das die anderen bereits identifiziert hatten.

Besonders quälende Fragen warfen die Anzeichen für schnelle und radikale Veränderungen bei manchen Objekten wie Sco X-1 und Cyg X-1 auf. Raketen hielten die Instrumente nur etwa fünf Minuten über der Atmosphäre, so daß die Beobachtungen kurz und ihr Ausblick begrenzt waren. Ausgedehntere Beobachtungen wurden mit Ballons unternommen, die die Instrumente manchmal höher als 45 Kilometer (über 99,9 Prozent der Atmosphäre) hoben. Eine Gruppe vom MIT, die von Walter H. G. Lewin geleitet wurde, ließ mehrere Ballons in Australien starten, wo Quellen wie Skorpion beinahe senkrecht am Himmel stehen. Doch es war klar, daß der Himmel nur aus einer Umlaufbahn systematisch überwacht werden konnte. Ein Instrument sollte bei der ersten bemannten Apollo-Mission – einem Testflug um die Erde – mitgenommen werden. Doch das Projekt stand unter keinem guten Stern: Am 27. Januar 1967 starben bei

Uhuru steigt von der San-Marco-Plattform vor der Küste Kenias in den Himmel.
(American Science and Engineering.)

einem Feuer an Bord alle drei Astronauten. Nach diesem schweren Rück-
schlag des Mondprogramms wurde für einundzwanzig Monate kein be-
mannter Flug versucht, und der Röntgendetektor stand nie mehr auf der
Passagier-Liste.

Inzwischen hatte Giacconi der NASA die Entwicklung eines kleinen,
relativ billigen Satelliten vorgeschlagen, der den Himmel im Röntgen-
„Licht" abbilden sollte. Er gehörte der (unbemannten) „Explorer"-Reihe
an und wurde auch Small Astronomy Satellite 1 (SAS-1) genannt. Wahrscheinlich wird sich nie wieder ein einzelnes Raumfahrzeug als so produk-
tiv im Verhältnis zu seinen bescheidenen Kosten erweisen. Von den 13,25
Millionen Dollar, die für das Projekt bewilligt wurden, waren etwa sieben
Millionen für den Satelliten, fünf für die experimentelle Nutzlast, eine

Raketenabschüsse von der Plattform San Marco (links) wurden von einer anderen Plattform (rechts) aus überwacht. *(American Science and Engineering.)*

Million für die Vierstufenrakete (eine Scout) und 250 000 Dollar für die Italiener, die sie abschossen. Das Applied Physics Laboratory von Johns Hopkins baute das Raumfahrzeug, AS & E entwickelte die Instrumente, und das Goddard Space Flight Center der NASA in Washington, D.C., leitete das Projekt mit Marjorie Townsend, einer vierzigjährigen Ingenieurin als Manager.

Ein wichtiger Teil des Plans bestand darin, den Satelliten in eine Bahn über dem Äquator zu bringen, so daß seine Detektoren praktisch den ganzen Himmel überblicken konnten. Die Fläche, die bei jeder Rotation überstrichen wurde, entsprach einem engen Band, doch durch eine Änderung der Drehachse ließen sich beliebige Flächen überdecken, was eine systematische Aufnahme des ganzen Himmels ermöglichte.

Um einen Satelliten in eine Äquatorialbahn zu bringen, ist es am einfachsten, ihn auch in Nähe des Äquators abzuschießen. Zwar besaß kein Äquatorstaat auch nur ein bescheidenes Raumfahrtprogramm, doch ein pensionierter italienischer Luftwaffengeneral und Professor für das Ingenieurwesen namens Luigi Broglio entwickelte ein kühnes Projekt. In den frühen sechziger Jahren erstand er eine ausgemusterte schwimmfähige Bohrinsel sowie eine bewegliche Landungsbrücke aus Marinebeständen. Die beiden Plattformen waren an der Ostküste von Afrika drei Meilen von einem kenianischen Fischerdorf nur wenig südlich des Äquators verankert. Die Landungsbrücke, genannt San Marco, diente als Abschuß-rampe für Raketen wie die Scout, die kleine Nutzlasten in eine Umlaufbahn befördern konnten. Santa Rita, die Bohrinsel, befand sich einige 100 Meter entfernt und war durch ein Unterseekabel mit der Abschußrampe verbunden, so daß sie als Kontrollzentrum dienen konnte.

Man kam überein, daß das italienische Centro Ricerche Aerospaziale (Zentrum für Raumforschung), das diese Installationen betrieb, SAS-1 mit einer Scout der NASA abschießen sollte. Ingenieure von Ling-Temco-Vought, Hauptunternehmen für die Rakete, wollten technische Unterstützung geben.

Die Röntgendetektoren von SAS-1, einem Raumschiff von nur einem Meter Länge, befanden sich an entgegengesetzten Seiten des Satelliten.

Uhuru im Weltall.
(Zeichnung von American Science and Engineering.)

157

Der eine besaß ein weites Sichtfeld, so daß während der Drehung des Satelliten jeder Punkt des Himmels lange genug „im Auge" behalten werden konnte, um auch schwache Emissionen zu registrieren. Der andere, dessen Blickfeld enger war, sollte bei der Lokalisierung von Quellen nützlich sein. Mit jedem Detektor verband man Sternsensoren, die seine Richtung anzeigten. Ein Umlauf dieses Flugkörpers um die Erde in einer Höhe von 550 Kilometern sollte 96 Minuten dauern.

Vier Platten – gleich Windmühlenflügel – am Satelliten, waren mit Sonnenzellen bedeckt und lieferten die elektrische Energie. Die Drehgeschwindigkeit war mit zwölf Minuten langsam, so daß die Detektoren genügend Zeit hatten, jeden Teil des Himmels abzutasten. Um die Rotationsgeschwindigkeit zu steuern, befand sich ein Rotor an Bord, der sich sehr schnell – etwa 20 000 Umdrehungen je Minute – entgegen der Richtung des Satelliten drehte. Wenn über Funk die Geschwindigkeit des Rotors vergrößert wurde, erhöhte sich auch die Drehgeschwindigkeit des Raumfahrzeugs, doch da das Fahrzeug sehr viel massiver als der Rotor war, war die Änderung seiner Drehgeschwindigkeit viel geringer als die des Rotors.

Die Himmelsfläche, die sich im Blickfeld befand, hing von der Richtung der Drehachse ab. Diese konnte allmählich verändert werden, indem man Magnete an Bord aktivierte, die mit dem Erdmagnetfeld in Wechselwirkung traten und so dem Flugkörper einen leichten Schub in die richtige Richtung gaben. Da die Orientierung des Erdmagnetfeldes an verschiedenen Punkten der Bahn unterschiedlich war, war es unabdingbar, auszurechnen wo ein bestimmter Magnet aktiviert werden sollte, um die gewünschte Wirkung auf die Achse zu haben. Die Röntgenbeobachtungen sowie andere Meßwerte wurden auf Magnetband aufgezeichnet und jedesmal, wenn der Satellit eine Überwachungsstation in Quito, Ekuador, überflog, zur Erde gesandt.

Die Ankunft der Amerikaner auf San Marco war aus mehreren Gründen eine Sensation. Für die Italiener, sagte Giacconi, war die Tatsache, daß der Projektleiter eine Frau war, nicht nur erstaunlich, sondern „unglaublich aufregend". Daß der wissenschaftliche Leiter italienischer Abstammung war, war ein weiterer Grund zur Freude. Die Amerikaner fanden, daß Broglio, ein Mann von beeindruckender Statur, als Erbe seiner Vergangenheit die Station wie ein Militärlager leitete. Die Mannschaft trug gepflegte Khakishorts und weiße Kniestrümpfe – im Gegensatz zu den abgeschnittenen ausgefransten Bluejeans und dem ganz allgemein wenig respektierlichen Aussehen der amerikanischen Besucher. Alle wohnten auf dem Festland in einem Camp in der Nähe des Fischerdorfes. Sie setzten mit einer Vielzahl kleiner Boote über. Zu Mittag versammelten sie sich auf einem Terrazzo-Deck über der Kontrollplattform, um Risotto oder Pasta zu schmausen, die sie mit italienischem Wein hinunterspülten.

Trotz der hervorragenden Erfolgsstatistik der Plattform, war der zwölfstündige Countdown in diesem Fall von einer Krise nach der anderen gekennzeichnet. Der Plan sah vor, die Nacht hindurch zu arbeiten, um die Rakete im Morgengrauen abzufeuern. Auf diese Weise wurde den empfindlichen Instrumenten, die in die Kälte des Weltraums geschossen werden sollten, die Hitze der tropischen Sonne erspart. Der Anfang des Countdowns bestand aus einer schrittweisen Überprüfung der vielen vorprogrammierten Abschnitte, die Zündung, Steuerung und Abstoßen jeder der vier Stufen der Rakete kontrollierten. Zu diesem Zweck lag die über einundzwanzig Meter lange und fast sechzehn Tonnen schwere Rakete waagerecht auf einem massiven Mast, der sie dann aufrichten sollte. Als die Überprüfung den Punkt erreichte, an dem die dritte Stufe ausbrannte und die letzte Stufe freigeben sollte, gab das automatisierte Kontrollsystem nicht den richtigen Befehl.

Das einzige, das man tun konnte, war, die Sequenz zu wiederholen und aufzupassen, was falsch lief. Doch dieses Mal ergab die Überprüfung keinen Fehler. So wiederholten sie noch einmal – und noch einmal – und noch einmal. Die Ingenieure der NASA verdächtigten den Italiener, der für die Überprüfung Knöpfe und Schalter betätigte, er habe beim ersten Test aus Versehen einen „Reset"-Knopf gedrückt, was die Sequenz unterbrochen habe, doch der Mann selbst war sicher, daß er das nicht getan hatte. Die Ingenieure von Ling-Temco-Vought waren sehr beunruhigt. Ihr Vertrag sah vor, daß sie bei einem Fehlstart ihre Leistungsprämie nicht bekämen. Nur wenn zwei leitende NASA-Leute die Flugtauglichkeit der Rakete bestätigten, würden sie dem Start zustimmen. In ihrem Hotel in Malindi, fünfundzwanzig Kilometer auf einer unbefestigten Straße vom Küstendorf entfernt, bei dem die Italiener ihr Basislager hatten, schliefen Paul Goozh, Projektleiter des Scout-Raketenprogramms im NASA-Hauptquartier, und Roland D. („Bud") English, der dem Scout-Projekt im Langley Research Center der NASA in Virginia vorstand.

Es gab keine direkte Verbindung mit Malindi, doch sie hatten Radiokontakt mit der Stadt Mombasa, von wo man mit dem Hotel telefonieren konnte. Ein Nachtwächter des Hotels wurde alarmiert und ließ die

NASA-Funktionäre wecken, die mit einem Jeep ins Dorf rasten. Dort erwartete sie ein Motorboot. Ursprünglich hätten sie mit einem wesentlich schnelleren Schlauchboot mit Außenbordmotor übergesetzt werden sollen, doch, wie so oft in solchen Situationen, streikte der Motor.

Inzwischen lief die Zeit der Startmannschaft ab. Sie hatten die Rakete in der Hoffnung, noch Starterlaubnis zu bekommen, betankt und aufgerichtet. Jede weitere Verzögerung stellte ein zusätzliches Risiko dar. Zu Beginn war das Steuerungssystem mit Wasserstoffsuperoxid betankt worden, das in dreiprozentiger Lösung als Desinfektionsmittel verwendet wird, in diesem Fall aber eine beinahe explosive neunzigprozentige Lösung darstellte, die als Treibstoff für die Steuerdüsen der Rakete diente. Nun ging jedoch das Wasserstoffsuperoxid zu Ende. Kurze Tests der Düsen hatten einen Teil des Treibstoffs verbraucht und außerdem verdampfte er allmählich. War einmal ein kritisches Niveau unterschritten, mußte man den Start abbrechen. Hinzu kam die Sonne, die nun stetig in den Zenit stieg und drohte, das Kühlungssystem, das die empfindlichen Instrumente schützen sollte, zu überwinden.

Nachdem die NASA-Funktionäre schließlich eingetroffen waren, bestätigten sie den Start, doch es war zwei Uhr nachmittags, als die Rakete zum Himmel donnerte – fehlerlos. Es war der 12. Dezember 1970, der siebte Jahrestag der Unabhängigkeit Kenias von Großbritannien, und Broglio regte an, den Satelliten zu Ehren ihrer Gastgeber Uhuru – was auf Suaheli „Freiheit" heißt – zu nennen.

Eine Flut von Daten ergoß sich jedes Mal von Uhurus Tonband, wenn er Quito passierte. Von dort wurden die Aufzeichnungen dem Goddard Space Flight Center in Maryland übermittelt. Dieses sandte den Experimentatoren von AS & E telefonisch genügend Anhaltspunkte, um die Beobachtungen des Satelliten zu verändern, wenn man irgend etwas aufregendes bemerkte. Und dies traf zu. Bei der Analyse der Aufzeichnungen der ersten siebzig Tage nächtlicher Beobachtungen identifizierte man 125 Quellen, obwohl nur ein kleiner Teil des Himmels untersucht worden war. Einige wenige der Quellen, wie Cyg X-1, waren schon bekannt, doch es wurde klar, daß der Himmel mit „Röntgensternen" übersät ist. Die meisten waren so nahe der Milchstraße, daß sie, wie schon vorher vermutet, wahrscheinlich Objekte in unserer eigenen Milchstraße waren, doch andere waren offensichtlich mit entfernten eruptiven Galaxien assoziiert. Nun, da die Untersuchungen nicht mehr unter Zeitdruck standen, fand man, daß viele Quellen wild zu flackern schienen.

Sechs Wochen nach dem Start fiel das Tonbandgerät aus. Deshalb wies man den Satelliten an, seine Beobachtungen ständig auszusenden, um möglichst viele Daten zu bekommen. Stationen in Singapur, auf Ascension und zeitweilig bei Kapstadt zeichneten so viele Daten wie möglich auf. Als die Auswertung der Uhuru-Daten fortschritt, entpuppte sich die Erforschung des Röntgenhimmels als eine jener Kriminalgeschichten, bei denen ein Puzzle von Anhaltspunkten plötzlich zusammenpaßt und ein logisches Bild von Vorgängen vermittelt, die man jenseits menschlicher Erkenntnismöglichkeiten geglaubt hätte.

10 Satans Teufelsvogel

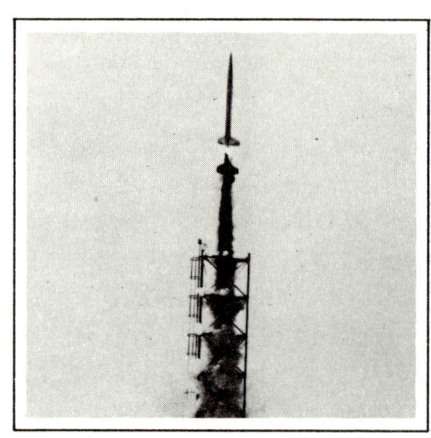

Zu Beginn der Uhuru-Mission zog das eigenartige Verhalten einer Röntgenquelle im südlichen Sternbild Zentaur, bekannt als Cen X-3, die Aufmerksamkeit der Experimentatoren auf sich. Sie war zuerst 1967 von einer Gruppe des Lawrence Radiation Laboratory in Kalifornien mit einer von Kauai (Hawaii) abgefeuerten Rakete entdeckt worden. Zwei Jahre später beobachteten sie Wissenschaftler der britischen Universität Leicester mit einer im australischen Woomera gestarteten Skylark-Rakete. Beide Flüge vemittelten nur flüchtige Eindrücke, doch aus 74 Beobachtungen, die Uhuru am 11. und 12. Januar 1971 (einen Monat nach dem Start) machte, ging hervor, daß Cen X-3 auf außerordentlichste Weise veränderlich war. Mit dem schnellen Rotor im Raumfahrzeug verlangsamte die AS & E-Gruppe die Drehgeschwindigkeit auf eine Umdrehung in 84 Minuten, um eine neue Reihe langer Beobachtungen am 10. und 12. April durchzuführen. Dies gestattete zwei Aufnahmen von 150 Sekunden mit dem Weitwinkeldetektor und sechs von 15 Sekunden mit dem engwinkligen.

„Wir finden", berichteten Giacconi und seine Kollegen, „daß die Intensität der Quelle tatsächlich beträchtlich in Zeitskalen von Tagen, Minuten und Sekunden schwankt." Bei einer 150 Sekunden dauernden Aufnahme, sagten sie, „ergeben sich mehrere Gipfel und Täler großer Regelmäßigkeit, was deutlich auf ein periodisches Phänomen hinweist." Ein Takt von 4,8 Sekunden war regelmäßig genug, daß die Pulse nach einem Umlauf zur erwarteten Zeit wiedererschienen. Trotzdem waren sie nicht konstant. „Die bemerkenswerteste Eigenschaft der Daten", berichteten die Wissenschaftler, waren „sehr große Änderungen der Periode innerhalb kurzer

Zeiten am 11. und 12. Januar." In weniger als einer Stunde, sagten sie, verminderte sich die Pulsrate um eine tausendstel Sekunde und nahm später mit der gleichen Geschwindigkeit um 0,23 Sekunden zu. „Bahnbewegungen der Quelle um einen Stern könnten die abrupten Periodenänderungen nicht erklären", fügten sie hinzu, obgleich sie glaubten, daß langsamere Veränderungen hierauf zurückgehen könnten.

Drei schnell pulsierende Röntgenquellen waren nun bekannt: Diese (Cen X-3), der Krebs-Pulsar und Cyg X-1. Der Krebs-Pulsar war allgemein als Neutronenstern, der sich dreißigmal je Sekunde dreht, anerkannt. Die Pulsrate von Cen X-3 war mit 4,8 Sekunden langsamer als alle bekannten Radio-Pulsare. Die Emissionen von Cyg X-1 waren so unregelmäßig, daß – sagten die Experimentatoren – „noch eine andere Erklärung notwendig werden könnte". (Dies war auch der Fall, denn Cyg X-1 sollte der wahrscheinlichste Kandidat für ein Schwarzes Loch werden.)

Der Nachweis der Bahnbewegung von Cen X-3 ergibt sich aus den Variationen der Ankunftszeiten der Pulse. Wäre die Quelle in einem Zustand gleichförmiger Bewegung relativ zur Erde, erschiene der 4,822-Sekunden-Rhythmus ihrer Pulse konstant. Statt dessen wird die Ankunft der Pulse zunehmend verzögert, wenn sich die Quelle auf die von uns entfernte Seite des Begleitsterns zu bewegt (Abschnitt A auf dem Diagramm). Zwölf Stunden lang sind die Pulse durch den Begleiter unterbrochen (verfinstert) (Abschnitt B). Sonst wäre dies die Periode maximaler Verzögerung der empfangenen Signale. Dann, wenn die Quelle auf die uns zugewandte Seite zurückkehrt, erreichen uns die Pulse immer früher (Abschnitt C). Die Verzögerungszeiten wurden aus Daten von Uhuru während drei Tagen im Mai 1971 bestimmt. Der Durchmesser der alle 2,08707 Tage einmal durchlaufenen Bahn ist groß genug, um eine maximale Verzögerungszeit von fünfundsiebzig Sekunden zu erzeugen.   *(H. D. Tananbaum, in X- and Gamma-Ray Astronomy.)*

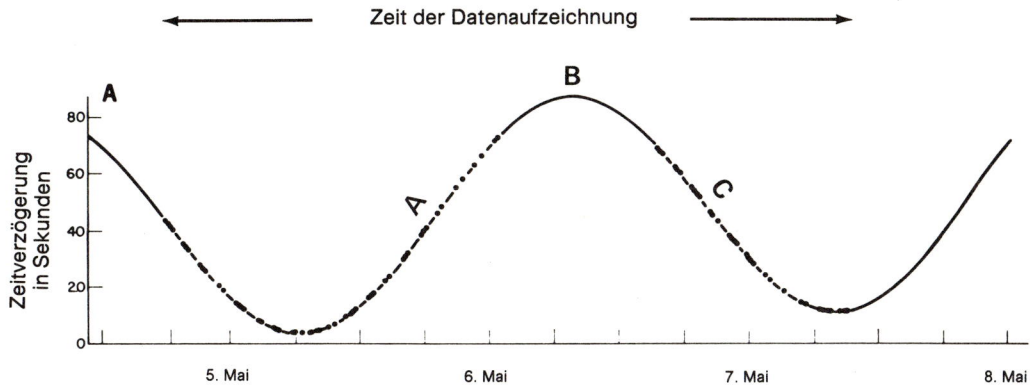

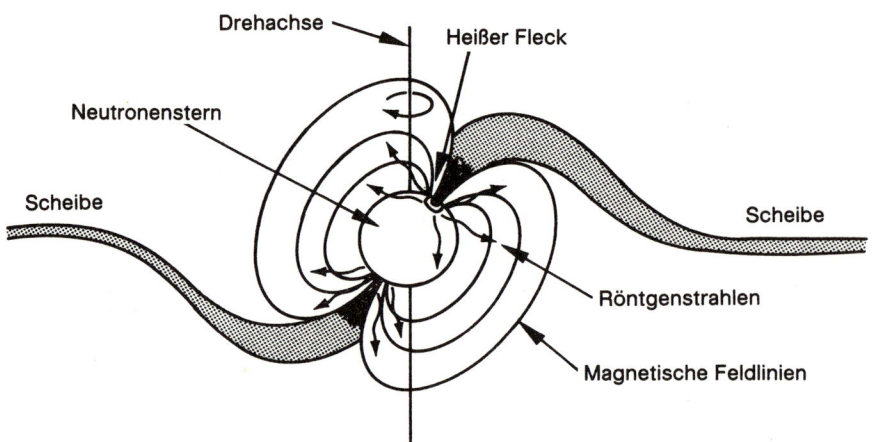

Gas, das auf einen Neutronenstern fällt, dessen Magnetfeld bezüglich seiner Drehachse gekippt ist, erzeugt hochgradig rhythmische Pulse, die mit seiner Drehung synchron sind. Der Stern wird von einer Akkretionsscheibe umgeben, die aus Gas besteht, das er seinem Begleiter geraubt hat (nur der innere Teil der Scheibe ist auf dem Querschnitt zu sehen). Das Gas der Scheibe wird zu den Magnetpolen hin abgelenkt und dabei stark zusammengepreßt und erhitzt (die dunklere Fläche) bis es in der Nähe des Poles im Röntgenstrahlenbereich glüht. Nur ein Pol ist jeweils sichtbar. Deshalb beobachtet man doppelte Pulse, wenn sich der Stern dreht. *(Übernommen aus The New Scientist.)*

Im Mai 1971 untersuchte die AS & E-Gruppe Cen X-3 bei jedem Umlauf während einer ganzen Woche und konnte seine Eigenschaften genauer ermitteln. Man fand, daß sich die Pulsrate kontinuierlich – und nicht abrupt, wie früher vermutet – änderte, doch daß die Leuchtkraft plötzlich schwankte. Außerdem folgten beide Charakteristiken (Helligkeit und Pulsrate) einem Zwei-Tage-Zyklus; exakter: 2,087 Tage).

Es ergab sich folgendes Bild: Zwölf Stunden lang war die Quelle gleichmäßig schwach; dann, für die restlichen eineinhalb Tage, war sie hell. Die Pulsrate erreichte ihr Minimum, wenn die Quelle schwach wurde, und ihr Maximum, während sie wieder heller wurde.

Für Astronomen, die mit Systemen vertraut sind, in denen zwei Sterne einander so eng umkreisen, daß sie sich wechselseitig verfinstern – „Bedeckungsveränderliche" –, schien die Erklärung ziemlich offensichtlich. Die Röntgenquelle war ein Pulsar mit einem Herzschlag (das heißt, einer Pulsrate) von 4,8 Sekunden, der ein anderes Objekt – vielleicht einen gewöhnlichen Stern – alle zwei Tage umkreiste. Die stetige Veränderung

164

seiner Pulse entsprach dem Dopplereffekt aufgrund der Bahnbewegung, der die beobachtete Pulsrate erhöhte, wenn sich der Röntgenpulsar auf die Erde zu bewegte, und sie erniedrigte, wenn er sich entfernte. Der zwölfstündige Abschnitt, währenddessen die Röntgenemissionen auf ein Zwölftel ihrer vorhergehenden Intensität zurückgingen, entsprach der „Verfinsterung" des Pulsars durch seinen Begleiter. Die Tatsache, daß die Röntgenstrahlen nicht vollständig verschwanden, interpretierte man, indem man annahm, daß sie von einer anderen Quelle kämen, zum Beispiel einer Gashülle, die das ganze Zweikörpersystem umgäbe und von den Emissionen des Pulsars erhitzt würde.

„Wir verwenden die Arbeitshypothese", sagten die AS & E-Wissenschaftler, „daß wir einen Bedeckungsveränderlichen vor uns haben, der aus einem kompakten Objekt und einem großen massereichen Stern besteht. Wir finden, daß alle Beobachtungsdaten mit dieser Interpretation übereinstimmen." Der Durchmesser der Bahn konnte aus der Verzögerung der Pulse, wenn das kompakte Objekt am entferntesten war, berechnet werden. Die Variation der Pulsrate zeigte sich schnell, gleichförmig und symmetrisch, so daß eine nahe, kreisförmige Umlaufbahn angemessen schien. Daß der Pulsar sich ein Viertel der Zeit verfinsterte, war auch ein Anhaltspunkt für seine sehr kleine Größe. Doch seine Masse, schätzte man, war gleich der der Sonne, während man sich den anderen Stern riesig vorstellte – siebzehn bis sechsundvierzig Sonnenmassen.

Giacconi und seine Kollegen richteten ihre Aufmerksamkeit auf Spekulationen von Schklowski und anderen sowjetischen Theoretikern – insbesondere Jakow Borisowitsch Seldowitsch –, wie die erstaunlich starke Röntgenstrahlung von Sco X-1, der stärksten aller entfernten Röntgenquellen, erzeugt werden könnte. Schklowski hatte, wie in den Kapiteln 6 und 7 bemerkt, bei der Quasar-Debatte eine prominente Rolle gespielt.

Seldowitsch leitete eine Gruppe von Theoretikern am Institut für Angewandte Mathematik der Sowjetischen Akademie der Wissenschaften und an der Moskauer Universität. 1943 war er mit einem Stalin-Preis ausgezeichnet worden, möglicherweise für Beiträge zum sowjetischen Rüstungsprogramm. 1939, lange vor der ersten Kernexplosion, hatte er Kettenreaktionen in Uran untersucht.

Schklowskis Erklärung für Sco X-1 besagte, daß es sich um ein Zwei-Körper-System handelte, das aus einem normalen Stern und einem Neutronenstern, die einander in geringem Abstand umkreisten, bestand. Die mächtige Schwerkraft des Neutronensterns, sagte er, sauge vom Begleiter

Gas ab, das mit großer Geschwindigkeit auf den Neutronenstern fiel. Doppelsterne, bei denen sich zwei gewöhnliche Sterne so eng umkreisen, daß einer vom andern Gas abzieht, waren den Astronomen wohlbekannt. Es war auch bekannt, daß Röntgenstrahlen (die nahe dem kurzwelligen und daher hochenergetischen Ende des Spektrums liegen) entweder auf Teilchen äußerst hoher Energie, die in einem Magnetfeld wirbeln (wie bei der Synchrotronstrahlung des Krebsnebels, die zuerst von Schklowski erklärt wurde), oder auf sehr hohe Temperaturen hinwiesen. Gas, das auf

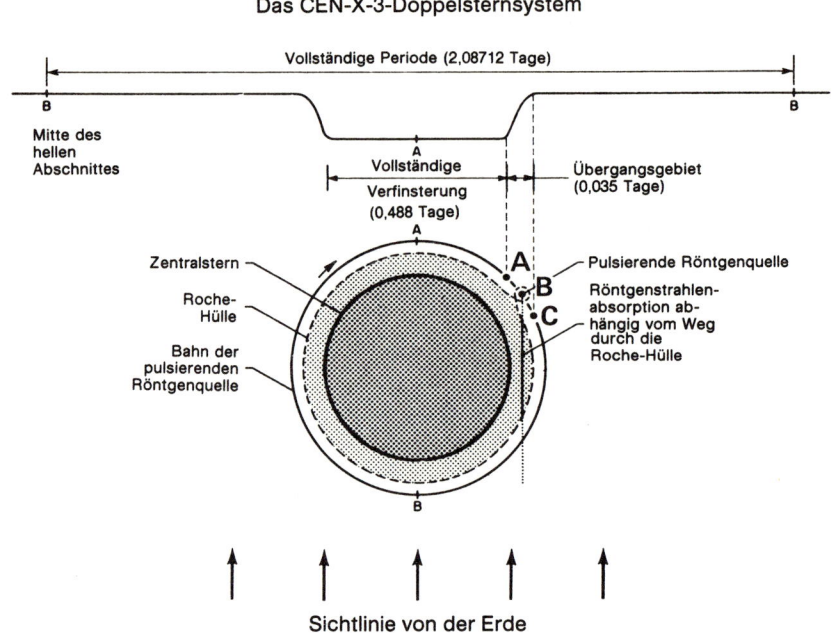

Das Cen-X-3-System, wie es sich nach seinem Pulsverhalten darstellt. Das kollabierte Objekt (ein Neutronenstern) kreist in äußerst kleinem Abstand um seinen Begleiter. Letzterer ist von Gas umgeben, das zum Neutronenstern hin gezogen wird und eine sogenannte Roche-Hülle bildet. Diese Hülle erzeugt eine schwache, aber ständige Röntgenstrahlung. In der Position A tritt der pulsierende Neutronenstern aus der Verfinsterung hervor. In Position B werden seine Pulse auf ihrem Weg zur Erde teilweise von der Roche-Hülle absorbiert. In Position C gibt es keine solche Absorption mehr, der Stern kommt völlig in Sicht. Die Kurve oben zeigt die Veränderung der Intensität der beobachteten Röntgenpulse. Diese schematische Darstellung basiert auf Uhuru-Daten.
(H. D. Tananbaum in X- and Gamma-Ray Astronomy.)

einen Neutronenstern fiel, würde ein Drittel der Lichtgeschwindigkeit erreichen und gleichzeitig von der mächtigen Gravitation zusammengepreßt, so daß es äußerst hohe Temperaturen erreichte.

Seldowitsch und seine Mitarbeiter (I. D. Nowikow und N. I. Schakura) führten aus, daß in diesem Fall weit mehr Energie frei würde, als wenn dasselbe Material bei einer Kernexplosion verwendet würde. Sogar die bescheidene Gravitation eines Körpers wie die Erde kann beim Fall eines Gegenstandes beträchtliche Energie freisetzen. Der Einschlag eines großen Meteoriten wie jener, der den Krater in Arizona bildete, läßt das aufschlagende Objekt verdampfen, was eine große Explosion verursacht. Je stärker die Schwerkraft, desto größer die Energie des Aufpralls. Selbst wenn ein Neutronenstern keinen engen Begleiter hätte, von dem er Material absaugen könnte, sagten die Russen, könnte er Gas aus den Wolken zwischen den Sternen – oder sogar aus dem Auswurf der Supernova, die ihn zunächst gebildet hatte – einfangen, das mit enormer Energie auf ihn hinabstürzen würde.

Die Anstrengungen, die Energie von Röntgensternen – ebenso wie Quasare und explosive Ereignisse weit draußen im Kosmos – zu erklären, führten so zu der Tatsache, daß, während im Labor die Kernkraft die stärkste und die Gravitation die schwächste Kraft ist, die Rollen vertauscht sind, wenn superdichte Massenkonzentrationen beteiligt sind. Kernreaktionen in einer Atom- oder Wasserstoffbombe verwandeln weniger als ein Prozent des „Brennstoffs" in Energie. Der Aufschlag auf einen Neutronenstern kann zehn- oder zwanzigmal soviel freisetzen (manche Theoretiker sagen sogar dreißigmal).

Doch warum sollten die Röntgenemissionen gepulst sein? Die Erklärung konnte der der Radiopulsare sehr ähnlich sein. Ein Neutronenstern sollte ein sehr starkes magnetisches Feld besitzen. Wenn dieses, anstatt längs der Drehachse ausgerichtet zu sein, gekippt war (wie das der Erde), dann rotierten seine Pole mit der Drehgeschwindigkeit des Sterns. Gas, das auf den Stern fiel, würde längs der Feldlinien auf die Pole stürzen. Dadurch entstünde dort ein extrem heißer Fleck, vielleicht nicht größer als einen Kilometer, der Röntgenstrahlen in den Raum senden würde, die mit jeder Umdrehung wie der Strahl eines Leuchtturms über den Himmel streichen würden. In großer Entfernung erschienen diese Emissionen als Pulse. Würden gebündelte Röntgenstrahlen (oder Radiowellen) von beiden gegenüberliegenden Polen beobachtet, sollte es zwei Pulse geben, die in Stärke oder anderen Eigenschaften Unterschiede zeigen sollten und ab-

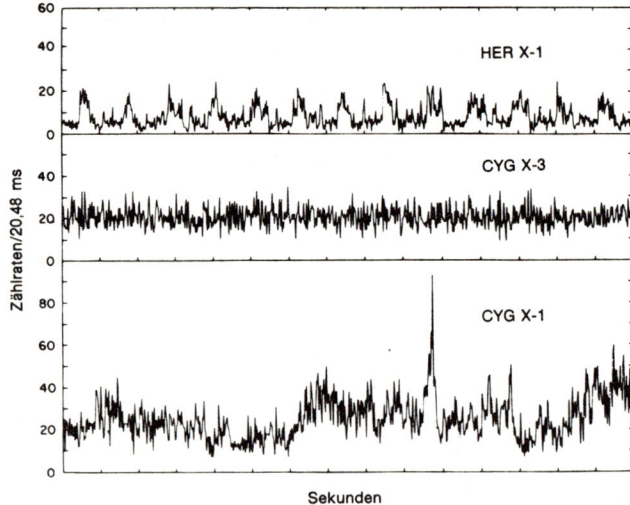

Röntgenemissionen von drei Quellen, die mit raketengetragenen Instrumenten des Goddard Space Flight Center aufgezeichnet wurden: Her X-1 zeigt deutlich eine Pulsrate von 1,24 Sekunden.
Cyg X-3 ist zwar für seine wilden Ausbrüche im Radiobereich bekannt, hat aber eine relativ kontinuierliche Röntgenstrahlung, während Cyg X-1 (möglicherweise ein Schwarzes Loch) unregelmäßige, äußerst scharfe Pulse zeigt.

wechselnd einträfen – ein Effekt, der beim Krebspulsar deutlich sichtbar ist.

Es scheint, daß jene Pulsare, die nur im Röntgenbereich pochen, immer engen Doppelsternsystemen angehören im Gegensatz (mit einer Ausnahme) zu jenen, die hauptsächlich im Radiobereich pulsen (von denen heute etwa 200 bekannt sind). In einem Doppelsternsystem glühen die Magnetpole „Röntgen-heiß" (und nicht nur in Weißglut), da Material auf sie fällt. Ein typischer Radiopulsar wäre andererseits ein Supernova-Überrest, der keinen nahen Begleiter und (mit seltenen Ausnahmen, wie dem Krebspulsar) zu viel Energie verloren hat, um Röntgenstrahlen zu erzeugen. Seine Emissionen blieben auf Radiowellen beschränkt, deren Erzeugungsmechanismus verschieden ist: Er beruht auf dem Ausstoß von Teilchen aus Gebieten, die mit den Polen assoziiert sind. Während Radiopulsare aufgrund des ausgestoßenen Materials Drehimpuls verlieren und langsamer werden, sollten Röntgenpulsare durch das Einfangen von Material schneller werden – ein Effekt, der jetzt mindestens bei acht derartigen Objekten nachgewiesen ist.

Um die vorgeschlagene Erklärung für Cen X-3 zu bestätigen, versuchten die Astronomen, seinen vermuteten gigantischen Begleiter zu finden. Zunächst blieben sie erfolglos, denn die Himmelsgegend war staubig, doch schließlich identifizierte der polnische Astronom Vojtek Krzeminski im Sommer 1973 mit einem der neuen Teleskope in den chilenischen Anden einen schwachen Stern an der angegebenen Stelle, dessen Helligkeit in einem Zyklus von 2,087 Tagen – der Periode, die aus dem Verhalten von Cen X-3 geschlossen worden war – variierte.

Inzwischen war ein anderer Röntgenpulsar, der Cen X-3 sehr ähnelte, aber schwächer war, im Sternbild Herkules (Her X-1) gefunden worden. Seine Pulsrate betrug 1,24 Sekunden, und die Dopplerveränderungen der Pulsperiode folgten einem Zyklus von einundvierzig Stunden (1,7 Tagen). Wie bei Cen X-3 gab es in jedem Zyklus eine Periode (in diesem Fall dauerte sie sechs Stunden) während der die Quelle sehr schwach wurde, als ob sie zumindest teilweise verdunkelt würde. Die Dopplerverschiebung ging genau in der Mitte der „dunklen" Periode durch den Nullpunkt, wenn der Pulsar direkt hinter seinem Begleiter stand und seine Bewegung zur Erde genau seitlich war. Ebenso fiel sie in der Mitte der hellen Phase auf Null, wenn der Pulsar auf unserer Seite und die Bewegung wieder seitlich war. Der Effekt kann mit der Veränderung der Tonhöhe der Hupe eines Rennwagens verglichen werden, wie sie auf der Tribüne vor einem Rundkurs beobachtet wird. Wenn sich der Wagen in der linken Kurve der Piste der Tribüne nähert, klingt das Horn am höchsten. Entfernt er sich in der rechten Kurve, ist der Ton am tiefsten. Fährt er direkt an der Tribüne oder auf der gegenüber liegenden Geraden vorbei, ist der Ton normal, denn es gibt keine Bewegung von den Zuschauern weg oder auf sie zu.

Das Neue an Her X-1, das P. E. Boynton von der Universität von Washington das „Uhrwerk-Wunder" nannte, bestand in einem zusätzlichen Zyklus von 35,7 Tagen, währenddessen die Quelle meistens „ausgeschaltet" – sehr schwach oder unbeobachtbar – war. 8,9 Tage lang, berichteten die Wissenschaftler von AS & E, „ist die Quelle stark, pulsiert und zeigt einen Rhythmus der Intensität von 1,7002 Tagen". Für den Rest des Zyklus bleibt sie schwach oder unsichtbar. Um sicherzugehen, daß dies wirklich ein sich wiederholendes Phänomen war, waren ausgedehnte Beobachtungen nötig. Fünf Monate lang blieb Her X-1 praktisch ständig in Uhurus Blickfeld. Zu den gelegentlichen Unterbrechungen zählten die Abschnitte, während derer die Erde im Weg stand. Von Dezember 1971 bis März 1972 wurde Her X-1 jeweils neun Tage im Monat zum Leben erweckt. Verschiedene Erklärungen für dieses Ein-Aus-Verhalten wurden vorgeschlagen. Wäre das Objekt ein rotierender Neutronenstern mit von der Achse verschobenen Magnetpolen, dann zeigten seine Pulse nur auf uns, wenn einer der Pole einmal je Umdrehung in unsere Richtung wies.

Doch wenn, wie Kenneth Brecher vom MIT bemerkte, der Neutronenstern taumelte, was Kreisel und andere rotierende Objekte im allgemeinen tun, könnte der Pol periodisch auf uns gerichtet sein – in diesem Fall neun Tage je Monat.

Eine andere Möglichkeit bestand darin, daß das Einfangen von Gas vom Begleiter nicht ständig, sondern periodisch eintritt. Wenn zwei Sterne einander in geringem Abstand umkreisen, sind sie nicht kugelförmig; die Gravitation des einen verformt den anderen, so daß sie sich zueinander hin ausbauchen. Dieser Bauch ist ein von der Schwerkraft gebildetes Ventil. Gas kann ständig aus ihm strömen, wie bei Cen X-3, während es bei Her X-1 an neun Tagen im Monat geöffnet ist.

Die Experimentatoren dachten, daß es leichter sein sollte, den Begleiter von Her X-1 als den von Cen X-3 zu sehen, da die Staubwolken der Milchstraße abseits lagen. Doch unglücklicherweise fielen im November 1971 – dem Monat der Entdeckung von Her X-1 – Uhurus Sternsensoren aus, so daß es keine Möglichkeit gab, die Orientierung der Röntgendetektoren genau zu bestimmen. Zwei Nachbarn von AS & E – das Massachusetts Institute of Technology und die Harvard-Universität – traten nun auf den Plan. Unter den neun Experimenten an Bord des eben gestarteten Orbiting Solar Observatory 7 (OSO-7) befanden sich Röntgendetektoren, die von G. W. Clark und seinen Kollegen am MIT entwickelt worden waren. Zweimal, als Her X-1 in seiner hellen Phase war, konnten sie seine Pulse aufnehmen und seine Position auf 0,3 Grad genau bestimmen.

Obwohl ziemlich viele Kandidaten in einem so großen Kreis lagen, schlug William Liller vom Harvard College Observatory vor, daß die Astronomen auf einen ungewöhnlich blauen Stern, der als HZ Herculis (nach dem Humason-Zwicky-Katalog) bekannt war, achten sollten. Schon seit 1936 wußte man, daß er sich schnell und unregelmäßig veränderte. Innerhalb weniger Wochen entschieden zwei junge Astronomen an der Universität von Rochester, Donald Q. Lamb und John M. Sorvari, nachzusehen, ob irgend etwas in der Nähe dieses Sterns optisch im 1,24-Sekunden-Rhythmus blitzte, der von Uhuru im Röntgenbereich beobachtet worden war. Sie verwendeten eine Apparatur, die kurz nach der Entdeckung der Pulsare in der Hoffnung entwickelt worden war, optische Blitze von diesen Objekten zu registrieren. Der Zeitgeber des Systems wurde auf die Röntgenpulsrate eingestellt und in der Nacht des 8. Juli 1972 machte man vom Mees Observatory der Universität auf dem Gannett Hill nahe Naples, New York, drei Beobachtungen. Fluktuationen der Helligkeit des Sterns oder seiner Umgebung schienen tatsächlich den Röntgenpulsen zu folgen, doch als man drei und vier Tage später das Gebiet untersuchte, wurden keine Pulse festgestellt.

Die beiden Männer berichteten von ihren Beobachtungen auf dem schnellen Weg, der für solche Entdeckungen reserviert ist – über das international unterstützte Central Bureau for Astronomical Telegrams in Cambridge, Massachusetts. Etliche Sternwarten versuchten, den Bericht zu bestätigen, doch keine hatte Erfolg. Die Astronomen von Rochester hielten trotzdem ihre Fahne hoch. Sie waren sicher, daß die Pulse, die sie gesehen hatten, echt waren. Schließlich, viele Monate später, fand eine Gruppe von der Universität von Kalifornien in Berkeley, daß HZ Herculis tatsächlich pulst. Seine optischen Pulse sind jedoch von denen des Röntgenpulsars verschieden, offensichtlich, weil sie auf der gepulsten Beleuchtung des Sterns durch die Röntgenstrahlen des umlaufenden Pulsars beruhen. Das Ergebnis stellt eine komplizierte Modulation der optischen Pulsrate dar. Frühere Versuche der Bestätigung waren mißlungen, da – wie bei den ersten Versuchen, den Krebspulsar zu entdecken – der Zeitgeber nicht unter Berücksichtigung dieser Effekte eingestellt worden war.

Praktisch gleichzeitig mit der ersten Entdeckung optischer Pulse hatten John N. Bahcall und seine Frau Neta eine Reihe von einundachtzig Helligkeitsmessungen an HZ Herculis mit dem Ein-Meter-Spiegel von Tel Avivs Wise-Observatorium in der Negev-Wüste begonnen. Es handelte sich um fünfzehnminütige Beobachtungen, die in klaren Nächten zwischen dem 6. Juli und dem 19. August gemacht wurden. Sie fanden, daß die Helligkeit des Sterns in einem Zyklus variierte, der dem Einundvierzig-Stunden-Rhythmus der Röntgenpulse entsprach. Doch der Stern wurde offensichtlich nicht verdunkelt. Es stellte sich heraus, daß der Stern am dunkelsten war, wenn der Pulsar auf der gegenüberliegenden Seite, und nicht, wenn er davor stand. Die beiden Objekte waren also zur selben Zeit am hellsten.

Als die Bahcalls darüber nachdachten, ging ihnen auf, daß dies nicht erstaunlich war. Wenn der Pulsar ein Neutronenstern war, war er so klein, daß er nur einen vernachlässigbaren Teil der Oberfläche des Sterns verdeckte. Doch die enorme Helligkeit des Pulsars im Röntgenbereich würde den Begleiter aufheizen, was ihn auf der dem Pulsar zugewandten Seite strahlend hell scheinen (und pulsen) ließ.

Inzwischen suchten Liller und seine Kollegen, die HZ Herculis durch Harvards 1,55-Meter-Reflektor in der Nähe des Dorfes Harvard beobachteten, nach Hinweisen auf den monatlichen Ein-Aus-Zyklus des Röntgenpulsars. Weder sie, noch die Bahcalls fanden irgendeine derartige Variation, woraus folgte, daß die Beleuchtung des Sterns durch seinen Röntgenbegleiter unvermindert andauerte. Dies untermauerte die Vermutung der Harvard-Gruppe, daß die langen Perioden, während derer der Pulsar stumm blieb, von einem Taumeln der Drehachse (Präzession) verursacht wurden. „Wenn die magnetische Achse relativ zur Drehachse gekippt wäre", schrieben sie in einem Brief an das *Astrophysical Journal*, „dann würde man erwarten, daß ein gepulstes Signal von der Neutronenstern-oberfläche (oder ihrer Umgebung) ausginge, dessen Periode gleich der Rotationsperiode des Neutronensterns oder ihrer Hälfte wäre." (Die Periode wäre gleich der Hälfte der Rotationsperiode, wenn Pulse von beiden Polen beobachtet würden.)

„Zeitweilig", sagten sie, „könnte die Erde völlig außerhalb des vom heißen Fleck emittierten Kegels von Röntgenstrahlen liegen." Alle diese Faktoren zusammen, bemerkten sie, machten aus HZ Herculis einen absolut außergewöhnlichen Stern, der abwechselnd die Oberflächentemperatur von zwei völlig verschiedenen Sterntypen aufwies (in der kalten Phase war er ein F4-Unterriese, in der heißen ein B8-Hauptreihenstern). Seine kühle Seite eignete sich wahrscheinlich besser für seine eigentliche Klassifikation.

Liller und seine Kollegen nahmen sich alte Platten von Harvard vor und fanden, daß HZ Herculis seit 1890 monate- oder jahrelange Phasen durchgemacht hatte, während derer er ständig relativ dunkel war. Im Schlußwort ihres Briefs schrieben sie: „Wir drängen die optischen Astronomen, keine Anstrengung zu scheuen, detaillierte Untersuchungen dieses unglaublichen Systems durchzuführen."

1979 war mit einem wesentlich größeren und weiterentwickelten Satelliten etwa ein Dutzend Röntgen-Pulsare entdeckt worden, und in einigen Fällen gelang es, ihre sichtbaren Begleiter zu identifizieren. Anfang 1978 wurde zum Beispiel das erste High Energy Astronomy Observatory (HEAO) aus seiner vorgesehenen Position geschwenkt, so daß es während zweier Umläufe von jeweils neunzig Minuten einen neu entdeckten 3,6-Sekunden-Pulsar im Sternbild Kassiopeia beobachten konnte. Normalerweise dreht sich HEAO so um seine Achse, daß seine Energie erzeugenden Sonnenzellen der Sonne zugewandt sind, doch dieses etwas riskante vom Boden ferngesteuerte Manöver machte es möglich, die Position des Pulsars so genau festzustellen, daß sein optisches Gegenstück identifiziert werden konnte.

Zu den am intensivsten untersuchten derartigen Pulsaren gehören Sco X-1, der stärkste von allen, und Cyg X-3, der für seine wilden Radioausbrüche bekannt ist. 1972 vertausendfachte sich die Radiohelligkeit von Cyg X-3 innerhalb von zwei Tagen. Er scheint in einem siebzehntägigen Zyklus zu taumeln, vergleichbar mit dem 35,7tägigen von Her X-1. Einige Pulsare zeigen sehr langsame Pulsraten, bis zu einigen 100 Sekunden, was Kopfzerbrechen bereitet, da Neutronensterne sehr viel schneller rotieren sollten. Sie könnten nicht so dicht wie Neutronensterne sein oder durch Wechselwirkungen zwischen ihrem Magnetfeld und umgebenden Gaswolken verlangsamt worden sein.

Obwohl Sco X-1 die stärkste Röntgenquelle ist, blieben Versuche, ihn oder einen Begleitstern mit optischen Teleskopen zu finden, enttäuschend. Etliche Astronomen versuchten, ein rhythmisches Verhalten, das auf eine Bahnbewegung hinweisen könnte, bei einem funkelnden, bläulichen Stern zu entdecken, der an dieser Stelle 1966 gefunden worden war. Eine sowjetische Gruppe glaubte, nachdem sie seine Helligkeit zweihundert Nächte lang überwacht hatte, einen Zyklus von beinahe vier Tagen zu sehen. Ein halbtägiger Zyklus wurde von einem Holländer berichtet, und zwei Kanadier folgerten aus Spektraluntersuchungen eine Periode von nur sechseinhalb Stunden.

Liller und seine Kollegen am Harvard-Smithsonian Center for Astrophysics entschieden, daß nur eine große Menge von Daten, die eine lange Periode überdeckten und von einem Computer ausgewertet wurden, Täuschungen durch kurzfristige Veränderungen vermieden. Durch die Auswertung von 1766 Helligkeitsmessungen aus der Zeit von 1889 bis 1974 erhielten sie eindeutig eine Periode von 18,9 Stunden. Sco X-1 stellt man sich als kleines kollabiertes Objekt (Weißer Zwerg oder Neutronenstern) vor, das einen kleinen normalen Stern so eng umkreist, daß große Gasmengen vom normalen Stern abgezogen werden. Diese heiße Gashülle wird optisch beobachtet und nicht der Stern selbst. Die große Menge von Gas, das auf das kollabierte Objekt stürzt, erklärt die intensive Röntgenstrahlung, die keine Hinweise auf eine Pulsperiode zeigt.

Die aufregendsten Entwicklungen, die einen Höhpunkt der Erforschung des Röntgenhimmels darstellen, sind mit Cyg X-1 verknüpft, dessen Emissionen (zeitweilig die zweitstärksten nach Sco X-1) bei dem Aerobee-Flug von 1962 entdeckt wurden. Viele bezeichnen das als Geburt der Röntgenastronomie. Seine Beobachtung bereitete den Astronomen zunächst sehr viel Kopfzerbrechen, denn jede Gruppe erhielt – und veröffentlichte – widersprüchliche Berichte über sein Verhalten. Das Naval Research Laboratory erhaschte mit seinen Raketen im Juni 1964 und im April 1965 jeweils einen kurzen Blick auf die Quelle. Bei der zweiten Gelegenheit war die Helligkeit um 75 Prozent gefallen. Cyg X-1, berichteten die Navy–Wissenschaftler, „ist das erste eindeutige Beispiel eines Röntgenveränderlichen. Es läßt sich nicht angeben, wie schnell die Variation eintraf, sondern nur, daß sie zwischen den beiden Beobachtungen eintraf . . ."

Bei Uhurus ersten Aufzeichnungen lag das Cygnus-Gebiet jeweils zwanzig Sekunden im überstrichenen Bereich. Man beobachtete Pulsationen, die, obwohl sie schwankten, zu einer Periode von 0,073 Sekunden zu passen schienen. Doch andere Beobachter widersprachen. Eine Gruppe vom Goddard Space Flight Center der NASA berichtete, daß eine acht Sekunden dauernde Beobachtung mit einer Rakete 1970 Hinweise auf zwei Pulsraten ergeben hatte: 0,290 und 1,1 Sekunden. Ein MIT-Team konnte 1971 in den Daten eines Raketenfluges von fünfundsiebzig Sekunden keine solchen Pulse entdecken, dafür aber ein Aufblitzen von 0,05 Sekunden. Dies wurde im wesentlichen von den Leuten des Naval Research Laboratory bestätigt, die Vierzig-Sekunden-Daten eines Flugs von 1967 noch einmal auswerteten.

Man beschloß, eine lange Beobachtung mit Uhuru durchzuführen; sechs Monate lang bis Juni 1971 wurden 1000 Sekunden Daten registriert. „Das charakteristische Verhalten von Cyg X-1 ist mit allen vorher genannten Beobachtungen konsistent", sagte die AS & E-Gruppe. Mit anderen Worten: Alle hatten recht. Zusammenfassend sagten sie:

1. „Große Schwankungen der Intensität existieren auf allen beobachteten Zeitskalen von fünfzig Millisekunden (tausendstel Sekunden) bis zehn Sekunden. Sie machen bis zu 50 Prozent der Leistung aus."

Unter Verwendung einer von Sir Martin Ryle entwickelten Methode (Apertur-Synthese) können die Antennen des Westerbork-Observatoriums in den Niederlanden Himmelskarten bei Radiowellenlängen herstellen. Man benutzt eine Art von Viel-Antennen-Interferometrie mit Computer-Unterstützung. Die Antennen halfen die Position von Cyg X-1, dem führenden Kandidaten für ein Schwarzes Loch, genau festzulegen. *(Aerofoto Eelde.)*

2. „Periodische Pulsfolgen mit Perioden von 0,3 Sekunden bis mehr als zehn Sekunden existieren und machen 10 bis 25 Prozent der Leistung aus; sie dauern jedoch nur einige Sekunden bis einige zehn Sekunden."
3. „Keine einzelne Periode ist auf die Dauer konsistent."

Die Pulse kommen also in kurzen Zügen, jeder weist sein eigenes Tempo auf, und die Pulsraten bleiben weder lange Zeit konstant noch kehren sie wieder. Ein ähnliches Verhalten, sagte der Bericht, werde auch bei Cir X-1, einer Quelle im Sternbild des Zirkels (lateinisch „Circinus"), beobachtet. „Die Daten zeigen große Pulsationen", sagte er, „ohne erkennbare konstante Periode ... Vorerst existiert kein allgemein anerkanntes theoretisches Modell, um das Verhalten dieser Klasse von Objekten zu erklären."

Vielleicht, dachten die Radioastronomen, könnten sie etwas darüber erfahren. Die stärkste Röntgenquelle, Sco X-1, war mit Radioantennen als starke, hochveränderliche Quelle zu beobachten. Ein Jahr lang versuchten Robert M. Hjellming und Campbell M. Wade am National Radio Astronomy Observatory Emissionen von einem halben Dutzend anderer Röntgenquellen, darunter Cyg X-1, zu empfangen. Sie benutzten die Antennen des Observatoriums bei Green Bank, die gut geschützt vor Radiostörungen in einem einsamen Tal von West-Virginia lagen. Als sie nach Cyg X-1 suchten (seine Position war von den Uhuru-Daten nur ungefähr bekannt), fanden sie zunächst nichts, doch ab 13. Mai 1971 beobachteten sie wiederholt Emissionen.

Inzwischen führten in den Niederlanden der Belgier L. L. E. Braes und der Ire G. K. Miley ähnliche Forschungen durch, wobei sie die lange Reihe von Parabolantennen bei Westerbork benutzten. Am 28. Februar 1971 entdeckten sie nichts, doch als sie das nächste Mal in der Nacht vom 28. auf den 29. April nachsahen, war Cyg X-1 plötzlich sichtbar.

Irgendwann zwischen dem 22. März (als in Green Bank nichts beobachtet werden konnte) und dem 28. April (als er in Westerbork entdeckt wurde) hatte sich Cyg X-1 also für die Radioastronomen „eingeschaltet". Doch gleichzeitig waren seine Röntgenemissionen, wie von Uhuru registriert, auf ein Viertel ihrer ursprünglichen Intensität zurückgegangen, obwohl sie äußerst variabel blieben. Dies hielt vier Jahre an, bis im Frühjahr 1975 der britische Satellit Ariel 5 und der niederländische astronomische Satellit eine kurze Zunahme der Intensität im langwelligen Röntgenbereich feststellten. Wenige Tage vorher war Aryabhata, Indiens erster Sa-

176

tellit (mit sowjetischer Hilfe) gestartet worden und konnte vor dem Übergang einen letzten Blick auf die Röntgenemissionen werfen. Während dieser Wechsel – hell im Röntgenbereich und dunkel im Radiobereich – kurzlebig war, trat ein ausgedehnterer Wandel sechs Monate später auf; er endete im Februar 1976, als die Quelle wieder Röntgen-dunkel und Radio-hell wurde. Dieser Übergang war nach Braes und Miley in den Niederlanden von bemerkenswerter Ähnlichkeit mit jenem von 1971. Dieses Rätsel sollten nun die Theoretiker lösen – oder war es ein Schlüssel zur Aufklärung der Natur von Cyg X-1?

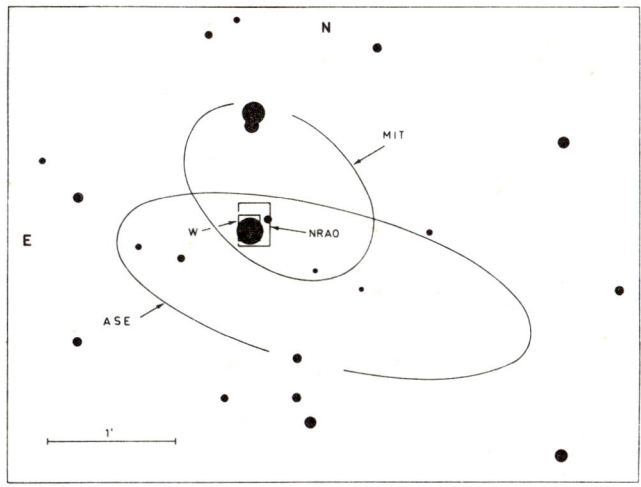

Die Fixierung der Position von Cyg X-1 und der Nachweis seiner Beziehung zu dem Riesen HDE 226868 gelang, indem man in einer Reihe von Schritten seine Lage am Himmel immer weiter einengte. Das große Oval zeigt das vom Satelliten Uhuru angegebene Gebiet (ASE). Das rundere Oval ist die Bestimmung mittels der MIT-Rakete, ebenfalls im Röntgenbereich (MIT). Das größere Rechteck wurde vom National Radio Astronomy Observatory bestimmt (NRAO) und schloß einen kleinen, etwas variablen Stern sowie auch HDE 226868 ein. Das kleinste Rechteck – es wurde mit den Westerbork-Antennen erhalten (W) – enthielt nur den Riesen. *(Aus einer Veröffentlichung von L. L. E. Braes und G. K. Miley in X- and Gamma-Ray Astronomy.)*

Nachdem die Radioastronomen von Green Bank und Westerbork Cyg X-1 im Jahr 1971 gefunden und seine Position genauer bestimmt hatten, war es unvermeidlich, daß die optischen Astronomen nachsähen, ob da etwas im sichtbaren Licht schiene. Und wieder wurde die „Dicke Bertha" der optischen Astronomie, der Fünf-Meter-Reflektor auf Mount Palomar, zu den Fahnen gerufen. Einem Beobachtungsteam, zu dem Jerome Kristian und Allan Sandage gehörten, standen fünf unabhängig festgestellte Positionen zur Verfügung: Zwei von den Radioastronomen und drei – weniger präzise – von Röntgenbeobachtungen mit Uhuru und mit Raketen, die Instrumente vom MIT und vom Lawrence Radiation Laboratory in den Raum trugen (eine Position war auch von einem Ballon der Universität Tokio erhalten worden). Berücksichtigte man die Ungenauigkeiten, war jede „Position" in Wirklichkeit ein „Fehlerfeld", innerhalb dessen das Objekt liegen sollte. Die Fehlerfelder der fünf Positionsangaben überlappten, und in der mit einer Ausnahme gemeinsam bedeckten Fläche lagen zwei Sterne. Einer war als HDE 226868 in der Henry Draper Extension verzeichnet, einer Ergänzung des großen Henry-Draper-Katalogs mit etwa 360 000 Sternen, die größtenteils von Annie J. Cannon, einem hingebungsvollen Mitglied des Personals des Harvard College Observatory, gemäß ihres Spektrums klassifiziert worden waren. Das Projekt, das in den letzten Jahrzehnten des vorigen Jahrhunderts begonnen wurde, war durch eine Stiftung zum Gedächtnis Henry Drapers, eines verdienten Arztes und Amateurastronomen, möglich geworden.

HDE 226868 wurde als normaler B-Stern klassifiziert. War dies richtig, wäre er sehr groß und daher sehr hell. Da seine beobachtete Helligkeit aber nicht groß war, schloß man, daß er weit mehr als 6500 Lichtjahre entfernt sein mußte. Doch aus der Intensität der weichen Röntgenstrahlung, die uns durch den interstellaren Wasserstoff, der zwischen Uhuru und Cyg X-1 liegen sollte, erreichte, hatten Herbert Gurski und andere Mitarbeiter von AS & E abgeschätzt, daß er höchstens halb so weit entfernt sei. Das Mount Palomar Observatory konzentrierte seine Aufmerksamkeit also auf den anderen Kandidaten, der unüblich und variabel zu sein schien.

Die Radioastronomen arbeiteten inzwischen jedoch weiter und sowohl Green Bank als auch Westerbork hatten bald bessere Positionen. Es wurde deutlich, daß die Emissionen von dem „normalen" B-Stern kamen. „Die nahezu perfekte Übereinstimmung der Positionen der Radioquelle und des Sterns", berichteten Wade und Hjellming in *Nature*, „läßt keinen Zweifel aufkommen, daß HDE 226868 die richtige Identifizierung ist."

Inzwischen hatten zwei Sternwarten optische Teleskope auf den Stern gerichtet, um zu sehen, ob sein Spektrum so variierte, wie man es erwartete, wenn er um einen Begleiter kreise. Am Royal Greenwich Observatory (das nach dem Zweiten Weltkrieg von Greenwich nach Herstmon-ceaux Castle in Sussex verlegt wurde, um den Lichtern von London zu entkommen) fanden Louise Webster und Paul Murdin mit dem 2,5-Me-ter-Isaac-Newton-Teleskop tatsächlich Beweise, daß HDE 226868 alle 5,6 Tage irgend etwas umkreiste. Sie schlossen, daß der sichtbare Stern etwa zehn- bis dreißigmal so massiv wie die Sonne wäre und sein unsicht-barer Begleiter zwischen 2,5 und 6 Sonnenmassen läge. „Der Begleiter könnte ein Neutronenstern oder Weißer Zwerg sein“, sagten sie, doch da er mehr als zweimal so massiv wie die Sonne zu sein scheint – deutlich über der theoretischen Grenze für Weiße Zwerge und Neutronensterne – „ist es unvermeidlich darüber zu spekulieren, ob er nicht ein Schwarzes Loch wäre.“

Parallele Beobachtungen wurden in Kanada von C. T. (Tom) Bolton von der Universität von Toronto mit dem 1,88-Meter-Reflektor des Da-vid Dunlap Observatory der Universität in Richmond Hill, Ontario, durchgeführt, die vom Steward Observatory in Arizona ergänzt wurden. Die Ergebnisse stimmten mit den am Royal Greenwich Observatory er-zielten überein.

Außerdem fand er im Spektrum Hinweise, daß Gas vom sichtbaren Stern zu seinem Begleiter strömte. Die Bahnbewegung von HDE 226868 ließ erkennen, daß er an ein Objekt von beträchtlicher Masse gebunden war. Als B-Stern, argumentierte Bolton, konnte er vernünftigerweise nicht weniger als zwölf Sonnenmassen aufweisen weshalb die Untergrenze für den Begleiter drei Sonnenmassen betrüge. Seine Resultate waren also de-nen von Webster und Murdin sehr ähnlich. Sein Bericht in *Nature* sagte (auszugsweise):

Die Bewegung des Gasstroms und die Position der Röntgenquelle lassen ver-muten, daß die Röntgenstrahlen durch die Wechselwirkung des Gasstroms mit dem unsichtbaren Begleiter erzeugt werden. Die großen Energien der Röntgenstrahlen bedeuten, daß hohe Beschleunigungen stattfinden – Be-schleunigungen wie sie vom starken Gravitationsfeld eines kollabierten Ob-jekts hervorgerufen würden. Die untere Grenze der Masse des Begleiters ist zu hoch für einen Weißen Zwerg und schließt wahrscheinlich auch einen Neutronenstern aus. Die Abwesenheit eines Supernova-Überrests spricht auch gegen einen Neutronenstern. Dies läßt die Möglichkeit gegeben erschei-nen, daß es sich um ein Schwarzes Loch handelt.

Schließlich berichteten Mitglieder der Moskauer Gruppe (A. M. Tscherepaschtschuk, W. M. Ljutin und R. A. Sunjajew), daß die Helligkeit von HDE 226868 in einem Rhythmus von 5,6 Tagen variierte. Wie Bolton in einer Zusammenfassung in *Nature* vom 11. Dezember 1972 ausführte, waren die Veränderungen der Helligkeit wahrscheinlich eine Folge der Verformung des Sterns durch die Schwerkraft des unsichtbaren Begleiters, so daß sich seine Größe, von der Erde aus gesehen, während des Umlaufs änderte. Nun schätzte Bolton das unsichtbare Objekt auf mehr als 7,4 Sonnenmassen, wobei er 30 Sonnenmassen für HDE 226868 annahm. Der plötzliche Rückgang der Helligkeit von Cyg X-1, fügte er hinzu, könnte auf ein Schrumpfen des sichtbaren Sterns zurückzuführen sein, was dazu geführt habe, daß weniger Gas zum Begleiter strömte. Andere Untersuchungen ergaben, daß Cyg X-1 den Stern in sehr geringem Abstand umkreise – weniger als ein Drittel der Entfernung zwischen Merkur, dem innersten Planeten, und der Sonne. Kein Wunder, daß er dem Stern Gas raubte!

Daß der Gasstrom vom sichtbaren Stern äußerst unregelmäßig ist, wurde durch eine Reihe von Beobachtungen gezeigt, die von 1972 bis 1975 von britischen Röntgendetektoren an Bord des astronomischen Satelliten Copernicus durchgeführt wurden. Wenn das unsichtbare Objekt in den „Schatten" von HDE 226868 trat, wurde seine Röntgenstrahlung in ungleichmäßigem Umfang absorbiert, als ob sie veränderliche Gasströme durchquerte.

Die sich häufenden Anhaltspunkte überzeugten Giacconi und seine Kollegen bald davon, daß Cyg X-1 ein Schwarzes Loch sei. Seine Röntgenemissionen sind nicht gepulst, wie die eines Neutronensterns, sondern variieren auf Zeitskalen von einer tausendstel Sekunde, was auf ein äußerst kompaktes Quellgebiet hinweist. Seine Masse, bemerkte Harvey D. Tananbaum von der AS & E-Gruppe auf einem Symposium der Internationalen Astronomischen Union 1972 in Madrid, mußte, „konservativ genommen", dreimal die der Sonne sein.

Nach der wissenschaftlichen Tradition (von der Grenze, die Chandrasekhar bei den Weißen Zwergen festlegte, bis zu jener, die Oppenheimer für Neutronensterne fand) muß jedes so massive Objekt seinen Kollaps ohne Ende fortsetzen, wobei es alle theoretischen Voraussagen wie das Abschnüren eines Teils von Raum und Zeit erfüllt.

Viele Astrophysiker stimmen deshalb darin überein, daß Cyg X-1 ein Schwarzes Loch ist, obwohl einige, die sich nicht festlegen wollen, nur

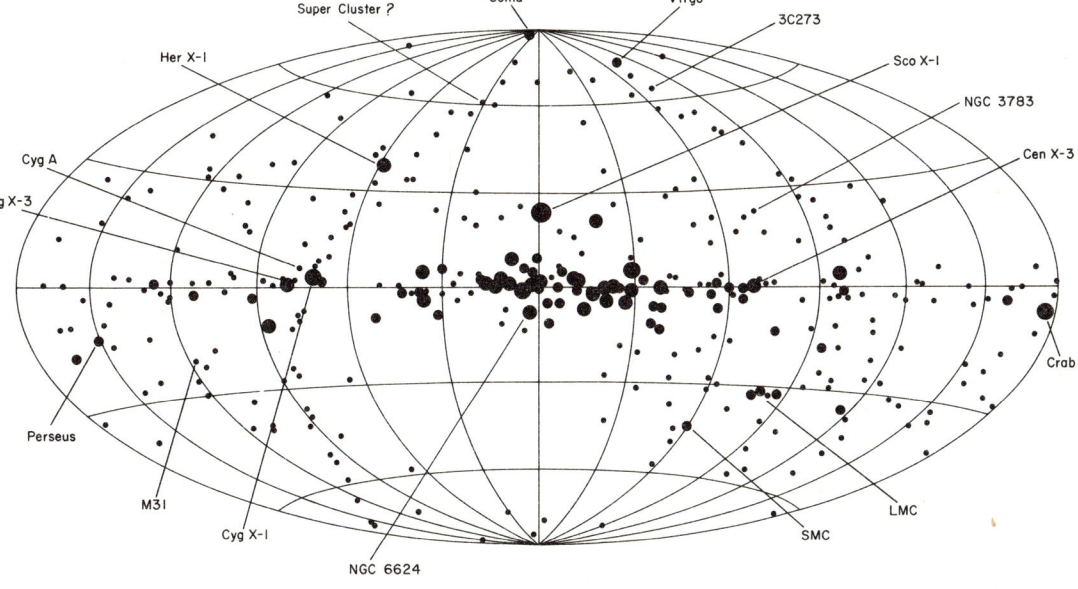

Der Röntgenhimmel aus der Sicht von Uhuru. Die Karte ist aus dem 4. Uhuru-Katalog entnommen, der 1977 zusammengestellt wurde. Der Himmel wird so dargestellt, daß sich die Milchstraße dort befindet, wo auf Erdkarten der Äquator ist. Der Kern der Galaxis befindet sich im Zentrum. *(Center for Astrophysics.)*

sagten, dies sei die einfachste Erklärung der Beobachtungen. Andere haben weniger Hemmungen. Eine Pressemitteilung der NASA berichtete, daß britische Wissenschaftler auf der Basis der Daten des Satelliten Copernicus sagen, „sie hätten nachgewiesen, daß das früher vorhergesagte Schwarze Loch im Raum nicht mehr theoretisch ist. Es ist Tatsache". Doch Stephen Hawking, der wahrscheinlich mehr über Schwarze Löcher theoretisiert hat, als die meisten anderen, ist nicht überzeugt. Er hat mit Kip Thorne von Caltech gewettet, daß Cyg X-1 kein Schwarzes Loch ist (insbesondere keines mit einer Masse, die die Chandrasekhar-Grenze übersteigt). Gewinnt er, erhält er für vier Jahre ein Abonnement von *Private Eye*, gewinnt Thorne, ist der Preis ein einjähriges Abonnement von *Penthouse*. Diese Wette könnte noch viele Jahre unentschieden bleiben.

Ein Altertumsforscher weist darauf hin, daß die betreffende Himmelsgegend von den Sumerern vor etwa 5000 Jahren mit besonderer Ehrfurcht

181

betrachtet wurde. George Michanowsky, der Keilschrifttexte dieser Zivilisation untersucht hat, bemerkt, daß das Sternbild Cygnus Ud-Ka-Duh-A genannt wurde, was einen „Panther-Greif" oder „Teufelsvogel" bezeichnet, der in den mesopotamischen Mythen Nergal, dem Herrn der Unterwelt, zugesellt ist. In seinem Buch *The Once and Future Star* sagt er:

Diese Koinzidenz ist um so bemerkenswerter, als die auf einigen Tontafeln angegebenen Himmelskoordinaten Ud-Ka-Duh-A in einem Gebiet ansiedeln, das vom Stern Delta Cygni dominiert wird. Genau in diesem Gebiet befindet sich Cygnus X-1, das erste entdeckte Schwarze Loch.

Die sumerische Inschrift, die sich nach Michanowsky auf das Gebiet von Cyg X-1 mit dem Begriff „Teufelsvogel" bezieht, der mit dem Gott der Unterwelt assoziiert ist.

Er schließt daraus, daß die Sumerer in dieser Himmelsgegend ein furchterregendes Ereignis beobachteten, das vielleicht mit dem Kollaps von Cyg X-1 zu einem Schwarzen Loch in Zusammenhang stand. Ob Cyg X-1 und ähnliche Objekte wie Cir X-1 nun Schwarze Löcher sind oder kurz vor dem vollständigen Kollaps stehen blieben, auf jeden Fall gestatten sie uns zweifellos einen Blick auf außerordentliche Phänomene, die sonst nirgends zu sehen sind.

11 Die Tests: Vorhersage und Beobachtung

Gewöhnlich werden Theorien entwickelt, um Dinge zu erklären, die man bereits beobachtet hat, doch kann man eine Theorie nachher auch dazu benutzen, Dinge vorherzusagen, die noch nicht entdeckt wurden. Deren Beobachtung liefert dann eine dramatische Bestätigung der Theorie. So verhielt es sich mit den Neutronensternen, und so verhält es sich – vielleicht – mit den Schwarzen Löchern.

Trotzdem ist die Idee einer Situation, in der Raum und Zeit ihre Identität verlieren, so wild, daß manche Theoretiker zögern, sie zu akzeptieren. Während Einsteins Allgemeine Relativitätstheorie die Eigenschaften solcher Objekte vorhersagt, hegen die Skeptiker den Verdacht, daß es sich eher um Löcher in der Theorie als im Himmel handeln könnte. Sie weisen darauf hin, daß Wissenschaftler, die Phänomene mit einer mathematischen Theorie beschreiben wollen, manchmal in die Lage geraten, daß ihre Formulierung Situationen vorhersagt, in denen ein oder mehrere Faktoren unendlich werden. In der Vergangenheit war dies immer ein Warnsignal, daß man auf der falschen Spur war und es anders versuchen mußte. Und keine andere Theorie sagt so viele Unendlichkeiten voraus, wie die der Schwarzen Löcher.

Infolgedessen haben die Skeptiker – manche würden sagen, beinahe verzweifelt – versucht, Cyg X-1 und seine Schwesterobjekte zu erklären, ohne Schwarze Löcher zu Hilfe zu nehmen, wobei eines ihrer Argumente war, daß einige Gravitationstheorien keine derartig extreme Endsituation vorhersagen. Gleichzeitig haben diejenigen, die dem Konzept aufgeschlossener gegenüberstanden, nach anderen Beispielen und überzeugenderen Anhaltspunkten gesucht.

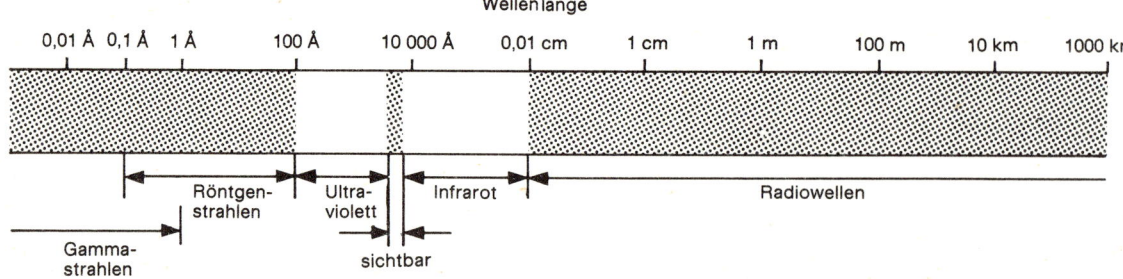

Wellenlänge

| 0,01 Å | 0,1 Å | 1 Å | 100 Å | 10 000 Å | 0,01 cm | 1 cm | 1 m | 100 m | 10 km | 1000 km |

Röntgen-strahlen   Ultra-violett   Infrarot   Radiowellen

Gamma-strahlen

sichtbar

Das elektromagnetische Spektrum erstreckt sich von den längsten Wellen (Radiowellen) bis zu den kürzesten (Röntgen- und Gammastrahlen). Sichtbares Licht belegt nur ein schmales Band nahe dem Zentrum des Spektrums. Während Gammastrahlen das kurzwellige Ende des Spektrums einnehmen und die energiereichsten Emissionen darstellen, gibt es ein gewisses Überlappen mit dem Röntgenbereich, da – strenggenommen – Röntgenstrahlen als Emissionen hochenergetischer Elektronen, die beispielsweise in sehr heißem Gas zusammenstoßen, definiert sind, während Gammastrahlen das Produkt nuklearer Reaktionen sind, wie etwa radioaktiver Zerfall und Materie-Antimaterie-Begegnungen.

Anfang 1973 waren verschiedene Erklärungen für Cyg X-1 vorgeschlagen worden, die ohne Schwarzes Loch auskamen. Eine bestand darin, daß die Röntgenquelle ein Neutronenstern ist, der einen massiven normalen Stern von zehn Sonnenmassen umkreist, der seinerseits den Riesen HDE 226868 umrundet. Die Hinweise darauf, daß dessen Begleiter zu schwer für einen Neutronenstern sei, würden sich dann auf dieses dritte Mitglied des Systems beziehen (das etwa zehn Sonnenmassen schwer war). Eine ähnliche Erklärung wurde von einer Gruppe unterstützt, die auch ein Modell vorschlug, in dem zwei große Sterne einander eng umkreisen. In diesem Fall sollte jedoch der Neutronenstern (Cyg X-1) beide umrunden.

Bei einem anderen Angriff brachten drei Wissenschaftler von der Universität von Maryland vor, daß die Identifizierung von Cyg X-1 als Schwarzes Loch auf einer „schwindelerregenden Zahl von Annahmen" basiere. Eine davon war, daß HDE 226868 wirklich ein supermassiver Stern wäre. Sie erwähnten unlängst ausgeführte Studien am Stern HZ 22, dessen Spektrum sehr ähnlich ist, doch der nur halb so schwer wie die Sonne ist. Solche Sterne, sagten sie, seien außergewöhnlich, und dies sei eine weniger wahrscheinliche Beschreibung von HDE 226868, doch könne sie nicht ausgeschlossen werden. Wäre der Stern tatsächlich wie HZ 22, wäre er dunkler und deshalb relativ nahe (3300 Lichtjahre) anstatt

184

hell und doppelt so weit entfernt zu sein, wie man vermutet hatte. Sein Begleiter hätte dann eine viel zu geringe Masse, um ein Schwarzes Loch zu sein.

Dies veranlaßte zwei Astronomenteams am Lick Observatory in Kalifornien die Himmelsgegend auf Hinweise auf den wahren Abstand des Sterns zu untersuchen. Beide schlossen, daß er wirklich sehr weit entfernt ist und daß, wie es in einem der Berichte hieß, „Modelle, die für den kollabierten Begleiter ein Schwarzes Loch vorsehen, haltbarer werden".

Die hartnäckigsten Zweifler waren am Massachusetts Institute of Technology, beinahe Tür an Tür mit den Leuten von AS & E, Harvard und dem Smithsonian, die glühende Verfechter Schwarzer Löcher waren. Die Wissenschaftler vom MIT brachten zum Beispiel vor, daß nach Beobachtungen mit ihren Instrumenten an Bord von SAS-3, der wir Uhuru (SAS-1) von der Plattform vor Kenia abgeschossen worden war, die Masse des Röntgenpulsars im Sternbild Vela mindestens 1,7 Sonnenmassen beträgt, während allgemein angenommen worden war, daß alles, was derartig massiv sei, ein Schwarzes Loch sein müsse. Dieses Objekt konnte offensichtlich keines sein, denn in diesem Fall würde es keine rhythmischen Pulse erzeugen. Ein Schwarzes Loch kann keine Oberflächeneigenschaften wie gekippte magnetische Pole besitzen, um Pulse zu erzeugen. Daraus folgte, daß die Annahme falsch war, daß alles, das wesentlich größer als eine Sonnenmasse ist, ein Schwarzes Loch sein muß.

Es wurde erwidert, daß einige Faktoren Neutronensternen erlauben könnten, ein wenig (aber nicht sehr viel) größer als eine Sonnenmasse zu sein. Remo Ruffini und einer seiner Studenten in Princeton, Robert W. Leach, schlugen vor, daß ihre Masse 3,2mal so groß wie die der Sonne sein konnte.

Die MIT-Skeptiker erhoben auch die unbequeme Frage, wie ein System, in dem zwei Sterne einander eng umkreisen, die katastrophale Explosion überleben konnte, die den Kollaps eines riesigen Sterns zu einem Schwarzen Loch kennzeichnete. Warum wurde der Begleiter nicht mit großer Geschwindigkeit fortgeschleudert? Etliche schnell „davonlaufende" Sterne sind, wie man glaubt, auf diese Weise beschleunigt worden. Es bestand die entfernte Möglichkeit, daß ein Kollaps nicht immer zu einer großen Explosion führen mußte, sagten Kenneth Brecher und Philip Morrison, doch, fügten sie hinzu, „es ist schwierig, die beinahe kreisförmigen Bahnen der Sterne in Her X-1 und Cen X-3 zu verstehen", obwohl Gezeitenkräfte dazu beitragen könnten, die Bahnen wieder kreisförmig zu machen. Sie schlugen vor, daß die binären Röntgenquellen kollabierte Sterne der Größe Weißer Zwerge wären, die äußerst schnell rotierten.

Die Frage, wie 2-Stern-Systeme eng gebunden bleiben, obwohl ein Stern eine Supernova geworden sein könnte, lastete auch auf der Entdeckung eines Radiopulsars in solch einem System durch Astronomen des Five College Observatory in Amherst, Massachusetts. Eine Untersuchung des Problems von Supernovae in engen Doppelsternsystemen wurde 1969 von Stirling A. Colgate durchgeführt.

Colgate schloß, daß eine Supernova nicht notwendigerweise den Begleiter fortschleudern würde. Andere führten aus, daß die Entwicklung eines Schwarzen Lochs in solch einem System zwei Stadien durchlaufen könnte: Der erste Abschnitt bestünde in einem Kollaps und in der Umwandlung zu einem Neutronenstern, der daraufhin von seinem Begleiter solange ständig Gas abzöge, bis seine Masse den kritischen Wert überschritt und er weiter kollabierte. Wenn diese Ereignisse explosiv abliefen, könnten sie die Bahnen der Sterne verformen, doch Gezeitenkräfte, magnetische Wechselwirkungen und Gasaustausch zwischen den beiden Körpern würden die Bahnen allmählich wieder kreisförmig gestalten (wenn sie nicht zu weit voneinander entfernt wären).

Auf alle Fälle scheint es klar, daß ein Mitglied eines engen Doppelsternsystems zu einem Neutronenstern kollabieren kann, ohne dabei das System zu zerstören. Sonst könnte keiner der Röntgenpulsare, die man für Neutronensterne mit einem nahen Begleiter hält, existieren. Daß der Vorgang weniger katastrophal als eine Supernova ablaufen kann, wird auch durch das Fehlen einer expandierenden Gaswolke wie des Krebsnebels belegt.

Die wahrscheinlich neuartigste Alternative zu Schwarzen Löchern, die von der MIT-Gruppe in Erwägung gezogen wurde, kam von Theoretikern, die sich auf das Verhalten dicht gepackter Kernteilchen und die Erkenntnis stützten, daß diese aus Untereinheiten bestehen, die allgemein als Quarks bekannt sind. Aus Gründen, die die Theoretiker gerne erklären würden, zeigt sich beim Bombardement von Kernteilchen (Protonen und Neutronen), daß „etwas" in ihnen ist, doch niemand konnte dieses „etwas" herausschlagen und untersuchen. Es sollte sich aber dabei um die hypothetischen Quarks handeln. Robert L. Jaffe, Kenneth Johnson und ihre Kollegen vom MIT schlugen vor, daß Quarks in einem blasenartigen Beutel („bag") eingeschlossen sind, aus dem man sie prinzipiell nicht befreien kann. Diese Vorstellung ist als „MIT bag model" bekannt. Man regte nun an, daß der Kollaps eines massiven Sterns einen enormen, inkompressiblen Beutel von Quarks erzeugen würde – einen Quarkstern.

Beim achten Texas-Symposium, das 1976 in Boston stattfand, sagten K. Brecher und G. Caporaso unter Hinweis auf derartige Ideen: „Weder die lokalen Eigenschaften von Materie bei supernuklearen Dichten, noch die Effekte der Gravitation bei großen Feldstärken sind *experimentell* bekannt. Darüber hinaus", sagten sie, „könnte unter Verwendung experimentell erlaubter Theorien von Materie und Gravitation" die maximale Masse eines Neutronensterns (der auch ein Quarkstern sein könnte) irgendwo zwischen einer und achtzig Sonnenmassen liegen.

In etwas beschwingterer Stimmung produzierten die Theoretiker vom MIT eine Zeitung, die aus einem Blatt bestand, *The Black Hole* hieß und verdächtig der *New York Times* ähnelte (die eine Reihe von Berichten über Schwarze Löcher veröffentlicht hatte). Zusätzlich zu einigen Berichten über angebliche Beweise für Schwarze Löcher, beschrieb die „Zeitung" den Brecher-Morrison-Vorschlag, der aussagte, daß eine Röntgenquelle wie Cyg X-1 in Wirklichkeit ein schnell rotierender Weißer Zwerg aus kollabierter („entarteter") Materie sei, der einen normalen (und daher jüngeren) Stern umkreise. Die Schlagzeile über dem Artikel lautete:

Reizender junger Stern findet Glück
mit altem entartetem Zwerg

Darunter befand sich eine Illustration mit der Unterschrift:
„Erstes detailliertes Farbfoto eines Schwarzen Lochs. Man beachte die Merkmale links oben und in der Mitte, die gut mit den geläufigen theoretischen Vorhersagen übereinstimmen."
Das ganze Bild war einheitlich schwarz gefärbt.

Ein Weg, die Existenz Schwarzer Löcher wahrscheinlicher zu machen, bestand darin, mehr Objekte zu suchen, die sich am besten in der gewünschten Weise erklären ließen. Die Suche begann tatsächlich schon 1964, als Seldowitsch und Gusejnow in der Sowjetunion begannen, Kataloge zu studieren, die mehrere 100 „einlinige" Doppelsterne enthielten. Es handelt sich hierbei um Doppelsterne, bei denen einer der Partner unsichtbar ist. Spektroskopisch gesehen, sind sie „einlinig", das heißt in ihrem Licht tritt jede Spektrallinie nur einmal auf und verändert ihre Wellenlänge nach oben oder unten, entsprechend der Bewegung des Sterns von der Erde weg oder zu ihr hin. Sind beide Sterne sichtbar, erscheinen

The Black Hole

Announcement of M.I.T. Physics Colloquium By K. Brecher

Les Corps Obscurs de Laplace-Existent-Ils?

PARIS, 1796 – At a recent meeting of L'Academie des Sciences, M. Le Marquis De Laplace, the eminent mathematician and natural philosopher, provided for all those present a most amusing and entertaining evening. With readings from his recent best seller "Exposition Du Systeme Du Monde," while circulating amongst the audience

Book Review:
"The Other Side"
by Alfred Kubin

VIENNA, 1909 – In a fit of brilliant insight and intense productivity, the great Austrian presurrealist painter Alfred Kubin has succeeded, where no man has before him, in grasping the full physical significance of collapse into a black hole. A brief illustration from his novel "Die Andere Seite" should suffice to support this claim. Turning from the brush to the pen, he wrote: "And now, for the first time, I discovered in the veil of mist an immense, high wall. Suddenly, unexpectedly, it loomed up before me. Someone carrying a light was walking in front of us toward an enormous black hole: that was the gate to the Dream Kingdom. As we approached I noticed its huge dimensions. We entered a tunnel, keeping as close as we could to our guide. Then something strange happened. I had already penetrated some distance into the vaulted passage when I was overcome, as though at a blow, by a wholly unfamiliar and dreadful sensation. It began at the back of my head and ran down my spine; my breath stopped, and my heart beat wildly. Helplessly I looked toward my wife, but she herself was white as a corpse, deathly fear mirrored in her face. In a quivering voice, she whispered: 'I shall never come out of here again.'" His recognition of the role of tidal forces and of the irreversability of such a predicament are all the more remarkable for they predate Herr Einstein's General Theory of Relativity by seven years.

reprints of his latest paper in the Allgemeine Geographische Ephemeriden, he presented a talk entitled "Future Progress of Astronomy." Amongst other speculations, he suggested that the Universe is filled with "des corps obscurs," dark bodies, in numbers equal to the visible stars! He bases these ideas on his calculations which show that "a luminous star, of the same density as the earth, and whose diameter should be 250 times larger than the sun would not, in consequence of its attraction, allow any of its rays to arrive at us." He concluded by saying that "it is therefore possible that the largest luminous bodies in the universe may, through this cause, be invisible." Despite the irrefutability of his mathematics, he failed to suggest how any object would come to exist in such an ignominious state. One can only hope that his good name will not be darkened by such flights of fantasy. (Ed. note – By the publication of the fifth edition of "The System of the World" Laplace had expunged all references to "des corps obscurs.")

SCIENTISTS FORESEE: COLLAPSE INEVITABLE

BERKELEY, 1939 – Out of the depths of the Great Depression, and confronted with the possibility of another worldwide conflagration, the brilliant young American physicist J. Robert Oppenheimer and his graduate student, former truck driver Hartland Snyder, have reported in the latest issue of the Physical Review that "when all thermonuclear sources of energy are exhausted, a sufficiently heavy star will collapse." Such news should be kept in mind by those who would hope that a detente could be achieved by bringing pressure to bear on arbitrarily large bodies to counter the ever present gravity of the situation. Furthermore, as the authors are the first to point out, while a sufficiently distant observer will never see its final demise, a person collapsing with a massive body will experience all the accompanying stresses in less than a day.

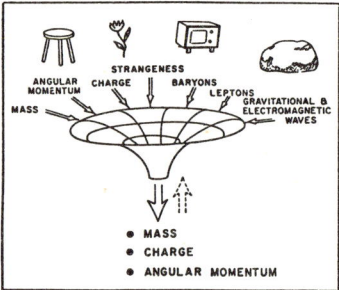

A rose is not a rose, nor would it smell as sweet, were it to be inside a black hole whose only attributes are mass, charge, and angular momentum.

CYGNUS X-I: BLACK HOLE OR RED HERRING?

Popular model of Cyg X-1, consisting of a binary star system containing a black hole (at the center of the disk, lower left) accreting matter ejected from its more massive companion.

Exciting Young Star Finds Happiness With Old Degenerate Dwarf

BOSTON, 1973 – On a day with very little news reaching us, a hopeful and touching story has emerged. It is commonly believed that overweight old stars have no alternative but to eventually collapse and disappear from sight altogether. Not so, say two MIT Professors, K. Brecher and P. Morrison. In a surprising twist of the usual scenario, they suggest that such stars can avoid this fate by turning instead into degenerate dwarfs. If they get around enough, such stars can again become radiant and even, as they suggest in the case of Cygnus (The Swan) X-1, co-habitate with a star as young and bright as HD226868. (Ed. note – This story should satisfy those readers who have accused us of a discriminatory publishing policy. It is only the first in our new affirmative action series featuring such recently neglected stars as white dwarfs, red giants and, if space permits, blue stragglers. This series will complement our ongoing reports on the activities of some prominent white holes. Owing to cosmic censorship, however, we have been unable to uncover any information surrounding naked singularities.)

Princeton Professor Proclaims Black Holes Have No Hair

PRINCETON, 1972 – Professor John Wheeler of the Princeton University Physics Department, reporting on his own researches, as well as those of Drs. Penrose, Hawking and others of Great Britain, has revealed that should black holes be discovered soon, there is little to distinguish one from the other. This follows, he says, from very general and powerful mathematical theorems which imply that such a body is completely characterized by three independent quantities: mass, charge and angular momentum (see figure). Such a conclusion, however, may be premature as has been emphasized by Professor F.

First detailed color photograph of a black hole. Note features at upper left and center, in good agreement with current theoretical predictions.

Curtis Michel in his recent article in the journal Comments on Astrophysics and Space Physics entitled "Hair Tonic For Black Holes." He cautions the unwary, "If black holes indeed have no hair, it could be because they have no scalp for it to grow out of. However, there is a lot of stuff floating around looking suspiciously like dandruff."

NEW YORK, April 1, 1971 – The New York Times today reported for the first time the discovery of a "black hole in space." Variously referred to as a "collapsar" (A.G.W. Cameron of the (Veritas) Center for Astrophysics) or "frozen star" (Ya.B. Zeldovitch of the Soviet Academy of Sciences), such objects have long filled the void of theoretical astrophysicists waking hours. Now at last, it seems, there is an object upon which they can lavish their speculations. Scientists from American Science and Engineering, Inc., headed by Dr. Riccardo Giacconi, making observations with instruments aboard the first small astronomical satellite, nicknamed UHURU, claim to have finally shed some light on the matter of black holes or, more precisely, say that they have seen the light, from matter spiralling headlong into the oblivion of a black hole. They interpret the x-ray emissions from Cyg X-1 as arising from gas flows in a close binary star system containing a massive young star ejecting unwanted matter, which then accretes onto its fully collapsed companion (see picture). Waving aside the objections of a dissident minority of scientists who question whether Cyg X-1 is fully collapsed, or massive, or accreting, or, even, whether it is in a binary star system, Dr. Giacconi told this reporter in no uncertain terms that "...

(Continued on page 13)

Texas Teachers Tout Tunguska Tragedy

AUSTIN, 1973 – Waving aside as extravagant and speculative the claims by Russian scientists that the immense explosive event which occurred in the Tunguska region of Siberia on June 30, 1908 was a great meteorite or comet, two scientists at the Center for Relativity Theory at the University of Texas, A.A. Jackson IV and M.P. Ryan Jr., have explained the event as having resulted from the passage of a mini black hole through the earth. Their suggested test of the theory, by hunting through old ships' logs for any record of the expected air and sea shock disturbances accompanying the re-emergence of the black hole in the North Atlantic has so far been stymied by Russian refusals to provide the vital records. (Tass, the Soviet News Agency, comments: Bourgeois capitalist Americans, in an attempt to discredit the greatness of the People's Meteorite, which fell within Mother Russia in 1908, have put forward the ludicrous suggestion that it was a black hole, that most degenerate of all western inventions . . . .)

188

zwei Linien, wenn sich einer der Erde nähert und der andere sich entfernt. In den meisten Fällen, vermuteten die Russen, war ein Stern deshalb unsichtbar, weil er zu klein und schwach war, um über eine solche Entfernung gesehen zu werden, oder weil sein Licht von dem des Begleiters überstrahlt wurde. Doch wenn die Auswertung der Bahnbewegungen ein massereiches unsichtbares Objekt ergab, könnte es sich um ein Schwarzes Loch handeln. Sie fanden fünf Kandidaten.

Später führten am California Institute for Technology Kip S. Thorne und Virginia Trimble die Suche weiter. „Unglücklicherweise", berichtete Thorne, „stellte keiner der acht erfolgversprechenden Kandidaten auf der neuen Liste einen wirklich überzeugenden Beweis für ein Schwarzes Loch dar. In allen acht Fällen war Trimble in der Lage, eine halbwegs vernünftige Erklärung hervorzuzaubern, warum der dunkle Begleiter unsichtbar war, aber dennoch kein Schwarzes Loch darstellte."

Unter den von Thorne und Trimble untersuchten Kandidaten befand sich auch der Begleiter eines Überriesen, Epsilon Aurigae. Letzterer wurde auf 32 Sonnenmassen geschätzt, und auch sein Begleiter war etwa 23 Sonnenmassen groß. Wie Alastair Cameron bemerkte, betrachtete man dieses System seit Anfang des Jahrhunderts als „sehr geheimnisvoll". Die beiden Objekte umkreisen einander alle 27,1 Jahre in einer Entfernung, die der zwischen der Sonne und den äußersten Planeten entspricht. 700 Tage während dieser Periode ist der größere Stern partiell verfinstert; dies geschieht auf höchst ungewöhnliche Weise: Das Licht des größeren Sterns ist von einer Intensität, als ob es durch halbtransparentes Material schiene. Kein von dem Begleiter stammendes Licht scheint beobachtet werden zu können, außer möglicherweise während jeder Verdunklung. Cameron schlug mit Unterstützung von Richard Stothers, seinem Kollegen vom NASA Institute for Space Studies, vor, daß der Begleiter ein Riesenstern sei, der kollabierte und nur einen kleinen Prozentsatz seines Materials abgestoßen hatte. Das Schwarze Loch wäre in einer halbdurchlässigen Wolke begraben. Andere Leute argumentierten, daß der Staub einfach einen gewöhnlichen Stern verdeckte, oder einen neuen Stern einhüllte, dessen Planetensystem sich gerade bildete. Doch wenn Licht von dem sichtbaren Stern durch die Wolke fallen kann, scheint es merkwürdig, daß ein Stern in der Wolke nicht wenigstens schwach zu sehen wäre. Die Auseinandersetzung über Epsilon Aurigae bleibt jedenfalls ungelöst.

Erst 1978 wurde wieder ein Kandidat für ein Schwarzes Loch identifiziert, der so plausibel wie Cyg X-1 war. 1972 wies E. N. Walker vom

Royal Greenwich Observatory darauf hin, daß ein solches Objekt den Überriesen HD 152667 umkreisen könnte. Er hatte beobachtet, daß der Stern einen unsichtbaren Begleiter umkreiste, dessen äußerst starke Schwerkraft ihn länglich verformte. Zweimal bei jedem vollen Umlauf zeigte eines der „spitzen" Enden des Überriesen zur Erde, und seine Helligkeit erreichte ein Minimum. Dieser Rhythmus, wie auch die Dopplerverschiebungen in den Spektrallinien des Sterns, ergaben eine Umlaufzeit von 7,84825 Tagen. Walker regte an, daß der unsichtbare Begleiter die Röntgenquelle Sco X-2 sein könnte, die im Sternbild Skorpius lag, obwohl ihre Position nicht genau bekannt war.

1978 ergaben Beobachtungen mit dem Satelliten Copernicus, daß der Begleiter eine vorher unbekannte Röntgenquelle war, die Ronald S. Polidan von der Princeton-Universität OAO 1653-40 nannte (die Zahlen geben die Himmelskoordinaten an, OAO weist auf die Entdeckung durch ein „Orbiting Astronomical Observatory" [astronomisches Observatorium in Umlaufbahn] hin). Copernicus trug britische Röntgendetektoren und ein Teleskop von Princeton, um UV-Spektren zu erhalten. Die UV- und Röntgeninstrumente waren so angeordnet, daß man annehmen konnte, daß sie auf das gleiche Ziel gerichtet waren.

Als die neue Röntgenquelle zum ersten Mal beobachtet wurde (zwischen dem 24. und 26. April), fiel die Röntgenintensität am Ende der Periode scharf ab, als ob die Quelle teilweise verdunkelt wurde; sie schien hinter dem Überriesen zu verschwinden. War dies richtig, überlegte man, sollte eine weitere Verfinsterung am 27. Mai eintreten, wenn sich die Objekte wirklich alle 7,8 Tage umkreisen. Zu diesem Datum befahl man Copernicus, ein zweites Mal nachzusehen, und wirklich, die Verfinsterung trat ein. Die Röntgenstrahlung wurde nicht vollständig unterbrochen, doch Anfang September beobachtete man eine totale „Finsternis". Sie trat sehr abrupt ein, in weniger als einer Stunde. Wie bei Cyg X-1 gab es keine rhythmischen Pulse.

Polidan und seine Mitarbeiter G. S. G. Pollard, P. W. Sanford und Maureen C. Locke schätzten die Masse des sichtbaren Sterns (der auch als Hr 6283 oder V 861 Sco bekannt ist) auf 20 bis 30 Sonnenmassen, was sieben bis elf Sonnenmassen für die Röntgenquelle ergab. „Dieser Bereich", berichteten sie, „liegt über der Grenze für einen Neutronenstern, was darauf hinweist, daß der kompakte Begleiter ein Schwarzes Loch ist."

Ein Weg, die Hinweise auf Schwarze Löcher zu unterstützen, bestand darin, möglichst genau auszurechnen, was geschieht, wenn Material, das vom normalen Stern durch das Schwarze Loch abgesaugt wird, zu diesem hinabspiralt und dabei so zusammengedrückt wird, daß durch die Hitze äußerst energiereiche Röntgenstrahlung erzeugt wird. Wenn die Rechnungen korrekt wären, könnte es möglich sein, Erscheinungen vorherzusagen, die als Bestätigung der Theorie beobachtet werden könnten. Unter denen, die das Problem in Angriff nahmen, befanden sich Kip Thorne von Caltech, Ruffini und John Wheeler in Princeton, Nikolaj Schakura und Raschid Sunjajew in Moskau und in England James Pringle und Martin Rees (letzterer war der Nachfolger von Hoyle als Leiter des Instituts für theoretische Astronomie in Cambridge).

In den sechziger Jahren hatten Geoffrey Burbidge und andere berechnet, daß Gas von einem Stern, der in geringem Abstand von einem Weißen Zwerg umkreist wird, nicht direkt auf letzteren fiele, sondern zuerst eine Scheibe bilden würde, ähnlich den Saturnringen. Es herrschte allgemeine Übereinstimmung, daß dies auch bei einem Schwarzen Loch so wäre. Es war vorgeschlagen worden, daß das Schwarze Loch von Cyg X-1 zwölf Kilometer groß wäre (obwohl man, da der Raum in seinem Inneren äußerst gekrümmt ist, besser von Umfang spräche). In dem Ausmaß, in dem das Gas auf das schnell rotierende Schwarze Loch zufällt und es überholt, wird es in eine wirbelnde Bewegung um das Loch gezogen. Wie alle solchen rotierenden Systeme, sei es eine Galaxis oder eine Wolke aus Staub und Gas, die zu Planeten kondensiert, wird es durch die Zentrifugalkraft zu einer Scheibe abgeflacht, die in diesem Fall einen Durchmesser von einer Million Kilometern oder mehr haben könnte und an ihrem äußeren Rand einige 10 000 Kilometer, in der Nähe des Lochs aber nur wenige Kilometer dick wäre. In Kip Thornes Modell benötigt das Gas einige Wochen, um schließlich auf den letzten 100 Kilometern mehr als zehn Millionen Grad heiß zu werden und die auf der Erde beobachteten Röntgenstrahlen zu emittieren. Das Gas würde schneller hineinspiralen, würde es nicht durch die Reibung am innersten schnell rotierenden Teil der Scheibe beschleunigt und dadurch länger im Umlauf gehalten als sonst. Dies nimmt jedoch dem inneren Teil der Scheibe, der mit 160 000 Kilometern pro Sekunde um das Schwarze Loch wirbelt, Drehimpuls, und er stürzt in das Loch.

Sunjajew führte aus, daß das Gas in solch einer Scheibe, von der äußerst starken Schwerkraft des Schwarzen Lochs zusammengepreßt, heiße Flecke von sehr hoher Temperatur entwickeln könnte. Da diese Flecke tief in der rotierenden Scheibe lägen, benötigten sie nur den Bruchteil einer Sekunde, um das Loch einmal zu umrunden. Während Cyg X-1 seine Röntgenhelligkeit in einer zwanzigstel Sekunde verdoppeln kann, war auch bekannt, daß er Röntgenblitze emittieren kann, die Salven aus einem Maschinengewehr ähneln. Diese könnten von heißen Flecken verursacht werden, die mehrere Umläufe überlebten. Heiße Flecke vom inneren Rand der Scheibe würden am schnellsten umlaufen und Pulse von einer Millisekunde (tausendstel Sekunde) oder weniger emittieren (genauer: 3,6 Millisekunden für ein nicht rotierendes Loch und 0,6 Millisekunden für ein schnell rotierendes Loch).

Am 4. Oktober 1973 wurde eine NASA-Rakete in White Sands gestartet, die für die Suche nach äußerst kurzen Röntgenausbrüchen ausgerüstet war. Die Experimentatoren berichteten nachher: „Wir haben Beweise für die Veränderlichkeit von Cyg X-1 auf Zeitskalen bis hinunter zu einer Millisekunde, was mit Turbulenz in Akkretionsscheiben konsistent ist." Eine Folge von drei Pulsen besaß einen Abstand von fünf Millisekunden, was nach den Berechnungen von Ruffini der Periode der innersten stabilen Kreisbahn um ein Schwarzes Loch von zehn Sonnenmassen entsprach. „Eine so große Übereinstimmung zwischen theoretischer Vorhersage und beobachteter Tatsache" sollte, sagte er (gemäß *Science*), als Bestätigung akzeptiert werden.

Die Skeptiker ließen sich jedoch nicht überzeugen. Auch konnte das High Energy Astronomy Observatory HEAO-1 bis Anfang 1979 die vorhergesagten Folgen gleichmäßiger Röntgenblitze bei Cyg X-1 und zwei ähnlichen Kandidaten (Cir X-1 und GX 339-4) nicht entdecken. HEAO-1 war am 12. August 1977 mit Röntgen- und Gammadetektoren in Umlauf geschossen worden, die sowohl von jenen, die an Schwarze Löcher glaubten (wie die Gruppe vom Naval Research Laboratory), als auch von den überzeugtesten Skeptikern (den Leuten vom MIT) entwickelt worden waren. HEAO-1 beobachtete „Schrotrauschen" bei allen drei Quellen – zufällig verteilte Röntgenblitze, die dem Aufprall einer Schrotladung glichen. Ein typischer Ausbruch dauerte etwa eine halbe Sekunde und ist aus Blitzen von einer Millisekunde Dauer zusammengesetzt, die kein rhythmisches Verhalten zeigen. Wie wir in Kapitel 15 sehen werden, fand HEAO-1 die für Schwarze Löcher vorhergesagten rhythmischen Blitze jedoch anderswo.

Eine der überzeugendsten Bestätigungen von Einsteins Theorie – und damit auch der Schwarzen Löcher – wäre die Beobachtung von Gravitationswellen. Nach Einstein ist das von einer bestimmten Materieverteilung

192

erzeugte Gravitationsfeld eine Krümmung von Raum und Zeit, und eine (plötzliche) Änderung dieser Verteilung erzeugt eine Wellenbewegung in Raum und Zeit – eine Gravitationswelle. Solche Kräuselungen der Raumzeit würden sich mit Lichtgeschwindigkeit fortpflanzen und sehr schwach sein, selbst wenn sie von einem katastrophalen Ereignis – dem Kollaps eines Sterns oder dem Zusammenstoß zweier Schwarzer Löcher – stammten, so daß sie nur äußerst schwierig zu entdecken wären. Der Pionier solcher Versuche war Joseph Weber an der Universität von Maryland. Länger als ein Jahrzehnt versuchte er elektrisch die geringen Verzerrungen zu messen, die Objekte wie massive Aluminiumzylinder von 60 cm Durchmesser und 1,5 m Länge durch Gravitationswellen erfuhren. Er versuchte mit großer Sorgfalt, andere Effekte auszuschalten, wie etwa Temperaturänderungen und Luftbewegungen. Die Zylinder hingen in einer Vakuumkammer, die auf Stoßdämpfern ruhte, um die Erschütterungen durch vorbeifahrende Lastwagen zu verringern.

Trotz all dieser Vorsichtsmaßnahmen registrierte er weit mehr „Gravitationswellen" als die meisten Theoretiker akzeptieren konnten. Doch auf dem neunten Texas-Symposium (1978 in München) berichtete Joseph H. Taylor von der Universität von Massachusetts von dem ersten indirekten Nachweis von Gravitationsstrahlung. Er sagte, die Bahnperiode des vier Jahre früher entdeckten Binärpulsars sei in dieser Zeit um vier Zehntausendstel einer Sekunde verlangsamt worden. Dies entspricht genau dem Energieverlust des Systems durch die Abstrahlung von Gravitationswellen, wie er auch durch – allerdings noch nicht völlig überzeugende – Rechnungen aus Einsteins Theorie vorhergesagt wird. Die Pulsrate beträgt eine sechzehntel Sekunde, ihre Variationen aufgrund der Bahnbewegung machen genaue Zeitmessungen am System möglich, wenn alle Fehlerquellen eliminiert werden. Dies erfordert die Berücksichtigung von Effekten wie der Veränderung des Zeitflusses durch das unterschiedliche Gravitationsfeld längs der elliptischen Bahn der Erde um die Sonne.

Anstrengungen bei der Beobachtung von Gravitationswellen werden von Moskau bis Peking, von München bis Kalifornien, von Rom bis Australien unternommen. Die Experimentatoren benutzen große Saphirkristalle, magnetisch im Raum schwebende Zylinder, Laserstrahlen, die von Spiegeln vielfach reflektiert werden, und Abstandsmessungen zwischen Raumfahrzeugen, um ein „Zittern" ihrer Entfernung nachzuweisen. In allen Fällen versucht man kurze Veränderungen der lokalen Geometrie beim Durchzug einer Gravitationswelle zu registrieren, doch die Effekte sind so geringfügig, daß es noch einige Jahre dauern dürfte, bis die Empfangssysteme genügend empfindlich sind.

Was die Schwarzen Löcher selbst betrifft, wird es vielleicht einer neuen Generation von Theoretikern bedürfen, um auf der Basis von Beobachtungen, die vom Weltraum aus mit raffinierteren Instrumenten gemacht werden, allgemeine Übereinstimmung erreichen zu können – vielleicht wird es auch dann noch nicht möglich sein. Die Auseinandersetzung darüber ist nicht müßig – sie betrifft wesentliche Eigenschaften der Natur von Raum, Zeit und Materie.

12 Weiße Löcher, Wurmlöcher und nackte Singularitäten

Die Möglichkeit der Realität Schwarzer Löcher hat die moderne Physik bis in ihre Grundfesten erschüttert. Sie eröffnete ein weites Feld für Spekulationen – vom Vorschlag, wir lebten im Innern eines riesigen Schwarzen Lochs bis zu so weithergeholten Ideen wie der, kleine Schwarze Löcher für die Energieerzeugung zu verwenden, oder der, in ein großes Schwarzes Loch zu tauchen, um entfernte Punkte in Raum und Zeit zu erreichen. Als 1973 die National Academy of Sciences in Washington den fünfhundertsten Geburtstag von Kopernikus feierte, sagte John Archibald Wheeler (der Theoretiker, der den Begriff „Schwarzes Loch" schuf) zu den versammelten Wissenschaftlern, daß die Möglichkeit, daß das Universum schließlich zu unendlicher Dichte kollabieren könnte, „die Physik unserer Tage mit der größten Krise in der Geschichte der Wissenschaft konfrontiert".

Besonders attraktiv für Science-fiction-Autoren ist die Vorstellung von „Wurmlöchern", die mittels der gekrümmten Raum-Zeit-Geometrie Schwarzer Löcher einen Tunnel bilden, der in andere Universen führt – oder in unserem eigenen Universum an einem anderen Ort und zu anderer Zeit wieder auftaucht. Ginge ein Stern durch ein solches Wurmloch, könnte er nach dieser Hypothese eine große Entfernung in Raum und Zeit überspringen, wobei er mit großer Energie strahlen würde. Solche „Weißen Löcher" könnten nach Igor Nowikow in der Sowjetunion und Yuval Ne'eman in Israel zum Beispiel die außerordentliche Helligkeit der Quasare erklären. Robert M. Hjellming vom United States National Radio Astronomy Observatory regte 1971 an, daß durch Weiße und Schwarze Löcher Materie und Energie zwischen unserem Universum, das von Materie beherrscht wird und einem anderen, das von Antimaterie beherrscht wird, hin und her flösse. „Die Vorstellung Weißer Löcher", schrieb er, „wurde auch von Hoyle und Narlikar in einer etwas anderen Formulierung verwendet, um die Gebiete zu beschreiben, in denen Materie in einem steady-state-Universum ,erzeugt' wird."

Er bezog sich auf eine Reihe von Veröffentlichungen von Fred Hoyle und dessen früherem Studenten Jayant Vishnu Narlikar, die die Frage erörterten, wie Materie durch die Wirkung eines sonst unbeobachteten „C"-Feldes erzeugt werden könnte, um den durch die ständige Expansion leer werdenden Raum auszufüllen und so zu einem ewigen, sich nicht ändernden („steady state") Universum zu gelangen. Hoyle faßte 1969 in einem Vorschlag die Möglichkeit ins Auge, daß Materie und Antimaterie zu gleichen Teilen in den Kernen der Galaxien gebildet würden, wobei die Antimaterie hauptsächlich dort bliebe, während die Materie hinausgeschleudert würde, um Gas, Staub und Sterne zu bilden.

Ein schwieriges Problem bei der Einschätzung der Möglichkeit von Schwarzen Löchern und Wurmlöchern wirft die Frage auf, ob Asymmetrie den Kollaps zu völliger Unsichtbarkeit verhindern könnte. Astronomische Objekte sind niemals vollständig symmetrisch. Könnten Unregelmäßigkeiten und schnelle Rotation den Kollaps so verformen, daß sich

Die sogenannte Einstein-Rosen-Brücke in der Raum-Zeit-Geometrie, ein Modell für Singularitäten und Wurmlöcher. In einem Fall (A) verbindet die Brücke zwei getrennte Universen. Im anderen Fall (B) verbindet sie zwei Teile desselben Universums, die weit in Raum und Zeit voneinander getrennt sind. Was in Wirklichkeit ein vierdimensionales Konzept ist, wird hier in zwei Dimensionen gezeigt.
(Überarbeitung einer Darstellung in William J. Kaufmann III. Relativity and Cosmology, New York: Harper & Row, 1973.)

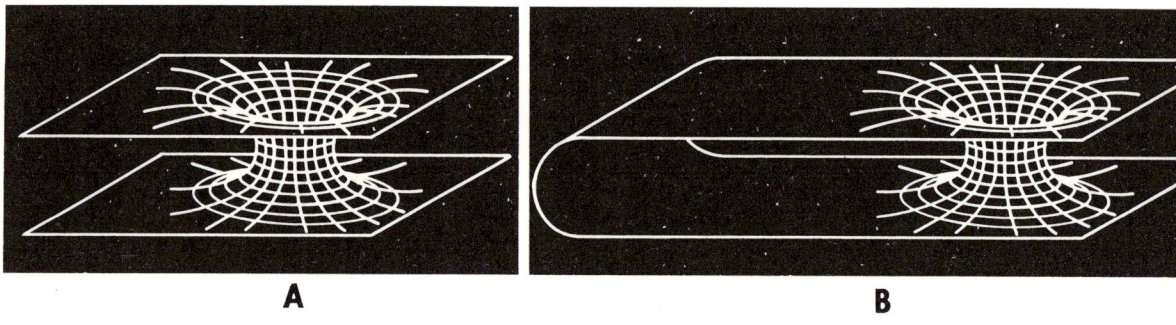

A   B

Schwarze Löcher niemals bilden könnten oder auseinander flögen, sobald sie entstanden wären? Wie von Stephen Hawking bemerkt wurde, könnte das Hinzufügen einer kleinen elektrischen Ladung oder einer geringen Menge Drehimpulse zu einem kugelförmigen Kollabierenden Stern „die Natur der Lösung völlig ändern". Könnte der Ereignishorizont – die Grenze des Schwarzen Lochs, durch die nichts entkommen kann – genügend verformt werden, um einen Blick ins Innere zu gestatten – eine „nackte Singularität" zeigen?

Diese Fragen haben viele Theoretiker herausgefordert, darunter James M. Bardeen an der Universität von Washington in Seattle, Hawking und Brandon Carter in Cambridge, Werner Israel an der Universität von Alberta, David C. Robinson am King's College in London und andere. Am California Institute of Technology versuchten William H. Press und Saul A. Teukolsky zu sehen, ob ein rotierendes Schwarzes Loch einen stabilen Zustand annehmen könnte. „Die unangenehmste Möglichkeit", fanden sie, war, daß der Ereignishorizont aufbrechen könnte, wodurch Informationen aus dem Schwarzen Loch entkommen könnten.

Eine solche nackte Singularität würde einen Zusammenbruch der Gesetze, die sonst überall die Naturphänomene bestimmen, bedeuten. Die Wahrscheinlichkeitsgesetze und das Kausalitätsgesetz würden ungültig, keine Vorhersage ließe sich machen, was aus dem Schwarzen Loch herauskäme – es könnte alles sein (wie Press es formulierte), „von Fernsehapparaten bis zu Büsten von Abraham Lincoln". Der Fall durch einen Ereignishorizont ist mit dem Tod verglichen worden – dem Betreten „des unentdeckten Landes, von dessen Gebiet kein Reisender je zurückkehrt". Hineinzublicken wäre, als ob man einen Toten wiederkehren sähe.

Die Umstände des von Press und Teukolsky behandelten Kollaps erlaubten keine nackte Singularität, doch – schrieben sie 1973 – „man hofft, daß nackte Singularitäten in Zukunft von etwas Allgemeinerem ausgeschlossen werden, als von einzelnen Fallstudien ... Doch im Augenblick sind sie es nicht".

Auf alle Fälle scheinen die Theoretiker allgemein darüber übereinzustimmen, daß ein asymmetrischer Kollaps in einem stabilen Schwarzen Loch enden kann. Selbst wenn die Oberfläche des Lochs „eine groteske Form besäße und wilde Schwingungen ausführte", wie es Kip Thorne formulierte, würde es wahrscheinlich im Bruchteil einer Sekunde zu einer gleichmäßigen, symmetrischen Form finden und, einmal gebildet, unzerstörbar sein.

Zu den bedeutsameren Entwicklungen in der Theorie Schwarzer Löcher gehört der Beweis, daß ein schnell rotierendes Schwarzes Loch Energie abgeben kann. Wenn sich ein Stern, um seinen Drehimpuls zu erhalten, hundertmal je Sekunde drehen muß, nachdem er zu einem Neutronenstern kollabiert ist, so ist die Drehgeschwindigkeit eines Schwarzen Lochs beinahe unglaublich hoch. Bei der Untersuchung des Drehimpulses Schwarzer Löcher fand der Neuseeländer Roy P. Kerr, daß ein Schwarzes Loch zwei Flächen aufweisen muß. Die Äußere befindet sich dort, wo die Schwerkraft so stark wird, daß sie alle Materie oder alles Licht auf die Dauer unvermeidlich zu sich hinzieht. Aufgrund der Rotation des Lochs ist diese Kraft nicht nach innen gerichtet, sondern eher tangential. In dieser Region emittiertes Licht spiralt um das Loch; war es aber nach außen gerichtet, wird es schließlich die äußere Fläche verlassen und sich normal im Raum ausbreiten. Doch es stellt sich heraus, daß die Energie dieses Lichtstrahls die zu seiner Erzeugung benötigte Energie übertreffen kann. Die zusätzliche Energie entstammt der Rotation des Lochs. Diese energieerzeugende Schicht um das Schwarze Loch wird als „Ergosphäre" bezeichnet.

Die innere Grenze der Ergosphäre wäre der Ereignishorizont, an dem die Schwerkraft so stark wird, daß nicht einmal die höchstenergetischen Teilchen und Licht entkommen können. Ein Teilchen, das auf diesen Ereignishorizont zu fällt, würde für einen entfernten Beobachter zum Stillstand kommen, da es in ein Gebiet tritt, in dem für diesen Beobachter die Zeit zu stehen scheint. Das Teilchen schiene für alle Ewigkeit gerade auf dem Ereignishorizont zu schweben, wäre aufgrund der unbeschränkt wachsenden Rotverschiebung jedoch schon bald unsichtbar.

Ein weiterer Vorgang wird von Stephen Hawking in Betracht gezogen, nach dem kleine Schwarze Löcher vollständig verdampfen könnten. Sein Schlagwort hierfür lautet: „Schwarze Löcher sind weißglühend." Er beruft sich auf Hinweise, daß der Raum (das „Vakuum") bei weitem nicht „leer" ist, sondern von Aktivitäten belebt wird, bei denen Paare von Teilchen – eines aus Materie und eines aus Antimaterie – andauernd gebildet werden, um sich sofort wieder zu treffen und zu zerstören. Dies ist eine Folge des Quantenverhaltens auf subatomarem Niveau. Die Physiker nennen diese Teilchen „virtuell", da sie definitionsgemäß nicht direkt beobachtet werden können, obwohl es indirekte Beweise für ihre Existenz gibt.

Treffen ein Teilchen und ein Antiteilchen zusammen – zum Beispiel ein Elektron und ein Positron –, verschwinden sie (wie schon früher bemerkt)

Ein rotierendes Schwarzes Loch besitzt zwei Flächen: eine äußere, aus der Licht unter Aufnahme von Energie entweichen kann, und eine innere, den „Ereignishorizont", durch den nichts entweichen kann. Dazwischen liegt die „Ergosphäre".
(Princeton University.)

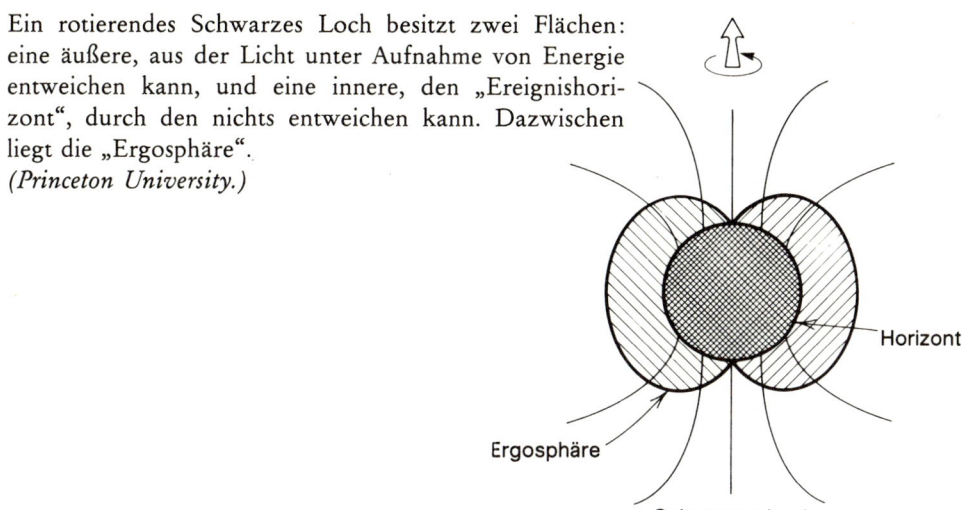

Horizont

Ergosphäre

Schwarzes Loch

in einem Energieblitz (einem hochenergetischen Gammastrahl). Auch der umgekehrte Vorgang kann ablaufen, was regelmäßig bei Experimenten der Hochenergiephysik beobachtet wird. Wenn ein Zusammenstoß bei sehr hoher Energie stattfindet, tritt ein Teil der Energie (für einen unbeobachtbar kurzen Augenblick) als Gammastrahl auf, der sich dann zu einem Elektron-Positron-Paar materialisiert.

Nach Hawking sollte die äußerst starke Gravitation in der Nähe eines Schwarzen Lochs zu einer solchen Paarbildung im Überfluß führen. In jeder anderen Situation würden sich die Paare schnell treffen und einander zerstören, wobei sie wieder in Energie überführt würden, so daß das System keine Energie verlöre. Doch in der Nähe eines Schwarzen Lochs könnte eines der Teilchen im Loch verschwinden, was dem anderen erlaubte, davonzufliegen.

Ist das Teilchen, das in das Loch fällt, ein Positron, kann der Prozeß als das Entweichen eines Elektrons aus dem Loch angesehen werden – früher als Unmöglichkeit betrachtet. Dies ist die Folge einer Vorstellung von Richard P. Feynman, der für seine Beiträge zur Physik einen Nobelpreis erhielt. Er betrachtet Antimaterie als Materie, für die die Zeit rückwärts abläuft. Was wie ein Positron, das in ein Loch fällt, aussieht, kann daher als Elektron betrachtet werden, das – rückwärts in der Zeit – aus dem Loch hervortritt. Seine Wechselwirkung mit der Schwerkraft des Lochs dreht dann seine Zeitrichtung um und verwandelt es in ein Elektron, das frei ins

Universum fliegen kann. Wenn andererseits das Elektron in das Loch fällt, kann dies nach Feynman als Entweichen eines Positrons aus dem Schwarzen Loch interpretiert werden. Auf diese – zugegebenermaßen etwas verwirrende – Weise kann ein Schwarzes Loch „verdampfen". Für manche Theoretiker ist dieser Beweis, daß Teilchen (die von der Quantentheorie bestimmt werden) aus einem Schwarzen Loch (das der Relativitätstheorie unterworfen ist) „tunneln" können, die wichtigste vereinheitlichende Entwicklung seit der Masse-Energie-Beziehung Einsteins.

Das Gebiet, das ein Teilchen durchtunneln muß, ist bei einem kleinen Schwarzen Loch – einem mit kleiner Masse – dünner, als bei einem großen. Deshalb können kleine Löcher ihre Energie leichter abstrahlen als große, wobei sie ihre Masse verringern, was sie um so stärker strahlen läßt. Sie werden in einem unaufhaltsamen Prozeß „weißglühend" und enden in einer katastrophalen Explosion. Dies beträfe vor allem die Schwarzen „Minilöcher", die, sagt Hawking, vom Urknall übrig sein könnten (wie das, das die Tunguska-Explosion verursacht haben könnte). Die kleinsten, nicht größer als ein Kernteilchen, doch so schwer wie ein Berg, könnten so viel Energie abgestrahlt haben, daß sie nun explodierten.

George F. Chapline vom Lawrence Livermore Laboratory in Kalifornien regte an, daß Schwarze Löcher aller Größen so häufig sein könnten, daß ein Gebiet von der Größe unseres Sonnensystems etliche kleine enthalten sollte. „Dichteschwankungen auf sehr großen Massenskalen waren im frühen Universum sicherlich gegenwärtig", schrieb er 1975 in *Nature*, „was schon aus der gleichmäßigen Verteilung der Galaxien am Himmel hervorgeht." So sei das explodierende Universum nicht homogen gewesen, und die Expansion einiger Teile habe andere zusammengedrückt, was in seinen Augen ein vollständiges Sortiment Schwarzer Löcher von der Masse eines Elementarteilchens bis zu der von Millionen Sonnen entstehen ließ.

Theoretiker berechneten aus dem Mengenverhältnis von Deuterium zu Helium nach der Bildung dieser Stoffe in den ersten drei oder vier Minuten nach dem Urknall (was noch in einem späteren Kapitel diskutiert werden wird), daß in der explodierenden Wolke nicht genügend Teilchen waren, um die Schwerkraft zu erzeugen, die eine ewige Ausdehnung des Universums verhindern könnte. Chapline schlug jedoch vor, daß während jener entscheidenden ersten Minuten des Universums „der größte Teil der Materie in anderer Form als der freier Nukleonen existiert haben muß – in anderen Worten, als Schwarze Löcher".

Im Frühjahr 1977 benutzte man, um nachzuprüfen, ob kleine Schwarze Löcher auf die von Hawking vorhergesagte Weise explodieren, einen Viel-Spiegel-Reflektor des Smithsonian Astrophysical Observatory auf Mount Hopkins in Arizona in Koinzidenz mit dem Spiegelsystem eines Sonnenofens bei White Sands in Neu-Mexiko – eine Spiegelfläche von neun Metern Seitenlänge. Der Viel-Spiegel-Reflektor (zehn Meter Durchmesser) dient normalerweise zur Beobachtung der Effekte höchstenergetischer kosmischer Strahlen (Gammastrahlen) in der oberen Atmosphäre. Ein solcher Gammastrahl besitzt genügend viel Energie, um eine Kaskade von Elektronen zu erzeugen, die sich so schnell bewegen, daß jedes einen Lichtblitz verursacht (Čerenkov-Strahlung). Die von Hawking vorhergesagten Gammaausbrüche würden einen ähnlichen Elektronenschauer auslösen, der jedoch von großer Ausdehnung wäre. Könnte der Effekt gleichzeitig von beiden Beobachtungsstationen, die 400 Kilometer von einander entfernt waren, registriert werden, so wies dies darauf hin, daß es sich nicht um ein lokales Ereignis (d. h. kosmische Strahlen) handelte, sondern möglicherweise um ein Schwarzes Loch.

Die Suche, unterstützt von der Smithsonian Research Foundation und dem National Research Council of Ireland, wurde in zehn mondlosen Nächten insgesamt zweiundzwanzigeinhalb Stunden lang durchgeführt und verwendete mehr Spiegelfläche – sagte man –, als je zuvor für ein astronomisches Experiment, aber sie blieb ergebnislos. Dies konnte bedeuten,

1. daß Minilöcher nicht existieren,
2. daß sie sehr viel seltener sind, als manche gehofft hatten, oder
3. daß sie nicht auf die vorhergesagte Weise explodieren.

Diese letzte Möglichkeit war 1974 von Paul C. W. Davies und John G. Taylor vom King's College in London vorgeschlagen worden. Nach ihrer Hypothese würde ein Miniloch zwar bei seiner Geburt einen Blitz aussenden, aber nicht in einer Explosion sterben.

Bei seiner Diskussion der möglichen Existenz von Minilöchern im Sonnensystem sagte Chapline, daß dies „beträchtliche wirtschaftliche Bedeutung haben könnte, da kleine Schwarze Löcher sehr nützliche Energiequellen wären". Er bezog sich auf einen Vorschlag, der ein Jahr früher von drei seiner Kollegen in Livermore gemacht worden war – und zum Ausgefallensten gehört, was über Schwarze Löcher geschrieben wurde.

Das Lawrence Livermore Laboratory – es wird von der Universität von Kalifornien für die (amerikanische) Bundesregierung betrieben – ist im Bereich der Energie- und Rüstungsforschung tätig. Ein Großteil seiner Anstrengungen richtet sich auf die Zähmung der Energiequelle der Sterne – die Fusion von Wasserstoff zu Helium. Das Forschertrio – John Nuckolls, Thomas Weaver und Lowell Wood – zeigte einen Weg auf, wie aus Schwarzen Minilöchern Energie zu gewinnen sei. Die Minilöcher wären so klein, daß ihr Feld nur in wenigen 100 Metern Abstand zu spüren ist. Würde man Fusionsbrennstoff wie etwa die schweren Formen von Wasserstoff (Deuterium und Tritium) auf das Schwarze Loch schießen, komprimierte sich das Material enorm, bevor es hinter dem Horizont verschwände. Der riesige Druck würde genügen, um die Atome zu Helium zu verschmelzen, wie es im Herzen der Sonne geschieht. Die freigesetzte Energie könnte von einem Satelliten aufgefangen und zur Erde übermittelt werden, wenn das Loch die Erde umkreise. Obwohl dies, sagten die drei Forscher, „bei weitem schwieriger" schiene als konventionelle Versuche, die Kernfusion zu erreichen, könnten die Probleme „überschätzt worden sein". Als Wood dieses Programm im Namen seiner Kollegen bei einem Treffen der New York Academy of Sciences vortrug, rief es allgemeine Heiterkeit hervor. Er bestand jedoch darauf, daß seine Anregung ernst gemeint sei.

Der erste Vorschlag, Schwarze Löcher als Energiequellen zu verwenden, scheint in den frühen siebziger Jahren von Misner, Thorne und Wheeler gemacht worden zu sein. In ihrem Buch über Gravitation beschreiben sie eine fortgeschrittene Zivilisation, die ein Schwarzes Loch in eine starre Kugel eingeschlossen hat, auf der sich eine „große Stadt" befindet. Die Schwerkraft des Lochs hält die Stadt sicher auf ihrer sphärischen Unterlage.

Jeden Tag wird eine Million Tonnen Abfall in dieser Stadt gesammelt und auf Transporter geladen, die man in das Loch fallen läßt. Während der Transporter immer schneller zum Loch hinab wirbelt, stößt er den Müll aus, der in dem Loch verschwindet. Der Transporter erfährt hierdurch einen Rückstoß und fliegt wieder nach außen, wobei ihm ein riesiger Energiebetrag von dem Loch übertragen wird. Das Loch gewinnt gleichzeitig Energie durch den verschluckten Müll. Der Transporter wird bei seiner Rückkehr von der Stadt so aufgefangen, daß er seine kinetische Energie auf ein Schwungrad überträgt, welches ein Kraftwerk treibt, das die Stadt versorgt.

Da das Schwarze Loch beim Energieübertrag auf den Transporter Masse verliert, schreiben die Autoren, „können die Bewohner der Stadt nicht nur die gesamte Ruhemasse ihres Mülls, sondern auch noch einen Teil der Masse des Schwarzen Lochs in kinetische Energie des Transporters, und damit in elektrische Energie, verwandeln"!

Liegt die Wahrheit über die Vorgänge im Inneren eines Schwarzen Lochs für immer außerhalb unserer Reichweite, wird sie uns durch – wie Penrose es nennt – „kosmische Zensur" versagt? Wenn das Universum tatsächlich aus einer Singularität mit unendlicher Dichte, unendlichem Druck, unendlicher Raumzeit-Krümmung – dem Urknall – entstanden ist, dann, behaupten einige Theoretiker, sollten wir durch die Rekonstruktion der Geburt des Universums aus den zur Verfügung stehenden Anhaltspunkten weit zurück in die Nähe der Singularität blicken. In diesem Sinn befinden wir uns selbst in einem Schwarzen Loch – dem ganzen Universum. Mit Kip Thornes Worten gesagt: „Unser Universum scheint explodiert zu sein, um seinen Raum und seine Zeit zu erschaffen, und wir sind in seinem Gravitationsradius eingeschlossen. Kein Licht kann dem Universum entkommen."

Doch man kann nicht behaupten, daß wir bei der Untersuchung des Urknalls wirklich eine nackte Singularität mit all ihren unerhörten Eigenschaften vor uns hätten, und noch weniger können wir durch die Singularität hindurch auf das, was vorher war, blicken. Es ist sehr gut möglich, daß kosmische Zensur jeden für immer – und in allen Universen – daran hindern wird. Woher kommen wir? Wohin gehen wir? Solche Fragen, in ihrem vollen Sinn, sind lange Zeit den Theologen überlassen worden, und nun sagen manche Physiker, die Natur sei so, daß die Antworten sich außerhalb unserer Reichweite befänden.

Chandrasekhar, der 1930 als erster die Grenzmasse eines Weißen Zwerges bestimmte und sich später von der wahrscheinlichen Existenz Schwarzer Löcher überzeugen ließ, erinnerte sich viele Jahre später an eine Parabel aus seiner Kindheit in Indien, die eine Informationsbarriere im Leben von Libellen beschrieb, die der eines „Ereignishorizonts" in vielem gleicht. Als Larven sind Libellen häßliche räuberische Wesen, die am Grund von Teichen leben:

Für diese Larven [sagte Chandra 1972 bei einer Vorlesung an der Universität Oxford] war es immer ein Geheimnis, was mit ihnen passierte, wenn sie aus dem Wasser stiegen, um sich zu verpuppen und niemals wiederzukehren. Und jede Larve, die fühlt, daß es an der Zeit ist, aus dem Teich zu steigen und sich zu verpuppen, verspricht, wiederzukehren und den Zurückgebliebenen zu erzählen, was wirklich geschieht, und das von einem Frosch verbreitete Gerücht zu bestätigen oder zu entkräften, daß eine Larve, wenn sie auf der anderen Seite der Welt hervortritt, ein wunderbares Geschöpf mit langem, schlankem Körper und schillernden Flügeln ist. Doch wenn sie aus der Wasserfläche als voll entwickelte Libelle hervortritt, ist es ihr unmöglich, die Fläche wieder zu durchstoßen, gleichgültig wie sehr sie es auch versucht und wie lange sie über dem Wasser schwirrt. Und die Geschichtsbücher der Larven enthalten keinen Hinweis darauf, daß eine zurückgekommen wäre, um ihnen zu sagen, was ihr geschah, als sie die Kuppel ihrer Welt durchquerte.

Selbst wenn es möglich wäre, einen Ereignishorizont zu durchqueren, könnte der Blick ins Innere keinen Aufschluß über die Geschichte des Schwarzen Lochs geben, denn drinnen „wird alles vergessen". Was ins Loch fällt, verliert alle Eigenschaften, Masse, elektrische Ladung und Drehimpuls ausgenommen. Betrachten wir zum Beispiel einen Astronauten, dem das Unglück widerfährt, in ein Schwarzes Loch zu stürzen, dessen Schwerkraft ihn unvermeidlich zur Singularität zieht. Zunächst werden sein Körper und die Moleküle, die ihn bildeten, zerrissen. Dann die Atome, die jene Moleküle formten, und schließlich die „Elementarteilchen", aus denen die Atome bestanden, obwohl sich einige Theoretiker fragen, welche neuen Effekte auftreten mögen, wenn die Raumzeit-Krümmung mit der Größe eines Elementarteilchens vergleichbar wird. Vielleicht, glauben sie, spielen dann Quanteneffekte die dominierende Rolle – werden Quantentheorie und Relativitätstheorie verbunden, wie Einstein gehofft hatte.

Auf alle Fälle besitzt ein einmal gebildetes Schwarzes Loch keine „Erinnerung" an seine Vergangenheit. Es könnte ein Riesenstern (aus Materie oder Antimaterie) gewesen sein, der kollabierte. Es könnte beliebige Gestalt und Beschaffenheit gehabt haben. Wie Martin Rees, Remo Ruffini und John Wheeler ausführten, hätte es einfach eine Wolke aus Energie sein können, die – aufgrund ihrer Äquivalenz mit Masse – kollabierte. Oder es hätte eine Mischung aus all dem sein können. Alles, was bleibt, ist Masse, Ladung und Drehimpuls.

Wenn ein ganzes Universum zu einer Singularität kollabierte, dann könnten – wie Wheeler ausführt – selbst diese sonst unzerstörbaren Eigenschaften ihre Bedeutung verlieren, da sie Eigenschaften in „Bezug auf et-was" sind, das es dann nicht mehr gibt. Wenn aus dieser Singularität ein neues Universum geboren würde, gäbe es keinen Grund, warum seine Naturgesetze, die Art und Verhalten der Atome bestimmten, und seine Naturkonstanten, wie die Stärke der Gravitation, dieselben wie in unserem Universum sein sollten, denn dieses neue Universum hätte nach dieser drastischen Umwandlung keine Erinnerung an die Gesetze seines Vorgängers. Die Gesetze „werden bei jedem neuen Expansionszyklus des Universums von neuem gegeben", sagte Wheeler. Wenn diese Gesetze von denen im gegenwärtigen Universum sehr verschieden wären, könnte die Physik, wie Brandon Carter bemerkte, für die Entwicklung von Sternen wie der Sonne oder die Entstehung der für Leben wichtigen Stoffe ungeeignet sein. Unsere chemische Ahnenreihe führt in die Herzen der Sterne und zu den Supernova-Explosionen, wo alle Elemente, mit Ausnahme von Wasserstoff und Helium, glaubt man, gebildet wurden. Entsprechend könnten andere Universen mit anderen Gesetzen und anderer Chemie ohne Leben sein.

Das Prinzip, das alle Gesetze, alle Erinnerungen in einem Schwarzen Loch verlorengehen, wurde von Wheeler im Theorem „Ein Schwarzes Loch hat kein Haar" zusammengefaßt. Nimmt man an, das Universum sei aus einer Singularität entstanden, scheint es schwer verständlich, wie sich die ganze Vielfalt, die wir sehen – Galaxien, Sterne, Planeten, Blumen und Menschen – aus einem solchen Anfang entwickeln konnte. Folglich glauben einige Theoretiker, wie etwa Kip Thorne, daß, wenn unser gegenwärtiges Universum aus einer Singularität hervorging – tatsächlich einem „Weißen Loch" von katastrophalen Ausmaßen – einige Abweichungen von vollständiger Gleichförmigkeit von „vorher" überlebt haben könnten. Ein Weg, dieses Problem in Angriff zu nehmen, besteht darin, die Temperatur der restlichen Glut des Urknalls in allen Richtungen zu untersuchen und zu sehen, ob es heiße oder kalte Flecke gibt, oder ob sie völlig gleichförmig ist. Solche Messungen, die mit Ballons und hoch fliegenden Flugzeugen gemacht werden, haben bis heute keine Anzeichen einer Ungleichförmigkeit im Urknall ergeben, obwohl sie zeigen, daß unsere Galaxis und mit ihr die Erde mit hoher Geschwindigkeit durch die Strahlung fliegen. Diese Messungen sind jedoch schwierig und noch nicht endgültig.

13 Das Universum – offen, abgeschlossen oder wie Fred Hoyle es sieht

Entweder ist es Schicksal des Universums, sich für immer auszudehnen, mit immer zerstreuteren Galaxien, kalten schwarzen Schlacken als Sternen und leblosen Planeten, oder es gibt genügend Masse – und daher Schwerkraft – im Universum, um einmal die Expansion umzukehren und einen Kollaps zu beginnen, und schließlich in einer Singularität zu verschwinden oder vielleicht zurückzuschnellen und ein neues Universum zu bilden. Im letztgenannten Fall könnte es sich erweisen, daß das Universum in einem ewigen Zyklus von Geburt, Tod und Wiedergeburt pendelte, in welchem – glauben manche – die Zeit ihre Richtung jedesmal ändert, wenn der Kollaps beginnt – und auch bei der Explosion, in der jedes neue Universum entsteht. Die einzige Alternative zu diesen Möglichkeiten ist eine ausgefallene Form von Stationarität, wie sie jüngst von Fred Hoyle vorgeschlagen wurde.

Das Problem der Zukunft unseres Universums ist eng mit der Existenz Schwarzer Löcher und den Vorgängen in ihrem Inneren verknüpft. John Wheeler hat darauf hingewiesen, daß wir mit der Expansion des Universums einen umgekehrten Gravitationskollaps beobachten. Dies folge, schrieb er, „nicht nur aus der Theorie, sondern auch aus der Beobachtung; und nicht nur aus einer Beobachtung, sondern aus zahlreichen Beobachtungen von Astronomen unübertroffener Fähigkeit und Integrität". Sollte es der Expansion vorbestimmt sein, sich umzukehren, sieht er das Schwarze Loch als Vorschau in die Zukunft an.

Ein solches Universum ist „abgeschlossen". Seine Krümmung in den vier Dimensionen von Raum und Zeit ist nach innen gerichtet, wie die Kurven auf einer Kugelfläche. In einem offenen Universum, dessen Expansion durch die Schwerkraft verlangsamt, aber nicht aufgehalten wird, krümmen sich die Kurven nach außen (hyperbolisch), wie jene, die man auf einen Sattel zeichnet.

Es klingt etwas paradox, daß ein abgeschlossenes Universum – obwohl es endlich ist – kein „Ende" hat. Sein unbegrenzter Raum kann mit der Oberfläche der Erde verglichen werden, deren Fläche endlich ist, die aber (im Gegensatz zu dem, was man früher glaubte) keinen Rand aufweist. Aus dieser Überlegung folgt auch, daß die Natur des Universums unmittelbar nach dem Urknall schon bestimmt war – entweder war es, geometrisch gesehen, unendlich (obwohl es noch keinen großen Raum einnahm) oder endlich. Im ersteren Fall würden durch die Explosion herausgeschleuderte Teilchen auf Bahnen fliegen, die so in Raum und Zeit gekrümmt waren, daß sie zu immer größeren Entfernungen gelangten. Im letzteren würden sie schließlich umkehren und zurückkommen.

Solche gekrümmten Geometrien haben ihre Wurzeln in Bemühungen der Mathematiker des 18. und 19. Jahrhunderts, Euklids Parallelenaxiom zu beweisen. Generation um Generation gelang es nicht, zu beweisen, daß sich solche Linien auch in großer Entfernung nicht schnitten. Der ungarische Mathematiker Farkas Bolyai schrieb seinem Sohn János: „Ich flehe Dich an, laß ab von der Wissenschaft der Parallelen ... Ich habe alle Riffe dieses höllischen Toten Meeres umschifft und bin jedesmal mit gebrochenem Mast und zerfetztem Segel zurückgekehrt." Der Sohn hielt sich nicht an den Rat und half bei der Geburt der nicht-euklidischen Geometrie mit, wie es der berühmtere Freund seines Vaters, Carl Friedrich Gauß, und der Russe Nikolaj Iwanowitsch Lobatschewski taten. Doch überzeugender als alle anderen bewies der Deutsche Georg Friedrich Bernhard Riemann, daß sich „Parallele" schneiden können und daß der „Raum" gekrümmt sein kann. Dies setzte den Rahmen für Einsteins Beschreibung der Gravitation durch die Krümmung des Raums und gestattete schließlich dem russischen Meteorologen Alexander Friedmann in den zwanziger Jahren die mathematischen Modelle zu entwickeln, die es einer neuen Generation von Kosmologen gestatten könnten, zu entscheiden, ob das Universum offen oder abgeschlossen ist. Seine Formulierungen zeigten zum erstenmal, daß die Verlangsamung der Expansion von der Kombination zweier Faktoren abhängt, die bestimmbar scheinen: Die augenblickliche Expansionsrate und die mittlere Dichte des Universums.

In einem gewissen Umfang hat Friedmann auch den Urknall vorweggenommen. Tatsächlich wuchs der Glaube, daß das Universum expandieren müsse, um einen Kollaps zu vermeiden. Früher hatte man auf der Grundlage der Newtonschen Physik angenommen, daß das Universum unendlich sei und daß die Schwerkraft auf seine Bestandteile gleichmäßig in allen Richtungen wirken würde. Wäre das Universum endlich, führte man an, hätte es sich schon seit langem zusammengezogen und wäre kollabiert.

Die neuen Begriffe von Raum und Zeit unterminierten dieses Argument. Außerdem glaubte Einstein, daß das Universum abgeschlossen sein mußte. Seine Überlegungen gingen von Gedanken Ernst Machs aus, eines Physiker-Philosophen des 19. Jahrhunderts, der Einstein und viele andere beeinflußt hat (sein Name dient als Einheit der Geschwindigkeit, gemessen in Vielfachen der Schallgeschwindigkeit).

Zu den vielen Gegebenheiten, mit denen sich Mach auseinandersetzte, gehörte die Natur der Trägheit – die Eigenschaft der Materie, sich Beschleunigungen zu widersetzen. Wenn ein Ruderboot ruht, muß man ihm einen heftigen Stoß versetzen, um es in Bewegung zu versetzen, obwohl nur eine geringe Reibung überwunden werden muß. Bewegt es sich einmal, benötigt man eine vergleichbare Kraft, um es wieder anzuhalten. Das gleiche gilt für einen geworfenen Ball. Entsprechend scheint ein rotierender Kreisel seine Achse mit einer vierundzwanzigstündigen Periode zu drehen, weil ihre Orientierung nicht zur Erde (die in dieser Zeit eine Drehung ausführt), sondern zum Universum als ganzem fest bleibt. Das heißt, daß Gegenstände, ob sie zu ruhen oder sich zu bewegen scheinen, jedem Versuch, ihren Bewegungszustand zu ändern, Widerstand leisten. Dieser Effekt scheint mit der Schwerkraft in Beziehung zu stehen, denn die Masse eines Objekts bestimmt nicht nur seine Trägheit, sondern auch seine Gravitation. Der Ursprung der Trägheit lag nach Machs Ansicht in einer Wechselwirkung zwischen dem Objekt und aller Materie des Universums. „Die Idee, die Mach ausdrückte", schrieb Einstein, „daß die Trägheit von einer wechselseitigen Beeinflussung der Körper herrührt . . ., entspricht nur einem abgeschlossenen Universum, das sich endlich im Raum erstreckt, und nicht einem quasieuklidischen, unendlichen Universum."

Was hielt dann die Gravitation davon ab, alle Teile des Universums in einem katastrophalen Kollaps zusammenzuziehen? Um diese Frage zu beantworten, fügte Einstein zu seinen Gleichungen einen „kosmologischen Term" hinzu – sozusagen eine Art Antigravitation, um die Gravitation aufzuwiegen und das Universum statisch zu machen. Als Beobachtungen zeigten, daß das Universum expandiert – daß die Energie des Urknalls gegen den Kollaps kämpft –, erkannte er, daß, wie er es ausdrückte, der kosmologische Term der „formalen Schönheit" seiner Theorie „schweren Schaden" zufügte, und ließ ihn wieder weg.

Während nur wenige noch am Urknall zweifeln, hat die Idee eines pendelnden Universums, das abwechselnd expandiert, kollabiert und wieder explodiert, für viele eine besondere Anziehungskraft. Sie halten eine ewige Ausdehnung für ein grausames Schicksal, selbst wenn sich die Expansion schließlich immer mehr verlangsamte (zu einer quasistatischen Situation), denn die Sterne würden ausbrennen und der Himmel für immer dunkel. Andererseits ist gemäß Robert Dicke, einem Physiker und Kosmologen von Princeton, ein zyklisches Universum, das sich regelmäßig zusammenzieht und seine Materie in einer extrem heißen Phase wiederaufbereitet, „philosophisch anziehend". „Auf diesen Weg vermeiden wir es", schrieb er, „komplizierte Anfangsbedingungen für den ‚Start' des Universums vor einigen Milliarden Jahren willkürlich vorzuschreiben."

Es ist klar, sagte Dicke, daß in einem solchen Zyklus das Material des vorhergehenden Universums „zu reinem Wasserstoff zerlegt" werden muß. Dies schloß er aus der wohlbekannten Tatsache, daß es den ältesten Sternen an schwereren Elementen fehlt.

Außerdem stört theoretische Physiker die Idee eines offenen Universums, das „aus nichts" entstanden ist. Dies schiene Erhaltungssätze zu verletzen, die man als unverletzlich betrachtet. Beispielsweise läßt sich Masse in Energie verwandeln und umgekehrt, doch weder Masse noch Energie können aus dem Nichts geschaffen oder zerstört werden. Darüber hinaus ist es eine wohlbestätigte Tatsache, daß neu erzeugte Teilchen – wenn Energie in Materie übergeführt wird – in Paaren auftreten, ein Teilchen aus Materie und eines aus Antimaterie. Nie verwandelt sich Energie in einzelne Elektronen, Positronen oder andere leichte Teilchen (Leptonen), und dieselbe Regel gilt für die schwereren Teilchen (Baryonen), wie zum Beispiel Protonen und Neutronen. So bleibt der „Nettobetrag" beider Sorten erhalten. (In einer Kernexplosion findet im wesentlichen keine Umwandlung solcher Teilchen in Energie statt, sie stammt vielmehr aus dem „Kernklebstoff" – der Bindungsenergie –, der nach der Reaktion übrig ist.) Die Zahl von Baryonen und Leptonen, die bleiben, wenn sich alle Materie-Antimaterie-Paare zerstört haben oder anders in Rechnung gestellt worden sind, muß nach einer Reaktion dieselbe wie vorher sein, sei es in einem Laboratorium oder – wahrscheinlich – im ganzen Universum.

Die Kosmologen nennen die so bestimmte Zahl die „Baryonenzahl" des Universums, und es wäre ihnen am liebsten, wenn sie Null wäre. Der Beweis, daß die Umwandlung von Energie immer Teilchen und Antiteilchen in gleicher Zahl hervorbringt, läßt auf eine grundlegende Symmetrie der Natur schließen, die, wie Fred Hoyle bemerkte, nach dem Vorhandensein gleicher Mengen beider Arten von Materie im Universum verlangt. Wo Materie überwiegt, flösse die Zeit „vorwärts", während in Gegenden, in denen Antimaterie vorherrscht, ein Zeitfluß in die entgegengesetzte Richtung möglich wäre. Bei einer der Texas-Konferenzen schlug Engelbert L. Schucking (einer der Urheber dieser Treffen) vor, daß unser Universum mit einem anderen verbunden wäre, das aus Antimaterie bestünde und in dem die Zeit rückwärts liefe.

In den fünfziger Jahren untersuchten Hoyle und Geoffrey Burbidge die Möglichkeit, daß es soviel Antimaterie wie Materie im Universum gäbe – zum Beispiel „Antisterne" und „Antigalaxien". Wenn beide Formen in der Milchstraße vorkämen, überlegten sie, würden Materie-Antimaterie-Begegnungen gewaltige Bewegung und Erhitzung des interstellaren Gases verursachen. Dies müßte alles Beobachtete bei weitem übertreffen. Zunächst schien es, daß beträchtliche Mengen von Antimaterie zwischen den Galaxien treiben könnten, doch deren Atome würden unvermeidlich von Zeit zu Zeit Materie-Atome treffen und dabei Gammastrahlen erzeugen. Das Ergebnis wäre eine „Gammaglut" aller Teile des Himmels, die nicht beobachtet werden konnte.

Dieses Universum scheint also hauptsächlich aus Materie zu bestehen. Wurde es unter Verletzung eines der Erhaltungssätze geschaffen? Oder waren, wie Dicke es ausdrückte, die Teilchen, die es bildeten, von seiner letzten Gestaltwerdung übrig? „Das Universum", schrieb er, „scheint sowohl komplex als auch asymmetrisch zu sein, indem es riesige Magnetfelder großen Alters enthält und aus Materie statt Antimaterie besteht. Es scheint selbstverständlich, daß eine so komplexe Struktur eine lange und kontinuierliche Existenz gehabt haben muß, wobei sich Expansion und Kontraktion abwechselten."

Ein Urheber der gegenteiligen Ansicht, das Universum sei in einem großen Augenblick der Schöpfung entstanden, war Abbé Georges Lemaître, der den Rahmen für Gamows detailliertere Beschreibung des Urknalls setzte. Lemaître war ursprünglich Ingenieur und diente während des Ersten Weltkrieges als Artillerieoffizier in der belgischen Armee. Nach dem Krieg besuchte er ein Priesterseminar, wurde 1923 geweiht, begann jedoch unmittelbar danach Astrophysik und Astronomie zu studieren, zunächst in Cambridge, England, und dann am Massachusetts Institute of Technology. 1927, gleich nachdem er Professor an der Universität von Löwen in Belgien geworden war, veröffentlichte er seine Ansicht, daß das Universum aus einem ursprünglichen „Atom" entstanden sei, dessen Explosion Galaxien und Sterne gebar.

1961, fünf Jahre vor seinem Tod, nahm Abbé Lamaître an der Generalversammlung der Internationalen Astronomischen Vereinigung in Berkeley, Kalifornien, teil und trug (nach meiner Erinnerung) eine mit einem Strick gegürtete Mönchskutte. Einen Finger an die Seite seiner Nase gelegt, als ob er einen Witz zum besten geben wollte, bemerkte er, daß man ihm manchmal vorwerfe, eine Kosmologie zu erfinden, die eines göttlichen Schöpfungsaktes bedürfe. Dies, sagte er, wäre nicht seine Absicht. Doch war, wie der schwedische Astrophysiker und Nobelpreisträger Hannes Alfvén ausführte, diese Vorstellung für Lemaître attraktiv, „weil sie eine Schöpfung *ex nihilo* [aus dem Nichts] bestätigte, die der Heilige Thomas in das Kredo aufgenommen hatte. Für viele andere Wissenschaftler [fuhr Alfvén fort] war dies eher störend, denn Gott wird in gewöhnlicher wissenschaftlicher Literatur nur sehr selten erwähnt."

In diesem Zusammenhang wurde darauf hingewiesen, daß Augustinus, einer der wichtigsten frühchristlichen Philosophen, einst gefragt wurde, was Gott in der zeitlosen Periode tat, bevor er die Welt schuf. Seine Antwort lautete angeblich, daß Gott damals für die, die solche Fragen stellten, die Hölle schuf.

Ein Weg, dem Problem eines „Beginns" zu entkommen, war ein „steady-state"-Universum, das ewig, unveränderlich – und doch immer expandierend ist. Um es in diesem Zustand zu erhalten, mußten ständig neue Atome, neue Sterne, neue Galaxien erschaffen werden, um die durch die Expansion entstehenden Lücken zu füllen. Während Grundzüge einer solchen Kosmologie – nämlich der ständigen Erzeugung von Materie – zwanzig Jahre früher von Sir James Jeans vorgeschlagen worden waren, wurde sie 1958 zum erstenmal von Hermann Bondi, Thomas Gold und (in einer getrennten Veröffentlichung) Fred Hoyle vollständig formuliert.

Ihre Zusammenarbeit kam durch ein bemerkenswertes Zusammentreffen von Umständen zustande. Bondi und Gold waren beide im Abstand von einem Jahr in Wien geboren worden. Während sich ihre Eltern offensichtlich kannten, traf dies zu dieser Zeit für die jungen Männer nicht zu. Die Familie Gold ging fort und ließ sich in England nieder, bevor Hitler

Österreich 1938 annektierte. Die Bondis verließen Wien unmittelbar nach dem „Anschluß" und zogen nach New York. Beide Söhne schrieben sich an der Universität von Cambridge ein, kamen aber nicht miteinander in Kontakt, bis der Krieg ausbrach und sie als feindliche Ausländer von den Engländern interniert wurden. Gold erzählte: „Wir fanden uns nebeneinander ohne Decken auf dem Betonfußboden, wo wir schlafen sollten." Man brachte sie schließlich in ein Internierungslager nach Kanada, wo sich die beiden Männer mit anderen zusammentaten, um eine Art von Universität zu bilden.

Als ihre Loyalität mit der Sache der Nazigegner schließlich akzeptiert wurde, erlaubte man ihnen, nach Cambridge zurückzukehren. Nachdem sie ihre wissenschaftliche Brillanz unter Beweis gestellt hatten, wurden sie von der Royal Navy für geheime Radarforschung rekrutiert. Bondi sagte später: Erst waren wir als feindliche Ausländer hinter Stacheldraht, kurz darauf nahmen wir an streng geheimen Arbeiten teil. Sie landeten schließlich in einem Forschungszentrum der Admiralität bei Whitley; ihr Abteilungsleiter hieß Fred Hoyle. Tagsüber arbeiteten sie an der Entwicklung von Radargeräten. An den Abenden diskutierten sie Astronomie, Physik und Kosmologie.

Es sollte eine langwährende Freundschaft werden, doch Gold zog schließlich in die Vereinigten Staaten und wurde Direktor am Center for Radiophysics and Space Research an der Cornell University. Bondi (Sir Hermann) wurde oberster wissenschaftlicher Berater des britischen Verteidigungsministeriums. Hoyle (Sir Fred), der als Science-fiction-Schriftsteller weiten Kreisen bekannt wurde und der sogar das Libretto einer Oper, *The Alchemy of Love,* geschrieben hatte, stand dem Institut für theoretische Astronomie der Universität Cambridge von 1967 bis 1973 vor. Danach begann er seine Zeit zwischen England und Kalifornien aufzuteilen. Seine für Astrophysiker wohl bedeutendsten theoretischen Beiträge befaßten sich mit dem Ursprung der Elemente (jener, die schwerer als Wasserstoff und Helium sind), vor allem in Supernova-Explosionen. Dies führte zu einer denkwürdigen Zusammenarbeit mit William Fowler und den Burbidges (Margaret and Geoffrey).

Trotzdem fuhr er fort, seine fruchtbare Phantasie für die Kosmologie einzusetzen, und als Beobachtungen – insbesondere die der Mikrowellen-Hintergrundstrahlung, die dem Feuerball des Urknalls zugeschrieben wird – die „stead-state"-Hypothese unwahrscheinlich machten, entwickelten er und sein Partner Narlikar andere Vorstellungen, von denen einige noch Elemente von Ewigkeit enthielten. Wie schon früher bemerkt, war Hoyles Beitrag zum ursprünglichen „steady-state"-Konzept ein unbeobachtbares C (für „creation" [Erzeugung])-Feld. Dies, glaube er, war nötig, um den Erhaltungssatz zu umgehen, der die Erzeugung von Materie, wie Protonen, Neutronen, Elektronen (genauer: Baryonen und Leptonen), aus dem „Nichts" verbietet.

1975 schlug er eine neue Art von „steady-state"-Situation vor, in der noch ein anderes Feld – das Masse-Feld – im Spiel ist. An jedem Punkt von Raum und Zeit, sagte er, bestimme dieses Feld die Masse jedes Atoms. In manchen Teilen des Kosmos – den Teil, den wir sehen, eingeschlossen – ist das Feld positiv, und die Masse jedes Teilchens hat seit der Zeit zugenommen, zu der, wie wir aufgrund unserer Beobachtungen glauben, der Urknall stattgefunden hat. Nach Hoyle und Narlikar könnte der Kosmos tatsächlich aus vielen Universen bestehen, manche mit positiven und manche mit negativen Masse-Feldern. An der Raum-Zeit-Grenze zwischen zwei solchen Universen wäre das Masse-Feld Null.

Dies würde die beobachtete Verschiebung der Wellenlängen des Lichts entfernter Galaxien zum roten Ende des Spektrums auf eine völlig neue Weise erklären – die berühmte Rotverschiebung ist beinahe überall als Beweis der Expansion des Universums akzeptiert worden. Wenn Atome im Lauf der Zeit massiver würden, argumentierte Hoyle, würden die Wellenlängen, bei denen sie emittierten, kürzer (blauer). Blickt man weit in Raum und Zeit hinaus, wird das Umgekehrte beobachtet: Je weiter wir blicken, desto roter wird das Licht von einem Atom einer bestimmten Art erscheinen.

Mit anderen Worten, Hoyle sagt, daß sich das Universum überhaupt nicht ausdehnt. (Nur wenige Rebellen haben die Expansion noch in Frage gestellt, indem sie beispielsweise vorbrachten, daß Licht, wenn es weite Strecken zurücklegt, etwas „müde" wird, das heißt, daß sich die Wellenlängen vergrößern.) „Die üblichen Geheimnisse, die den sogenannten Ursprung des Universums betreffen", schrieb er, „lösen sich nun auf."

Hoyle versuchte die Mikrowellenglut nicht als Rest des Urknalls, sondern als Sternlicht aus einer früheren Existenz dieses Universums zu erklären, das durch die Raum-Zeit-Grenze sickerte, als das Masse-Feld Null wurde. Warum wäre andernfalls, fragte er, „die Energie der beobachteten Mikrowellenstrahlung der des von den Sternen der Galaxien erzeugten Lichtes so ähnlich?" Obwohl die Materie ihre Gravitation und damit auch zum größten Teil ihren Zusammenhalt verlor, als sie die

Grenze durchquerte, führte Hoyle aus, könnten „Inseln hoher Dichte" bestehen bleiben. Eines der schwierigsten Probleme bei der Beschreibung eines Universums – sei es aus einer Singularität oder einem homogenen, gleichmäßig expandierenden Feuerball hervorgegangen – lautet: Wie gestaltete es sich so vielfältig; wie konnte es Galaxien, Galaxienhaufen, Sterne, Planeten und Menschen hervorbringen? Nach Hoyle „scheint es jedoch möglich, daß viele Sterne auf unserer Seite der Raum-Zeit-Grenze fossile Überbleibsel von Sternen sind, die früher auf der ‚anderen Seite' existierten".

In einem Kommentar in *Nature* bemerkte Paul Davies, daß viele seiner Kollegen „dieses phantasievolle neue Bild als tröstliche Umgehung der Unannehmlichkeiten einer Anfangssingularität betrachten könnten". Es werfe jedoch, sagte er, neue Fragen auf. Wenn z. B. Sternlicht aus dem letzten Universum durch die Grenze sickert und dies seit ewigen Zeiten passiert, warum hat es sich nicht zu unendlicher Helligkeit aufgehäuft?

Ein Aspekt von Hoyles Vorstellung eines C-Feldes ist, daß es (in etwa wie Einsteins kosmologischer Term) den Kollaps zu einer Singularität vermeiden würde (obwohl es Schwarze Löcher im Sinne eines Kollaps bis zur Unsichtbarkeit nicht ausschlösse). Um ein Abweichen von der Symmetrie zu vermeiden, die für grundlegende Phänomene charakteristisch scheint (wie etwa die gleichmäßige Verteilung positiver und negativer elektrischer Ladungen), muß es Reservoirs negativer Energie geben, „deren abstoßende Natur", sagte Narlikar, „ausreichen wird, um eine Singularität zu verhindern. Diese Vermutung", fuhr er fort, „sollte für endliche kollabierende Objekte genauso zutreffen wie für das Universum." Das Objekt „springt", so wollen es die beiden Theoretiker, bei einem minimalen Radius zurück, „der innerhalb des Schwarzschildradius liegen kann".

Es war diese Idee eines „Zurückschnellens", die Hoyle zur gemeinsamen Arbeit mit Fowler und den Burbidges über die Natur der Quasare und anderer explosiver Prozesse beisteuerte. Bevor er das modifizierte „steady-state"-Konzept erfand, das auf einem veränderlichen Masse-Feld beruhte, betrachtete Hoyle das Zurückschnellen auch als eine Erklärung für ein pendelndes Universum: „Das Universum dehnt sich abwechselnd aus und zieht sich wieder zusammen. Die Schwerkraft verursacht den Wechsel von Expansion zu Kontraktion, während das neue Feld für den umgekehrten Vorgang sorgt." Ein Problem war, erkannte Hoyle, ob solch ein „hüpfendes" Universum allmählich seinen Schwung verlöre und in einen stationären Zustand überginge.

214

Die Ideen darüber, wie dicht und klein das Universum werden würde, bevor es zurückschnellte, klafften weit auseinander. Auf der einen Seite schlug Alfvén einen Radius von einer Milliarde Lichtjahren als kleinstmögliche Kontraktion vor. Er weist die Idee einer Singularität (eines Universums, wie er sagt, kleiner als ein Stecknadelkopf) als lächerlich zurück. Seine Kosmologie leitet sich von der seines schwedischen Kollegen Oskar Klein her, für den das Universum zu gleichen Teilen aus Materie und Antimaterie bestand.

„Es scheint logisch unbefriedigend", sagte Alfvén, daß Kosmologen unterstellen, daß Materie überwiegt. Wenn das Universum – oder, wie Klein es nannte, die Metagalaxis – in einem früheren Zyklus genügend kollabierte, um Materie und Antimaterie miteinander wechselwirken zu lassen, erzeugte dies Strahlungsdruck, der es wieder auseinandertrieb. Eine relativ geringe Dichte genügte für diesen Effekt und lokale Materie-Antimaterie-Begegnungen sollten nach Alfvén Quasare und ähnliches erklären.

Wie schon früher bemerkt, ist das Gammastrahlenglühen, das von häufigen Materie-Antimaterie-Begegnungen zu erwarten wäre, nicht beobachtet worden, und es ist schwer zu sehen, wie solch ein begrenzter Kollaps einen Feuerball erzeugen könnte, der heiß genug wäre, um das sterbende Universum „einzuschmelzen", so daß nur Wasserstoff übrigbliebe. Es wird heute allgemein anerkannt, daß reiner Wasserstoff das Ausgangsmaterial des gegenwärtigen Universums war. Robert Dicke schlug einen Feuerball mit nur wenigen Lichtjahren Durchmesser als angemessen vor. John Wheeler, sein langjähriger Kollege in Princeton, zweifelt jedoch daran, daß beim Kollaps von Sternen (und folglich Universen) überhaupt ein Zurückschnellen erfolgen kann, zumindest dann, wenn sich schon ein Schwarzes Loch gebildet hat.

Es ist kein Zufall, daß Wheeler, Seldowitsch und andere, die das Problem des Zurückschnellens untersucht haben, mit der Physik von Kernexplosionen vertraut waren. Bei der Planung einer wirkungsvollen Kernexplosion ist es von großer Bedeutung, sicherzustellen, daß der Brennstoff nicht zerstreut wird, bevor die Kernspaltung zu einem wesentlichen Teil eingetreten ist. In jeder solchen Explosion – sei es ein Stern, eine Bombe oder ein Brennstoffkügelchen – stößt der Druck von allen Seiten im Zentrum zusammen und erzeugt dort eine Schockwelle, die wieder nach außen zur Oberfläche läuft. Dies kann die äußerste Schicht absprengen – wie bei einer Supernova. Doch dann kehrt eine Welle von verringerter Dichte zum Zentrum zurück; wenn sie im Fall des Gravitationskollaps dort rechtzeitig ankommt, kann sie nach Wheeler und seinen Kollegen die Bildung eines Schwarzen Lochs verhindern. Sie schlossen jedoch, daß sich der Kollaps eines Sterns von Kernexplosionen durch Menschenhand unterscheide: Nichts mehr kann den Prozeß umkehren, wenn auch nur ein kleiner Teil des Kerns zum Schwarzen Loch geworden ist. Deshalb erzeugt der Kollaps eines massereichen Sterns zu einem Schwarzen Loch – anders als bei der Bildung des Krebsnebels und seines Neutronensterns – auch keine große Supernova-Explosion, denn es gibt nichts, von dem man zurückprallen könnte. Wheeler formulierte es 1967 so:

Die Materie des Kerns strömt reißend aus allen Richtungen wie tausend Niagarafälle auf ihrem Weg hinunter zu immer kleineren Dimensionen... In weniger als einer Zehntelsekunde ist der Kollaps vollendet. Kein Kern ist übrig, um als Dynamitladung im Zentrum des Sterns zu dienen. Kein Stoß treibt die Reste des Sterns in den Raum hinaus.

Aus Wheelers Sicht würde das Universum in seinem Endzustand zu so geringer Größe kollabieren, daß die Unbestimmtheit, die das Verhalten der Atome beherrscht, ins Spiel käme. Was geschieht, ist unvorhersehbar: „Es gibt keine eindeutige Geschichte, die man dem Universum zuschreiben könnte. Statt dessen gibt es eine gewisse Wahrscheinlichkeit für diese, jene oder eine andere Geschichte des Universums."

Seit den zwanziger Jahren wurden viele Versuche unternommen, um durch Beobachtungen die Frage zu klären, ob das Universum endlich oder unendlich, abgeschlossen oder offen ist, ob es sein Schicksal ist, zu kollabieren oder sich für immer auszudehnen. Man versuchte aus der Bewegung entfernter Galaxien und Quasare auszurechnen, wie sehr sich die Expansion seit dem Urknall verlangsamt hat. Man schloß aus dem Verhältnis der Häufigkeit von Deuterium, der schweren Form von Wasserstoff, zu der gewöhnlichen Form des Wasserstoffs in den Gaswolken der Milchstraße auf die Dichte – und damit das Schicksal – des Universums unmittelbar nach dem Urknall. Man baute Argumente auf der augenblicklichen Temperatur des Universums auf, wie sie aus der Mikrowellenglut hervorging, die offensichtlich vom Urknall stammte, und man suchte nach der „fehlenden" Masse, die die Galaxienhaufen zusammenhalten sollte. Doch alle diese Anstrengungen konnten bis heute noch keine endgültige Antwort geben: Denn immer wenn die Entscheidung gefallen schien, wurde bald darauf eine neue Beobachtung gemacht, die nun das Gegenteil bestätigte.

Die Auseinandersetzungen darüber, was in katastrophalen Situationen weit außerhalb der Reichweite von Laboratoriumsversuchen geschieht, erinnern an etwas, was unter strengster Geheimhaltung stattfand. Viele Pioniere des Atomzeitalters waren daran beteiligt, darunter Hans Bethe, Arthur Compton, Enrico Fermi und Eugene Wigner – alle Nobelpreisträger der Physik – sowie Robert Oppenheimer, Edward Teller und Leo Szillard. Während der Entwicklung der ersten Atombombe gab es Bedenken, ob eine Kernexplosion genug Druck und Hitze in der Luft erzeugen könnte, um eine Kettenreaktion auszulösen, die die ganze Atmosphäre ergriff. Die Kerne der Stickstoffatome, des Hauptbestandteils der Luft, könnten – so fürchtete man – zu Silizium verschmelzen, das mit dem anderen wichtigen Bestandteil der Atmosphäre, dem Sauerstoff, Siliziumdioxid (Quarz) bilden würde. Mit anderen Worten: Die gesamte Erdatmosphäre begänne zu brennen, verwandle sich in Sand (= Quarz) und fiele auf die Erde.

Während die Debatte der verantwortlichen Physiker geheim war, wurden bedeutende Dokumente zugänglich. Compton, der das Labor in Chikago leitete, in dem die erste Kettenreaktion den Weg für das Projekt frei machte, soll gesagt haben: „Das wäre die vollendete Katastrophe. Besser, man akzeptiert die Sklaverei der Nazis, als daß man das Risiko einginge, die Menschheit auszurotten." Obwohl sich die Physiker davon überzeugten, daß eine Kettenreaktion am Himmel unmöglich war, soll Fermi in den Augenblicken vor dem ersten Atomversuch 1945, um die Spannung zu mindern, seinen Kollegen eine Wette angeboten haben, ob der Himmel kollabieren würde oder nicht. General Leslie R. Groves, der Direktor des Projekts, fand dies angeblich nicht sehr lustig.

Als ich die Geschichte 1975 mit Wigner diskutierte, sagte er, daß die Berechnungen, die zeigten, daß eine solche Kettenreaktion unmöglich war, eigentlich zu bedauern wären. Hätte sich die Gefahr als wirklich herausgestellt, wäre die Entwicklung von Kernwaffen vielleicht nie vorangetrieben worden.

14 In welche Richtung fließt die Zeit?

Die herausforderndsten Vorhersagen über die Zukunft des Universums betreffen die Richtung der Zeit. Aus unserer lebenslangen Erfahrung sind wir so überzeugt, daß die Zeit immer in dieselbe Richtung fließt, daß wir uns kaum eine andere Situation vorstellen können. Doch jeder Physiker weiß, daß auf dem Niveau von Atomen eine Folge von Ereignissen genausogut in der umgekehrten Richtung ablaufen kann. Man betrachte zum Beispiel einen Prozeß, bei dem ein Atom in einem Zustand hoher Energie eine Licht- oder Radiowelle emittiert, wobei es in einen „niedrigeren" Zustand übergeht, worauf die Welle von einem anderen Atom absorbiert wird, das dann in ein höheres Energieniveau übergeht. Könnte man diesen Vorgang mit einer Kamera aufzeichnen, wäre es unmöglich, aus der Folge der Ereignisse zu bestimmen, in welcher Richtung der Film abgespielt werden sollte. In diesem Sinn ist Zeit auf dem atomaren Niveau umkehrbar.

Dies ist jedoch nur in einer isolierten, idealisierten Situation möglich. In Wirklichkeit würde die emittierte Welle vielleicht niemals ein anderes Atom treffen und würde sich auf eine endlose Reise begeben. Wo viele Atome und viele Emissionen beteiligt sind, wie in allen mechanischen Apparaten unserer Erde, ereignen sich solche Verluste. Der Wirkungsgrad von Automobilen, Dampfmaschinen und ähnlichem ist stets kleiner als 100%. Eines der größten Probleme für die Ingenieure des neunzehnten Jahrhunderts war es, Dampfmaschinen zu bauen, die so wirksam wie möglich waren. Einige der Leute, die hieran arbeiteten, insbesondere der deutsche Physiker Rudolf Clausius, erkannten, daß eine Art innerer Zer-

218

streuung der Energie dem Wirkungsgrad unüberwindbare Grenzen setzt. Dies wurde bald als „Zweiter Hauptsatz der Thermodynamik" formuliert, der aussagt, daß die Entropie (die Unordnung) eines Systems – wenn sie sich überhaupt ändert – nur zunehmen kann.

Sir Arthur Eddington, der Problemen, die mit der Zeitrichtung und der Entropie verbunden waren, große Aufmerksamkeit zuwandte, verglich die Situation mit dem Mischen eines Kartenspiels, das geordnet vom Hersteller kam. Einmal gemischt, könnte kein vernünftiges Maß von weiterem Mischen die Karten in ihre ursprüngliche Ordnung zurückversetzen. Nur intelligente Einwirkung könnte dies erreichen. „Immer wenn etwas geschieht, das nicht ungeschehen gemacht werden kann", sagte er, „läßt sich das auf die Einführung eines zufälligen Elements zurückführen, analog zum Mischen des Kartenspiels."

Als weiteres Beispiel beschrieb er einen in zwei Hälften geteilten Kessel. Eine der beiden Kammern enthalte Luft, die andere sei leer. Ein Schieber wird geöffnet, was der Luft erlaubt, in das Vakuum der anderen Kammer zu strömen. „Zunächst sind alle Luftmoleküle in einer Hälfte des Kessels. Einen Augenblick später", schrieb er, „sind sie über den ganzen Kessel verteilt, und so bleibt es für immer. Die Moleküle werden nicht in eine Hälfte des Kessels zurückkehren; die Ausbreitung kann nicht rückgängig gemacht werden…" Nur irgendeine organisierte Einmischung von außen ist imstande, den Vorgang umzukehren. „Dieses Ereignis kann als Kriterium für die Unterscheidung von Zukunft und Vergangenheit dienen", fuhr er fort. Wäre der Vorgang auf Film aufgenommen worden, hätte ein geistig gesunder Beobachter keine Schwierigkeit, zu entscheiden, in welche Richtung der Film laufen sollte. Jeder, der dachte, die Luft strömte zischend zurück in eine Kammer, „sollte besser einen Arzt aufsuchen", sagte Sir Arthur.

Die Unordnung kam nicht ins Spiel, als das Gas zuerst in die leere Kammer schoß und auf die andere Seite zuraste – es war immer noch „organisiert", alle Moleküle bewegten sich in dieselbe Richtung. Doch dann stießen sie auf die gegenüberliegende Wand und wurden gestreut. Die Organisation ging verloren. Daß sie aufgrund eines bemerkenswerten Zufalls alle schließlich auf Bahnen zurückfänden, die sie in die erste Kammer brächten, war eine Möglichkeit – doch die Wahrscheinlichkeit war beinahe unendlich klein: „Die hier erwähnte Wahrscheinlichkeit ist eine absurde Zahl, die – in üblicher Dezimalschreibweise ausgedrückt – alle Bücher der Welt mehrmals füllen würde."

Bei Ereignissen, die in einem großen Maßstab stattfinden (im Gegensatz zu atomaren Ereignissen), wie dem Ausgießen von Milch aus einer Karaffe, ist die Zeit irreversibel. Es ist leicht zu sagen, welche Bildfolge die richtige ist.

Mit demselben Argument könnte sich ein zu Boden gefallenes Ei wieder zusammenfügen. Jedes Molekül von Dotter, Eiweiß und Schale könnte längs der Bahn des Zerplatzens zurückgesandt werden, um ein intaktes Ei zu bilden, und dieses hätte dann zurück in die Hand zu fliegen; doch es ist vernünftig anzunehmen, daß sich dies nie ereignen wird. (Eine Beobachtung von beträchtlicher theoretischer Bedeutung betrifft das spezielle Verhältnis Schwarzer Löcher zu Entropie. Jacob D. Bekenstein, ein Student in Princeton, bemerkte beim Abfassen seiner Doktorarbeit, daß das Gesetz, das angab, wie ein Schwarzes Loch seine Oberfläche unvermeidlich vergrößerte, indem es immer mehr Material verschluckte, sie aber nie verkleinern konnte, den Regeln, denen die Entropie gehorcht, auffallend ähnlich war. Hawking zeigte dann, daß es sich um dasselbe Gesetz handelt.)

Eine wichtige Eigenschaft der Entropie ist ihre anscheinende Abhängigkeit von äußerem Einfluß irgendeiner Art. Ihr Anwachsen kann in gewissem Umfang durch Isolation verhindert werden. So könnte man, wie Eddington bemerkte, einen Film, der die Bahnbewegung der Erde um die Sonne zeigt, auch rückwärts laufen lassen und würde Newtons Gesetze genauso bestätigt finden. Die Bahnbewegung der Erde ist von äußeren Störungen gut isoliert. Auf dem Niveau von Laborversuchen wird eine Entropiezunahme verhindert, wenn das Experiment so ausgeführt wird, daß keine Energie entweichen kann und die Folgen äußerer Einwirkung abgeklungen sind, wie von Thomas Gold von der Cornell-Universität ausgeführt wurde. „Störungen von außen", sagt er, „haben offensichtlich etwas damit zu tun. Wenn wir irgendein System nehmen, es völlig von allen äußeren Einflüssen isolieren und dann nach sehr langer Zeit eine Reihe von Schnappschüssen machen, wird es unmöglich sein, aus einer späteren Untersuchung der Bilder auf ihre Reihenfolge zu schließen."

Für Gold, seinen alten Kollegen Hermann Bondi und andere folgt daraus, daß die Zunahme der Entropie – und folglich die Richtung der Zeit – mit der Expansion des Universums in Beziehung steht. Gold drückte dies in einer Ansprache bei einer gemeinsamen Sitzung der American Assoziation of Physics Teachers und der American Society so aus: „Es ist sicher eine grundlegende Eigenschaft des Universums, daß der Himmel dunkel ist und unbegrenzt Strahlung absorbieren kann, wobei seine Dunkelheit ein Nebenprodukt seiner Expansion ist.

Die Auseinandersetzung darüber, warum der Nachthimmel dunkel ist, geht bis 1826 zurück, als der deutsche Astronom Wilhelm Olbers sein be-

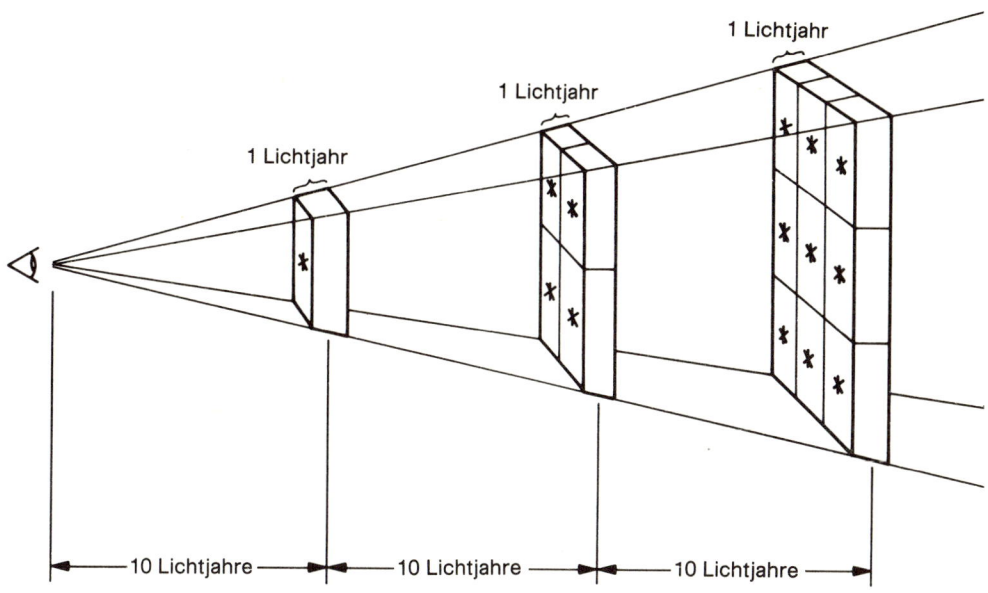

Olbers Paradoxon kann an eine Folge von Quadern im Abstand von zehn, zwanzig und dreißig Lichtjahren illustriert werden. Wäre die Sterndichte gleichförmig, und befände sich ein Stern in dem zehn Lichtjahre entfernten Quader, dann wären vier Sterne in den vier vergleichbaren Quadern in zwanzig Lichtjahren Entfernung und neun in den in dreißig Lichtjahren Entfernung sichtbaren Quadern. Mit anderen Worten, die Anzahl der Sterne im Sichtfeld nähme quadratisch mit dem Abstand zu. Ihre individuelle Helligkeit fiele zwar im gleichen Umfang ab, doch die Effekte würden sich aufheben, und der Himmel wäre von strahlendem Sternenlicht erhellt.　　　　*(California Institute of Technology.)*

rühmtes Paradoxon formulierte: Wenn unendlich viele Sterne im Weltraum verteilt wären, sagte er, sollte es keine Nacht geben; der Himmel wäre auch nach Sonnenuntergang hell. Während die beobachtete Helligkeit der Sterne mit dem Quadrat ihrer Entfernung abfällt, sollte die Anzahl der Sterne in jedem Himmelsstück im gleichen Maß zunehmen, überlegte Olbers, und so die Abschwächung ausgleichen.

Olbers schrieb die Dunkelheit der Nacht Staubwolken zu, doch (unter Anwendung des Arguments auf Galaxien statt auf Sterne) die Entdeckung der Ausdehnung des Universums lieferte eine akzeptablere Erklärung. Läge es am Staub, sollte der Effekt unregelmäßig sein; einige Teile des Himmels wären heller als andere. Doch in einem expandierenden Universum würde Licht von den weiter entfernten Galaxien aufgrund ihrer gleichmäßig von uns weggerichteten Bewegung zunehmend rotverschoben und geschwächt.

Nach Golds Untersuchung bestimmt in lokalen Gebieten die Natur der Strahlung die Richtung der Zeit: „Strahlung dehnt sich beinahe überall in der Welt heftig aus" – eine Erscheinung, die letztlich durch die Expansion des Universums möglich gemacht wird.

Wenn sich dann die Expansion umkehrt, wird sich die Zeit wie in einem rückwärts laufenden Film verhalten? Eddington bemerkte in den zwanziger Jahren, daß die ständige Zunahme der Entropie einem „Herunterkommen" des Universums entspricht. Könnte ein Kollaps eine Phase des „Wiederhochkommens" bedeuten? Wird die Entropie zunehmen, die Zeitrichtung umschlagen? Wird Energie von kalten zu heißen Körpern fließen? Werden die Menschen vor dem Feuer stehen, um sich abzukühlen? Werden Sterne nicht durch ihr inneres Feuer, sondern durch die Strahlung erwärmt, die auf sie fällt, da das Universum kollabiert? Könnte sich die Zeitrichtung so ändern, daß sie zwar für einen äußeren Beobachter rückwärts zu laufen schien (Menschen würden sozusagen vom Grab zur Wiege hin leben), während jenen im Universum alles normal vorkäme? Solche Vorstellungen, bemerkte Gold, scheinen „äußerst unwahrscheinlich". Doch das beantwortet nicht die gestellten Fragen. John Wheeler formulierte es 1975 so:

Niemand zweifelt daran, daß die Entropie zunimmt, Sterne Energie abgeben, die Evolution mit der Zeit fortschreitet und das Gedächtnis nur die Vergangenheit enthält. Doch es gibt starke Beweise, daß sich die Expansion des Universums verlangsamt und daß Einsteins Ansichten richtig sind, daß die Ausdehnung zum Stillstand kommen wird und von einer Phase des Zusammenziehens gefolgt werden wird.

Während die dynamische Zeit weiter vorwärts schreiten wird, was wird mit der statistischen und der biologischen Zeit geschehen?

Werden sie weiterhin in die gleiche Richtung zeigen, oder werden sie in entgegengesetzte Richtungen weisen? In dem einen Fall wird es so aussehen, als ob es expandierte, einfach weil ein Film über Kontraktion rückwärts abgespielt Expansion zeigt. Viele Kollegen sind sich einig, daß die Frage offen ist und daß die Antwort eines der großen Rätsel unserer Zeit ist . . .

Paul Davies führte aus, daß nach der Allgemeinen Relativitätstheorie Zeitreisende – er nennt sie „Temponauten" – durch eine Rundreise mit hoher

John Archibald Wheeler hält eine Vorlesung über Schwarze Löcher.
(Joseph Henry Laboratories, Princeton University.)

Geschwindigkeit in die Zukunft reisen können. Doch es ist schwierig, auf strenge Art zu beweisen, daß das Gegenteil unmöglich ist. Wenn man jedoch in die Vergangenheit reisen könnte, hätte dies verheerende Folgen für die Kausalität. Jemand könnte seine Eltern vor seiner Geburt töten!

Ein verwirrender Vorschlag kam von Davies: Die Zeit sollte ihre Richtung nicht im Augenblick maximaler Ausdehnung des Universums ändern, sondern wenn letzteres kollabiert ist und zu seiner Wiedergeburt explodiert. Das Universum sollte also zwischen einer Phase, in der sowohl bei der Expansion als auch beim Kollaps die Zeit vorwärts läuft und einer, in der sie rückwärts läuft, hin- und herschwingen. Die Mikrowellenglut, die uns umgibt, wäre dann weder ein Überbleibsel vom Urknall noch von Sternlicht, das aus einer früheren Gestaltwerdung des Universums zu uns herübersickert, wie von Hoyle vorgeschlagen. Es wäre Sternlicht, das sich im nächsten Universum anhäufte und – es bewegt sich ja rückwärts in der Zeit – zu uns kam. In einem Kommentar in *Nature* wurde dieser Vorschlag als „attraktiver" als die Zeitumkehr im schlecht definierten Augenblick der größten Expansion bezeichnet. Der Moment des maximalen Kollapses wäre tatsächlich sehr scharf bestimmt, während es nur graduell wahrnehmbar wäre, wann die Expansion zum Stillstand käme und die Galaxienhaufen wieder aufeinander zufielen.

In diesem Fall, wie Steven Weinberg bemerkte, würden Astronomen (wenn es welche gibt) zunächst eine Blauverschiebung des Lichtes der näher gelegenen Galaxien bemerken. Weiter entfernte Galaxien, die in einem früheren Stadium der Geschichte des Universums beobachtet werden, wären noch rotverschoben. Zu Beginn, schrieb er in seinem Buch *„Die ersten drei Minuten"*, gäbe es kein wesentliches Anwachsen des Strahlungshintergrundes. „Wenn jedoch das Universum auf ein Hundertstel seiner jetzigen Größe geschrumpft wäre", sagte er, „würde der Strahlungshintergrund den Himmel beherrschen." Die Nacht wird so warm wie der Taghimmel sein (und bei weiterem Fortschreiten der Kontraktion werden sich die Schwarzen Löcher stark vermehren). Dann, wenn das Universum nach weiteren siebzig Millionen Jahren noch einmal auf ein Zehntel geschrumpft ist, wird der Expansionseffekt, der Olbers Paradoxon löste, mit verwüstenden Folgen in umgekehrter Richtung wirksam. Der Himmel wird so hell und heiß, daß die Luftmoleküle in ihre Atome zerfallen und letztere beginnen, ihre Elektronen zu verlieren. Dann oder kurz danach wird Leben in diesem Universum unmöglich geworden sein.

226

15 Schwarze Löcher –
überall oder nirgends?

Während der letzten Jahre gab es so viele Berichte über die Existenz Schwarzer Löcher, daß – trotz der Hinweise auf ein ewig expandierendes Universum – die Möglichkeit bestehen bleibt, daß es durch solche Objekte zusammengehalten wird.

Unter den sensationellsten Vorschlägen befand sich einer von Edward Harrison, Universität von Massachusetts in Amherst: Die Sonne und ihre Planeten könnten sehr langsam einen unsichtbaren Begleiter – möglicherweise ein Schwarzes Loch – umkreisen. Er bemerkte, daß die Pulsare in einer Himmelsgegend im Gegensatz zu allen anderen ihre Pulsrate nicht systematisch verringern. Dies könnte daran liegen, daß das Sonnensystem, die Erde inbegriffen, sich auf seiner Bahn um ein unsichtbares Objekt auf sie zubewegt – ein Doppler-Effekt. Es könnte, sagte er, ein Stern von äußerst niedriger Leuchtdichte oder ein Schwarzes Loch sein. „Ich persönlich finde es unwahrscheinlich, daß ein so naher Stern unentdeckt bleiben könnte," schrieb er. „Andererseits folgt aus Pulsarbeobachtungen von außerordentlicher Präzision, daß er existieren könnte; deshalb scheint die Suche nach einem Begleiter der Mühe wert zu sein."

Es gab verschiedene Vorschläge, nach denen Schwarze Löcher (in einigen Fällen von enormer Masse) in großer Zahl existieren könnten. Die sowjetischen Theoretiker Seldowitsch und Nowikow regten an, daß Minilöcher oder „Schwarze-Loch-Keime" im Feuerball des Urknalls „räuberisch" in der Nähe befindliches Material verschlangen und dadurch so massiv wie eine Billiarde Sonnen wurden. Wenn solche Objekte – jetzt über den Raum zwischen den Galaxien verteilt – für die fehlende Masse verantwortlich wären, wären sie im Mittel mehr als dreißigtausend Lichtjahre voneinander entfernt und wären, wenn sie nicht wie die Röntgenquellen noch große Mengen Materials verschlängen, schwer zu beobachten.

Ein Weg, supermassive Schwarze Löcher in ihrer „splendid isolation", weit entfernt von Galaxien oder Galaxienhaufen, zu entdecken, wurde 1973 von Gunn und William Press vorgeschlagen. Es handelte sich um eine fokussierende Wirkung, die von dem Gravitationsfeld solcher Objekte zu erwarten ist. Das Licht einer entfernten Galaxis oder eines Quasars würde in der Nähe eines Schwarzen Loches abgelenkt und in Richtung des Beobachters wie durch eine Linse gebündelt. Es war unwahrscheinlich, daß sich ein Schwarzes Loch direkt auf der Verbindungslinie zu einer Lichtquelle befände, doch wenn es nur nahe genug bei dieser Linie lag, würde durch die Bündelung ein zweites Bild erzeugt, das in der Nähe des von den direkten Strahlen stammenden läge. Der Effekt sollte sowohl bei Licht- wie auch bei Radiowellen auftreten. Obwohl der Abstand von der Masse des für die Fokussierung verantwortlichen Objekts abhing, wäre er auf jeden Fall sehr klein – etwa eine zehntausendstel Bogensekunde. Trotzdem, sagten Press und Gunn, sollte der Effekt mit in großem Abstand befindlichen Radioteleskopen (bekannt als VLBI – very long baseline interferometry [Interferometrie mit sehr großer Grundlinie]) beobachtbar sein. Bis jetzt ist noch keine systematische Suche nach solchen Doppelbildern durchgeführt worden.

Beatrice M. Tinsley zitierte einen anderen optischen Effekt, der in einem geschlossenen Universum beobachtet werden könnte, wenn man weit genug hinausblicken könnte, um die „Antipoden" zu sehen. In diesem Falle würde das ganze Universum die Bündelung verursachen. Licht, das von einem entfernten Objekt, etwa einem Quasar, ausgesandt wurde, käme auf vielerlei Wegen zu uns, wie Schall, der sich in einer Kugel ausbreitet (ein Effekt, den ich mit Erstaunen im Tieftauchgerät „Alvin" kennenlernte, als die Stimme meines Begleiters in der kugelförmigen Druckkammer außerordentlich verstärkt erschien). Wie sie ausführte, können keine abnormal hellen Objekte bei maximalen Rotverschiebungen, wie man in einer solchen Situation erwarten sollte, beobachtet werden. Dies schließt ein abgeschlossenes Universum nicht aus, sondern weist nur darauf hin, daß wir nicht bis zu den Antipoden sehen können.

Viele Jahre lang haben die Astronomen darüber spekuliert, daß die „fehlende Masse" (die Masse, die für ein abgeschlossenes Universum nötig wäre) aus unsichtbarem Material zwischen den Galaxien bestünde. Ein

Allan Sandage *(Hale Oberservatories.)*

Vorschlag von P. J. E. Peebles aus Princeton bestand darin, daß sie in Form von „ungeborenen" Galaxien – Staub und Gaswolken, die noch nicht genügend kondensiert waren, um Sterne zu bilden –, vorläge, oder daß im entgegengesetzten Extremfall die „fehlende Masse" in Form „toter" Galaxien, deren Sterne ihren Lebenszyklus vollendet hatten und die zu dunkel geworden waren, um über große Entfernungen beobachtet zu werden, vorhanden wäre. Daß solche Galaxien zwischen uns und den weit entfernten Quasaren lägen, sagte er 1968, erklärte, warum das Licht dieser Quasare in einigen Fällen von Gas absorbiert wurde, das sich von uns weit weniger schnell fortbewegte, als die Quasare selbst.

Eine traditionellere Vorstellung sieht Gas und Staub fein über den Raum zwischen den Galaxien und Galaxienhaufen verteilt. Es wurden Anstrengungen unternommen festzustellen, ob solches Gas bei bestimmten Wellenlängen das Licht entfernter Galaxien absorbiert oder Staubteilchen und Gasmoleküle die kürzeren (blaueren) Wellen streuen – das Phänomen, das den Himmel blau erscheinen läßt. Dies würde die Galaxien im Roten heller als im Blauen erscheinen lassen (was nichts mit der Rotverschiebung zu tun hat). Keine derartige allgemeine Absorption oder Lichtstreuung wurde beobachtet, doch – wie schon früher bemerkt – entdeckte man einen universellen Hintergrund von Röntgenstrahlen (der von dem Mikrowellenglühen, dem Überrest des Urknalls, das bei viel größeren Wellenlängen liegt, zu unterscheiden ist). Dieser Röntgenhintergrund ist zwar diffus, doch seine Gesamtenergie ist beträchtlich; sie ist tausendmal größer als die der Radiostrahlung, die uns von allen Quasaren und anderen entfernten Objekten erreicht.

Was für ein „kosmisches Inferno", fragte Herbert Friedman, hätte wohl für diese Glut verantwortlich sein können? 1977 vermuteten sowohl einige Angehörige des Uhuru-Teams in Cambridge, Massachusetts, als auch die Gruppe an der Universität von Leicester, die mit dem britischen Satelliten Ariel 5 Messungen durchführte, daß ein wesentlicher Teil dieser Glut vor langer Zeit in zahllosen Seyfert-Galaxien entstanden sei. Diese besitzen helle Kerne, in denen eine gewaltige Aktivität herrscht – oder herrschte, als das Universum jung war. (Sie könnten, glauben einige, die Quelle

Der Kugelsternhaufen Omega Centauri (NGC 5139), fotografiert durch das 4-Meter-Teleskop auf Kitt Peak. *(Kitt Peak National Observatory.)*

einer schwachen Gammaglut sein, die den Himmel erfüllt.) Harvey Tananbaum von der Uhuru-Gruppe schlug vor, daß jeder Seyfert-Kern ein Schwarzes Loch von einer bis zehn Millionen Sonnenmassen enthielte, das in der Nähe befindliches Gas aufsaugte, was die Röntgenemissionen erklärte.

Die Beobachtungen von Uhuru und Ariel 5 schienen auch zu zeigen, daß starke Röntgenstrahlen von sehr heißem Gas kamen, das in den dichter besiedelten Galaxienhaufen verteilt ist. Zwei von Sir Martin Ryles Kollegen in Cambridge (S. F. Gull und K. J. E. Northover) bemerkten, daß die Masse dieses Gases „sehr wohl ein beträchtlicher Teil der Gesamtmasse des Haufens sein könnte". Heißes Gas, fuhren sie fort, „könnte also ein wichtiger Bestandteil des Universums sein, so daß eine unabhängige Bestätigung seiner Existenz äußerst wichtig ist".

Ein Weg, die Bestätigung zu suchen, bestünde darin, herauszufinden, ob das in den Haufen vermutete Gas die Mikrowellenglut des Urknalls verändert hätte. Wenn Gas extrem heiß ist – viele Millionen Grad –, bewegen sich seine Elektronen so schnell und wild, daß, wenn sie ein Photon (z. B. eine Licht- oder Radiowelle) treffen, letzteres mit mehr Energie aus der Begegnung hervorgehen kann, als es zu Beginn hatte (dies ist als umgekehrte Compton-Streuung bekannt). Man kann das mit dem zusätzlichen Impuls vergleichen, den ein leichtgewichtiger Eishockeyspieler bei einem streifenden Zusammenstoß mit einem bulligen Mitspieler manchmal erhält. Im Falle der vom Urknall übrigen Glut würde dies zu einer Umverteilung der Wellenlängen bei der Strahlung, die aus der Richtung solcher Haufen einfällt, führen: Es erschienen bei höheren Energien mehr Wellen, als bei anderen Teilen des Himmels. Beobachtungen mit einem Radioteleskop des Chilbolton Observatory, berichteten Gull und Northover, schienen diesen Effekt zu zeigen und sprechen daher deutlich für die Gegenwart von heißem Gas mit einer Temperatur von hundert Millionen Grad, das die Galaxienhaufen ausfüllt.

Eine noch weitere Ausbreitung von heißem Gas wurde 1977 erschlossen, als die Uhuru-Gruppe (sie wurde immer noch von Riccardo Giacconi geleitet und hatte sich nun im Harvard-Smithsonian Center for Astrophysics eingerichtet) ihren *Fourth Uhuru Catalogue of X-Ray Sources* (vierten Uhuru-Katalog von Röntgenquellen) herausgab, der aus den umfangreichen Daten von Uhuru zusammengestellt wurde. Der Satellit zählte 339 neue Quellen, von denen 53 entfernte Galaxienhaufen zu sein schienen (viele von ihnen waren, wie schon bemerkt, in Supersystemen gruppiert). Giacconi und seine Kollegen folgerten aus ihren Untersuchungen, daß in drei Supersystemen (und wahrscheinlich in allen) heißes Gas die gesamte Gruppe einhüllt. Dies bedeutete, daß die Masse des Gases fünf- bis zehnmal so groß war wie die aller Galaxien – genug um das Supersystem zusammenzuhalten und zumindest einen Teil der zum Abschluß des Universums benötigten Masse beizusteuern.

Noch deutlichere Hinweise kamen von einem Experiment, bei welchem die Navy-Gruppe mit ihren Instrumenten an Bord von HEAO-1 Röntgenemissionen zweier Galaxienhaufen im Sternbild Aries, dem Widder, (Abell 401 und Abell 399), beobachtete, als das Gebiet vom Mond bedeckt wurde. Die Abschattung der Röntgenstrahlen durch den Mond zeigte nicht nur, daß die Emissionen in und nahe bei den Galaxien entstehen, sondern daß sie in der Gegend zwischen ihnen am stärksten sind, was auf große Mengen heißen Gases hinweist. „Die neuen Röntgenstrahlenbefunde", sagte Friedman, „schreiben den größten Teil der ‚fehlenden Masse' ursprünglichem Gas zu, das bei der Galaxienbildung übrig blieb."

Eine der für die diffuse Röntgenglut vorgeschlagenen Erklärungen läßt einen großen Teil der Strahlung bei Zusammenstößen von Teilchen extrem hoher Energie in sehr dünnem, aber sehr heißem Gas entstehen, das überall ist – nicht nur bei Galaxienhaufen oder Supersystemen. Solche Kollisionen erzeugen Röntgenstrahlen in einem Prozeß, der als *Bremsstrahlung* bekannt ist. Dies, und nicht Schwarze Löcher in zahllosen Seyfert-Galaxien, war die von George B. Field, dem Direktor des Harvard Smithsonian Center for Astrophysics, bevorzugte Erklärung. Das Gas, glaubte er, sei durch Explosionen und andere gewaltige Ereignisse (darunter vielleicht der Kollaps zahlreicher Schwarzer Löcher) aufgeheizt worden. Derartige Geschehnisse scheinen im jungen Universum häufig gewesen zu sein. Man vermutet zum Beispiel, daß Quasare mit ihrer hochveränderlichen Leuchtkraft und ihrer Tendenz, bei großen Entfernungen (d. h. weit in der Vergangenheit) vermehrt aufzutreten, Galaxien in ihrer stürmischen Jugend darstellen. Die Zwillingsquellen intensiver Radiostrahlung, die offensichtlich mit hoher Geschwindigkeit in entgegengesetzten Richtungen aus den Radiogalaxien ausgestoßen werden, galten als weiterer Anhaltspunkt, daß große Mengen von Energie in den Raum geflossen sind.

Field und sein Kollege Stephen C. Perrenod versuchten abzuschätzen, wieviel Gas auf diese Weise in den Weiten des Raumes zwischen den Galaxienhaufen erhitzt wurde. Reichte es aus, um das Universum zusammenzuhalten? Wenn man die Energie kannte, die das Gas zunächst anschürte, und damit seine jetzige Temperatur, wäre es möglich, die Dichte festzustellen, die für die Erzeugung der beobachteten Röntgenstrahlen nötig wäre. Sie benutzten vernünftige Abschätzungen des ursprünglichen Energieausstoßes und kamen zu einer Temperatur von 100 Millionen bis einer Milliarde Grad. Hieraus schlossen sie, daß die Dichte höchstens die Hälfte des für den Abschluß nötigen Wertes betrug. Sie sagten jedoch, daß in Anbetracht der verbleibenden Unsicherheiten der Betrag noch groß genug „sein könnte", um eine ewige Expansion zu verhindern.

Wie schon früher die Briten, suchten auch Field und Perrenod nach dem Einfluß, den heißes Gas auf die Restglut des Urknalls ausüben würde – doch diesmal sollte sich der Effekt in allen Richtungen und nicht nur bei Galaxienhaufen zeigen. Von entscheidender Bedeutung waren Messungen, die von Ballons aus gemacht wurden, die hoch genug stiegen, um die kurzwelligste Komponente (weniger als ein Millimeter Wellenlänge) der Strahlung zu registrieren. Die zugänglichen Ballondaten schienen den Effekt zu zeigen; Beobachtungen mit HEAO-2 weisen jedoch darauf hin, daß entfernte Quasare einen wesentlichen Beitrag zum Röntgenhintergrund leisten.

Eine andauernde Auseinandersetzung über die Existenz supermassiver Schwarzer Löcher betrifft die Möglichkeit, daß sie den Kern von zumindest einigen Kugelsternhaufen bilden. Hierbei handelt es sich um beinahe vollkommen kugelförmige Schwärme von Sternen – oft mehrere 100 000 bis zu einer Million und mehr. Sie stellen einen beträchtlichen Bestandteil der Galaxien dar, zum Beispiel sind mehr als 130 von ihnen über ein weites sphärisches Gebiet verteilt, dessen Zentrum der Kern unserer Milchstraße ist. Ihre Sterne sind sehr alt – sie gehören zur ersten Generation, der die schweren Elemente fehlen, welche in anderen Sternen oder Supernovae erzeugt wurden.

In den sechziger Jahren bemerkte man, daß die Kerne der konzentriertesten Kugelsternhaufen bemerkenswert hell waren, so als ob sich dort ein Überschuß an Masse befände. Arne A. Wyller, damals bei der Bartol Research Foundation in Swarthmore (Pennsylvania), schlug vor, daß es sich um Sternansammlungen handelte, die von einem oder mehreren Schwarzen Löchern zusammengehalten würden, die seit der Bildung des Haufens bestünden. Astronomen an der Universität Princeton schlugen daraufhin vor, daß die Sterne im Zentrum eines Kugelhaufens so dicht beieinander lägen, daß sie zusammenstießen und auf diese Weise ein supermassives

Schwarzes Loch bildeten, das vielleicht zehn Prozent der Masse des gesamten Haufens ausmachte. Schließlich regten zwei Nachbarn aus Princeton – John Bahcall vom Institute for Advanced Study und Jeremiah Ostriker von der Universität – an, daß diese Schwarzen Löcher, deren Masse die von 1000 Sonnen überstieg, die Röntgenemissionen erklärten, die man gerade bei fünfen dieser Haufen entdeckt hatte (eine ähnliche Anregung kam auch von Jonathan Arons und Joseph Silk von der Universität von Kalifornien in Berkeley).

Die ersten Röntgenbeobachtungen solcher Objekte führte Uhuru aus, doch nun befand sich eine neue Generation von Satelliten mit Röntgendetektoren in Umlauf: Der britische Ariel 5, Orbiting Solar Observatory 7, der niederländische astronomische Satellit und der Small Astronomical Satellite 3, der von der Plattform vor Kenia gestartet worden war. Ihre Beobachtungen gaben nicht nur Hinweise auf einige Kugelsternhaufen als Röntgenquellen, sondern sie begannen auch äußerst kurze Röntgenausbrüche an einigen Punkten der Himmelskugel zu entdecken – die meisten kamen etwa aus der Richtung des Zentrums der Milchstraße. Diese „Burster" entwickelten sich schnell zu den am meisten diskutierten und erstaunlichsten Objekten des Röntgenhimmels.

Die erste Beobachtung wurde 1971 mit dem sowjetischen Satelliten Kosmos 428 gemacht. Sie wurde vier Jahre später in einer Veröffentlichung in der Sowjetunion beschrieben und offensichtlich von allen Forschern außerhalb dieses Landes übersehen. Im November 1975 untersuchte Jonathan E. Grindlay vom Harvard Smithsonian Center for Astrophysics Aufnahmen, die zwei Monate vorher von amerikanischen und niederländischen Detektoren im niederländischen astronomischen Satelliten gemacht worden waren. Er stellte zu seinem Erstaunen fest, daß sich die Intensität einer der beobachteten Quellen in einer halben Sekunde verdreißigfacht hatte! Während der folgenden zehn Sekunden ging sie dann kontinuierlich auf ihr ursprüngliches Niveau zurück. Eine Revision früherer Aufzeichnungen der gleichen Quelle zeigte einen ähnlichen Ausbruch acht Stunden vorher. Die Quelle schien gerade im Zentrum des Kugelsternhaufens NGC 6624 zu liegen. (NGC bedeutet *New General Catalogue of Nebulae and Clusters of Stars* [neuer allgemeiner Katalog von Nebeln und Sternhaufen]. Er wurde 1888 von J. L. E. Dryer, dem Direktor des Armagh Observatory in Irland, veröffentlicht.) Auch ein anderer Haufen, NGC 1851, schien einen Burster zu beherbergen. Anfang 1979 waren dreißig Burster gefunden, die alle die gleiche typische Eigenschaft zeigen:

einen sehr schnellen Anstieg zu voller Intensität (in weniger als einer Sekunde), gefolgt von einem stetigen Abfall während einiger zehn Sekunden. In dieser kurzen Zeit kann ein Burster so viel Energie in einem engen Frequenzbereich abstrahlen, wie die Sonne bei allen Wellenlängen während eines Monats. Die Ausbrüche ereignen sich im allgemeinen im Abstand einiger Stunden; eine Ausnahme stellt jedoch der von seinen Entdeckern am MIT sogenannte „schnelle Burster" dar. In einer Art kosmischer Kanonade feuert er bis fünftausendmal an einem Tag. Den heftigsten Ausbrüchen folgt eine relativ lange Pause, während die schwächeren in geringem Abstand kommen, eine Erscheinung, die für Situationen typisch ist, in denen sich ein ständiger Zustrom von Energie oder Druck unregelmäßig ausgleicht (ein tropfender Wasserhahn pausiert am längsten, wenn ein besonders großer Tropfen gefallen ist.).

William Liller von Harvard richtete das neue Vier-Meter-Teleskop des Inter-American Observatory bei Cerro Tololo in den chilenischen Anden auf den schnellen Burster. Da er in Richtung des Zentrums der Milchstraße lag, wo Staub- und Gaswolken die Sicht beeinträchtigen, stellte er eine Infrarotaufnahme her. Er entdeckte einen vorher unbekannten Kugelsternhaufen. Die Identifizierung dieses Kugelsternhaufens mit dem Burster wurde durch Beobachtungen mit HEAO-1 weiter erhärtet.

Obwohl der Himmel mit derartigen Haufen übersät ist, konnten bisher keine anderen mit Burstern in Verbindung gebracht werden. Es scheint wahrscheinlich, daß viele von ihnen mit einer anderen Art von Objekt in Beziehung stehen, das gewöhnlich näher beim Zentrum der Galaxis liegt als Kugelhaufen. Trotzdem besteht der weitverbreitete Verdacht, daß Burster kollabierte Objekte wie Neutronensterne oder Schwarze Löcher darstellen, auf die Brocken von Materie mit extremer Geschwindigkeit fallen. Das außergewöhnliche Verhalten der Burster erinnert an Cyg X-1 – den ursprünglichen Kandidaten für ein Schwarzes Loch –, dessen Intensität sich in einer zwanzigstel Sekunde verdoppeln kann.

Als die meisten Theoretiker Schwarze Löcher für die wahrscheinlichste Erklärung der Burster hielten, schlug Kenneth Brecher, einer der Andersdenker vom MIT, zurück. Das zentrale Objekt brauchte in jedem Fall nur wenige Sonnenmassen zu haben, und deshalb, fügte er hinzu, müsse man sich von den Schwarzen Löchern abwenden und ein anderes physikalischeres und realistischeres Modell suchen. Es schien ihm, daß Schwarze Löcher verwendet würden, um jedes Rätsel in der Astrophysik zu erklären, eingeschlossen den Mißerfolg bei der Beobachtung der Neutrinos

(„Geistteilchen"), die nach der Theorie bei der Kernfusion in der Sonne erzeugt werden und dann ungehindert in alle Richtungen davonfliegen sollten. (Vielleicht, so lautete ein Vorschlag, würden sie durch eine Anhäufung von Minilöchern, die in die Sonne gefallen waren und sich in ihrem Kern vereinigt hatten, am Entweichen gehindert.)

„Trotz der Tatsache, daß in den letzten Jahren," schrieb Brecher in *Nature*, „Schwarze Löcher als Allheilmittel angeboten wurden, um alles zu erklären, vom Tunguska-Ereignis über das Fehlen der Sonnenneutrinos bis hin zu den Quasaren – ja, selbst als Lösung der Energiekrise auf der Erde –, scheint es wenig unmittelbare Anhaltspunkte für die Behauptung zu geben, daß Röntgenburster die Existenz Schwarzer Löcher bestätigten."

Auf dem Texas-Symposium von 1978 in München schlugen Walter H. G. Lewin und Paul Joss vom MIT eine „Heliumbombe" als Erklärung der Burster vor. Wenn Gas von einem Begleitstern auf ein kollabiertes Objekt, etwa einen Neutronenstern, fiele, sollte es nach dieser Hypothese Schichten bilden. Eine bestünde hauptsächlich aus Helium. Das Helium würde immer mehr komprimiert und immer heißer, bis es in einer katastrophalen Explosion fusionierte, wie Wasserstoff in einer Bombe, wobei der Röntgenblitz entstünde.

Anhaltspunkte dafür, daß zumindest einige Burster Schwarze Löcher enthalten, fanden Friedman und seine Kollegen vom Naval Research Laboratory mit dem schweren HEAO-1-Satelliten. Sie registrierten Züge von rhythmischen Röntgenblitzen, wie sie für Klumpen von extrem heißem Gas, die zum Loch hin spiralten, vorhergesagt worden waren. Bei der Quelle handelt es sich um den Burster 1728-34 (die Zahlen entsprechen seinen Himmelskoordinaten). Er ist nicht in einem Kugelsternhaufen eingebettet. Die Blitzperiode beträgt zwölf Tausendstel einer Sekunde, was nach Friedman der Zeit entspricht, in der ein heißer Fleck ein Schwarzes Loch von fünfundzwanzig Sonnenmassen umkreist, kurz bevor er hineinstürzt. Es gibt auch Hinweise auf einen zweiten ähnlichen Blitz.

Solche Schwarzen Löcher sind jedoch ein „Klecks" im Vergleich zu jenen, die man nun nach weit verbreiteter Ansicht für die Kraftwerke in den Herzen der Galaxien hält – insbesondere jener, die in katastrophalem Umfang Energie freisetzen. Manche Astronomen glauben, sie seien millionen –, ja sogar milliardenfach schwerer als die Sonne.

Erinnern wir uns daran, daß schon 1963 (bevor die Schwarzen Löcher die ihnen zustehende Position einnahmen) Fred Hoyle und William Fowler vorschlugen, daß dem Energieausstoß von Radiogalaxien ein Gravitationskollaps in ihrem Kern zugrunde läge, an welchem die Masse von 100 000 bis 100 Millionen Sonnen beteiligt wäre. 1970 regte Donald Lynden-Bell vom Britain's Royal Greenwich Observatory (damals zu Gast bei Caltech) bei einer „Studienwoche über die Kerne von Galaxien" im Vatikanischen Observatorium an, daß in den frühen Stadien der Entwicklung einer Galaxis Reibung zwischen dem schnell rotierenden inneren Teil des Systems und dem langsameren äußeren Teil Drehimpuls aus der inneren Zone abtransportieren würde. Dies verlangsamte das Material der inneren Zone, welches zum Zentrum des Systems spiralte und dabei immer dichter und heißer würde. (Dieser Vorgang ähnelt der Scheibe, die sich um ein Schwarzes Loch bilden soll. Das Modell wurde von Bardeen von der Universität von Washington weiter ausgearbeitet, um die Effekte schneller Rotation einzubeziehen.)

Quasare wären nach Lynden-Bell Galaxien, deren inneres Material genügend heiß und dicht geworden ist, um mit außerordentlicher Helligkeit zu scheinen, bevor es innerhalb seines Schwarzschildradius verschwindet. Ein Drittel des einfallenden Materials, sagte er, könnte so in Energie verwandelt werden. Wäre das supermassive Schwarze Loch einmal gebildet, führe es fort, Material zu verschlingen, wobei Verklumpungen und Reibung in der umgebenden Scheibe dazu führten, daß es sich manchmal „überfrißt". Dies habe einen Ausbruch von Strahlung zur Folge, der stark genug wäre, um eine jener Explosionen zu verursachen, die man immer wieder in den Kernen der Seyfert-Galaxien (und besonders in Quasaren wie 3C 279, die ihre Helligkeit vervielfachen können) beobachtet. Außerdem, fügte Lynden-Bell hinzu, „ist es möglich, daß gewaltsames Überfüttern eines Schwarzen Loches" zu einer Explosion von heißem Gas längs der Rotationsachse der Galaxis führt. Solche Gasströme könnten an der eigenartigen Struktur schuld sein, die man beobachtet, wenn Radiogalaxien – jene, die die stärksten Quellen von Radiostrahlung darstellen – mittels eines Radioteleskops abgebildet werden. Die stärksten Emissionen, fand man, haben ihren Ursprung nicht in der Galaxis selbst, sondern in Gebieten, die weit entfernt auf einander gegenüberliegenden Seiten auf der Rotationsachse liegen, als ob sie von Material herrührten, das vor Millionen Jahren in entgegengesetzte Richtungen beinahe mit Lichtgeschwindigkeit geschleudert wurde. Ein klassisches Beispiel ist die Radiogalaxis Centaurus A. Solche Spekulationen bedürfen jedoch, sagte Lynden-Bell, „strengerer Herleitung, bevor sie nutzvoll auf Radioausbrüche angewandt werden können".

Daß der Ausstoß von Material aus den Kernen von Galaxien über lange Zeiträume hinweg stetig erfolgen kann, statt episodisch explosiv aufzutreten (und so beinahe unglaubliche Energiemengen erfordert), wurde nach der Abbildung der Galaxis NGC 6251 durch britische und amerikanische Radioastronomen klar. Das Objekt folgt dem für Radiogalaxien typischen Muster: Es gibt zwei Gebiete starker Radiostrahlung auf entgegengesetzten Seiten der sichtbaren Galaxis. Die Abbildung der Radioastronomen von Cambridge in England zeigte einen langen dünnen Strahl (Jet), der von der Galaxis zu einer der beiden entfernten Radioquellen führt (welche in Wirklichkeit in zwei Teile gespalten ist). Dann, am 23./24. Juli 1977 richtete man drei weit auseinander liegende Radioteleskope (Haystack Observatory in Westford, Massachusetts; National Radio Astronomy Observatory in West Virginia; Owens Valley Radio Observatory von Caltech in Kalifornien) auf die sichtbare Galaxis. Diese Aufzeichnungen wurden mit Atomuhren synchronisiert, so daß sie später kombiniert werden konnten und eine detaillierte Abbildung des Gebiets zeigten (die als Grundlage der VLBI [Interferometrie mit großer Grundlinie] dienende Methode).

Dies zeigte, daß der lange Jet, den die Briten gefunden hatten, in einer winzigen Quelle genau im Zentrum der Galaxis seinen Ursprung hatte. Ein „kosmischer Schweißbrenner" war entdeckt, der sich über 750 000 Lichtjahre von seiner Energiequelle bis hin zu den fernen Ansammlungen von radioemittierendem Material erstreckte. Eine solche Länge bedeutete, daß der Kern seine Energieströme seit weit mehr als 750 000 Jahren ausschüttete.

Während es immer noch eine Reihe von Opponenten gegen die Erklärung einer solchen Energieproduktion mit Schwarzen Löchern gibt, scheint allgemeine Übereinstimmung zu bestehen, daß ein einziger Prozeß all die wilden Vorgänge in Galaxien, in Quasaren, in ihren Cousins, den BL Lacertae-Objekten, in den turbulenten Seyfert-Galaxien und Radiogalaxien wie NGC 6251 verursacht. (Manche vermuten, daß das gleiche auch in einem sehr viel kleineren Maßstab für unsere eigene Milchstraße gilt.) Geoffrey Burbidge (der an der Erklärung durch Schwarze Löcher zweifelt) nennt die Energiequelle „Die Maschine". James Gunn von Caltech erwähnt sie unter dem Namen „Das Monster" und Martin Rees in Cambridge nennt sie einfach „Die Triebfeder".

Über einen rätselvollen Hinweis auf die Natur der Maschine wurde auf dem Texas-Symposium 1978 in München berichtet. Roger Angel vom

Steward Observatory sagte, er hätte gefunden, daß die Polarisation des Lichtes von einigen (wenn nicht allen) BL Lacertae-Objekten in systematischer Weise rotiert. In polarisiertem Licht schwingen die Wellen alle in derselben Richtung. Unter dem Einfluß eines magnetischen Feldes kann die Polarisationsebene rotieren. Bis zu 30 Prozent des Lichtes einiger BL Lacertae-Objekte sind polarisiert, berichtete Angel, und die stetige Rotation der Polarisation kann in einer Beobachtungsnacht verfolgt werden. Dies ist bei mehreren solchen Objekten zu sehen, am stärksten ist der Effekt jedoch bei dem als 1308 + 326— bekannten BL Lacertae, das so weit entfernt ist, daß es sogar jenseits einiger Quasare liegt. Die Rotationsgeschwindigkeit liegt meist bei einigen Grad pro Stunde, als ob etwas in der Maschine selbst rotierte.

Die Polarisation kann ihre Drehrichtung von Tag zu Tag ändern, möglicherweise weil man verschiedene Teile des Systems beobachtet. Ein ähnlicher Effekt wurde bei Radiowellen von Astronomen der Universität von Michigan in den Emissionen von BL Lacertae 0235 + 165 beobachtet, doch die Rotation ist viel langsamer, etwa 100 Tage werden für eine vollständige Drehung benötigt.

Der Nachweis dieser Rotation ist das erste Anzeichen dafür, daß ein geordneter Prozeß abläuft. Dies könnte ein Schlüssel zum Verständnis der in Galaxien und Quasaren versteckten „Maschine" sein. Die Theorien für die Energieerzeugung fallen in zwei Kategorien: „Akkretionsmodell" und „Spinarmodell". Das erste faßt Gas, das in das Gravitationsfeld eines supermassiven Objekts, etwa eines Schwarzen Lochs, fällt und stark erhitzt wird, ins Auge. Das Spinarmodell geht von einem massiven rotierenden, magnetisierten Objekt aus, dessen magnetisches Feld elektromagnetische Strahlung erzeugt. Rotation wäre also ein typisches Element beider Modelle.

Als Rees auf dem vorhergehenden Texas-Symposium die Versuche, Quasare zu erklären, zusammenfaßte, konzentrierte er sich auf die Hypothese Schwarzer Löcher, indem er vorschlug, daß solche Löcher mit einer Masse, die die von zehn Millionen Sonnen überstieg, „ganze Sterne" verschlängen. Es wurde bemerkt, daß Schwarze Löcher von sehr großer Masse – sagen wir 100 Millionen Sonnenmassen – einem äußeren Beobachter nicht notwendigerweise sehr dicht erschienen. Da aus dieser Perspektive die Zeit im Loch scheinbar stehen geblieben ist, wäre die Dichte auf einem niedrigen Niveau eingefroren – vielleicht wäre sie nicht größer als die von Wasser. Was für ein Gegensatz zu einem Neutronenstern, des-

240

sen Dichte Millionen Tonnen je Kubikzentimeter betragen kann! Für jemanden im Loch, der zur Singularität hinabfiele, würde sie jedoch schnell unendlich groß werden.

Rees und seine Kollegen schlugen vor, daß die Energiequelle von Centaurus A, einer relativ nahen Radiogalaxis, ein Schwarzes Loch von zehn Millionen Sonnenmassen sei (eine weniger exotische Erklärung wurde von einer Gruppe am Goddard Space Flight Center der NASA angeboten). Die Radioemissionen von Centaurus A variieren in kurzen Zeitabschnitten von einem Tag, und die Röntgenleistung schwankt merklich innerhalb weniger Tage, was auf eine ziemlich kompakte Quelle hinweist. Eine Möglichkeit bestand darin, daß ein Stern bei seiner Annäherung an das zentrale Loch durch die Gezeitenkräfte in Stücke gerissen wird. Das Material des Sterns, das das Loch umkreiste und schließlich hineinfiel, erzeugte die beobachteten Emissionen. Der Radius dieses Kerngebietes betrüge nur das sechshundertfache der Erdbahn – ein Nichts auf dem Maßstab einer Galaxis. „Die Veränderlichkeit der Röntgenquelle mag herrühren", sagten sie in ihrem Bericht, „von Schwankungen des Massenflusses oder der Drehimpulsverteilung im einfallenden Gas." Sie bemerkten, daß Centaurus A im Vergleich mit solch leistungsstarken radioemittierenden Galaxien wie Cygnus A ein Schwächling ist. Die Emissionen aus der Galaxis selbst sind zwar relativ schwach, jene aus den aktiven Gebieten auf beiden Seiten (die wahrscheinlich in einem früheren Stadium von ihr ausgestoßen wurden) sind jedoch eine Trillionmal (10^{18}) so stark. Rees und seine Kollegen regten an, ob nicht Centaurus A mit einem Schwarzen Loch im Herzen ein typisches Endstadium in der Entwicklung der gewaltigeren Quellen (wie Cygnus A) darstellen könnte.

Der bis jetzt überzeugendste Kandidat für ein supermassives Schwarzes Loch – eines von fünf Milliarden Sonnenmassen – wurde im Kern der Galaxis Messier 87 identifiziert. (Sie ist als M 87 bekannt, da sie die Nummer 87 unter den 109 Himmelserscheinungen trägt, die der französische Astronom Charles Messier von 1760 katalogisierte.) Es handelt sich um eine riesige elliptische Galaxis, deren Masse so groß ist, daß sie eine wichtige Rolle beim Zusammenhalt der anderen 130 Galaxien, die einen Haufen im Sternbild Jungfrau (Virgo) bilden, zu spielen scheint. Trotz ihrer Entfernung (65 Millionen Lichtjahre) erreichen uns ihre Röntgen – und Radioemissionen mit beträchtlicher Intensität. In ihrem Kern vermutet man gewaltige Aktivitäten, da fotografische Aufnahmen, die diese strahlend helle Region hervorheben, Jets zeigen, die dort ihren Ursprung nehmen und bis zu 500 Lichtjahre lang sind. (Rees glaubt, daß M 87 ein früherer Quasar sein könnte, der sich durch sein hohes Alter gemäßigt hätte.)

Um zu erforschen, was im Kern von M 87 vor sich geht, führte ein amerikanisch-britisch-kanadisches Team ein Projekt durch, dessen Ergebnisse 1978 veröffentlicht wurden. Sie verwendeten zwei große Teleskope auf Mount Palomar, um die Lichtintensität im Zentrum darzustellen, und den Vier-Meter-Reflektor auf Kitt Peak, um die Bewegungen der Sterne in der Nähe des Kerns aufzuzeichnen. Über eine solche Entfernung können keine einzelnen Sterne identifiziert werden, doch ihre Geschwindigkeit kann aus dem Ausmaß bestimmt werden, in dem ihre Spektrallinien durch Dopplerverschiebungen verbreitert werden. Je schneller ihre Bewegung zur Erde hin oder von ihr weg, desto breiter ist jede Spektrallinie.

Die Beobachtungen konnten aufgrund einer Vielzahl neuer Einrichtungen detailliert und mit bis dahin unbekannter Präzision durchgeführt werden. Das Abtasten der Helligkeitsverteilung ergab eine steile Spitze der Lichtintensität im Zentrum des Kerns. Die Kitt-Peak-Gruppe fand in der Nähe des Zentrums ein plötzliches Anwachsen der Geschwindigkeit der Sternbewegungen (von 278 auf 350 Kilometer pro Sekunde), was anzeigte, daß die Sterne im zentralen Gebiet unter der Kontrolle eines äußerst massiven superdichten Objekts stehen. Dieser Effekt zeigte sich nicht, als sie zu Vergleichszwecken die weniger dynamische Galaxis NGC 3379 untersuchten.

Sie schlossen, daß ihre Beobachtungen mit der Gegenwart eines zentralen Schwarzen Lochs von fünf Milliarden Sonnenmassen und einem Radius von weniger als 100 parsec (326 Lichtjahre) „völlig widerspruchsfrei" waren. Die Mount-Palomar-Gruppe, wandte dies auf ihre Helligkeitsmessungen an und folgerte, daß die Spitze der Helligkeit nur ein Zehntel des Wertes betrug, den man bei Sternen mit einer solchen Masse erwartete, was auf ein nicht leuchtendes Objekt hinwies.

Beide Gruppen erläuterten in ihren getrennten Berichten, daß die Existenz eines Schwarzen Lochs nicht bewiesen worden sei und andere Erklärungen möglich waren. Trotzdem führten die Astronomen von Mount Palomar aus:

M 87 ist im Augenblick wahrscheinlich der plausibelste Fall eines Schwarzen Lochs im Kern einer Galaxis. Die vorliegenden Daten erreichen die Grenzen des bei erdgebundenen Beobachtungen Möglichen und werden wahrschein-

lich in der näheren Zukunft nicht verbessert werden. Die besten Hoffnungen auf eine dramatische Verbesserung der Daten liegen bei dem Space Telescope.

Letzteres soll 1983 in Umlauf gebracht werden und sollte, führten die Astronomen aus, die sichtbaren Details in M 87 und anderen solchen Galaxien verzehnfachen.

Für die Bewohner des Planeten Erde, der einen Stern der Milchstraße umkreist, betrifft die aufregendste Neuigkeit Beobachtungen, die darauf hinweisen, daß eine ungestüme, aber vergleichsweise artige „Maschine" im Kern unserer eigenen Galaxis tätig ist. Beispielsweise haben Kenneth I. Kellermann und seine Kollegen am National Radio Astronomy Observatory Hinweise auf ein äußerst kompaktes Objekt im Zentrum der Milchstraße gefunden. Sie führten interferometrische Messungen (VLBI) mit der 37-Meter-Schüssel in Massachusetts, ihrer eigenen 43-Meter-Antenne in West Virginia und der 64-Meter-Antenne der NASA bei Goldstone in Kalifornien durch. Aus den registrierten Emissionen errechneten sie, daß die Radioquelle Sagittarius A West (sie liegt wahrscheinlich im Kern) nicht größer als 200 astronomische Einheiten (AE) ist (der Durchmesser der Bahn von Pluto, dem äußersten Planeten, beträgt 80 AE). Ein Viertel der Strahlung kommt aus einem zentralen Gebiet, nicht größer als 10 AE. Da frühere Beobachtungen im Bereich längerer Wellen zu größeren Abmessungen führten, vermutete man, daß Streuung (hauptsächlich bei längeren Wellen) die Quelle größer erscheinen läßt, als sie wirklich ist und daß sie sich bei noch kürzeren Wellenlängen als noch kompakter erwiese. Die gleiche Stelle scheint auch eine Quelle intensiver Infrarotstrahlung zu sein.

Diese Radioemissionen gehören nicht in die gleiche Kategorie wie jene, die von den gewaltigen Radiogalaxien empfangen werden, und es ist nicht sicher, ob ihr Erzeugungsmechanismus ähnlich ist. Seitdem die Autoren für die Quelle Erklärungen wie eine dicht gedrängte Gruppe von Sternen oder eine Supernova betrachten, zitieren sie Vorschläge, die die verschiedenen im Zentrum der Galaxis beobachteten Phänomene durch ein Schwarzes Loch erklären wollen. Sie erwähnen die Anregung von Lynden-Bell, die sich auf die Energiemaschine in den Kernen von Galaxien bezieht und seine Bemerkung, daß die Entdeckung einer kompakten Radioquelle ein Test der Hypothese wäre.

Am 26. April 1976 gelang es der Navy-Gruppe, bei einer Raketenbeobachtung des Kerngebietes vier diskrete Quellen intensiver Röntgenstrahlung zu entdecken. Keine stimmte jedoch mit der Radioquelle Sagittarius A West oder einer Infrarotquelle überein. Das bedeutete, daß die Röntgenstrahlen nicht aus der zentralen „Maschine" kommen mußten. Trotzdem, berichteten sie, seien ihre Ergebnisse mit einem massereichen Schwarzen Loch im Kern verträglich, in dessen Umgebung die für Röntgenstrahlung nötigen Temperaturen nicht erreicht würden. Dies, bemerkten sie, passe zu einer Vorstellung von Lynden-Bell und Rees, daß ultraviolette Strahlung aus dem Kern eine umgebende Staubwolke aufheize. Dieser heiße Staub erzeuge dann die beobachtete infrarote Strahlung.

Obwohl sich der Kern unserer Milchstraße zur Zeit „gut benimmt", gibt es Beweise für periodische Explosionen. Friedman führt aus: „Eine krapfenförmige Wolke, die die Masse von 100 Millionen Sonnen enthält, umgibt den Kern und zieht wie ein gigantischer Rauchring nach außen. Ihr Durchmesser beträgt etwa 1600 Lichtjahre, sie expandiert mit mehr als 410 000 Kilometern je Stunde, was auf eine große Explosion vor nur einer Million Jahren schließen läßt. Noch weiter draußen befindet sich eine schnell rotierende Scheibe, die mit 1,6 Millionen Kilometern je Stunde expandiert und auf eine noch frühere Explosion hinweist.

Der Niederländer Jan H. Oort, Senior der europäischen Radioastronomen, sagte 1977, als er die Erkenntnisse über den Kern zusammenfaßte, daß eine „ultrakompakte" Radioquelle – kleiner als das Sonnensystem, ein Sandkorn im Vergleich mit der Milchstraße – „wahrscheinlich das wirkliche Zentrum unserer Galaxis ist. Sie könnte die Masse von fünf Millionen Sonnen besitzen, und es besteht der Verdacht, daß sie die ‚Maschine' enthalten könnte, die für die vielen explosiven Ereignisse verantwortlich ist, welche man überall in der zentralen Region beobachtet."

Bedeutet dies also, daß die „Maschine", die Radiogalaxien auseinandersprengt und Quasare mit außerordentlicher Helligkeit scheinen läßt, im Kern unseres eigenen Sternsystems glimmt? Dies scheint nun durchaus möglich.

---

* (Großvater von Charles), *Economy of Vegetation*, Canto IV (1792).

16 Epilog

Stern um Stern wird vom hohen Himmelsbogen fallen,
Sonnen in Sonnen verschmelzen, Systeme Systeme zermalmen,
Kopfüber, erloschen in ein finsteres Zentrum sinken,
Und Tod und Nacht und Chaos alles durchdringen.

ERASMUS DARWIN*

Die in diesem Buch erzählte Geschichte kann hier nicht enden. Wir wissen nicht mit Sicherheit, ob das Universum offen oder abgeschlossen ist (beispielsweise durch zahllose Schwarze Löcher). Wir wissen nicht, ob Schwarze Löcher als solche existieren und ob in ihrem Inneren Singularitäten Verbindungen mit anderen Bereichen von Raum und Zeit herstellen. Vielleicht wird uns die „kosmische Zensur" für immer die Antwort auf diese Fragen vorenthalten. Wenn das Universum ewig expandiert, werden die Sterne einer nach dem anderen zu Weißen Zwergen, Neutronensternen und Schwarzen Löchern kollabieren (oder zu einem anderen superdichten Zustand). Die Weißen Zwerge kühlen sich zu Schwarzen Zwergen ab. Die Pulsare strahlen ihre Energie ab und erschöpfen sich. Das Ende wird aus allumfassender Dunkelheit bestehen.

Wenn das Universum, was viele aus philosophischen Gründen vorziehen, seine Expansion umkehrt und kollabiert, um vielleicht als Teil eines Zyklus ohne Anfang und Ende ein neues Universum zu gebären, sind die Aussichten für jemanden, der zur Zeit des Kollapses lebt, nicht besser.

Obwohl wir nicht wissen, welches Schicksal das Universum erwartet oder ob Schwarze Löcher genauso existieren, wie sie die Allgemeine Relativitätstheorie vorhersagt, lassen die Beobachtungen der letzten Jahre kaum einen Zweifel aufkommen, daß Gravitationskollaps massiver Objekte stattfindet und daß – wahrscheinlich auf diese Weise – Energie in einem Ausmaß erzeugt wird, das weit außerhalb dessen liegt, was man früher für möglich hielt. Wenn ein supermassiver Kollaps nicht in einem Schwarzen Loch endet, muß er in einem anderen Zustand enden. Mit großer Wahrscheinlichkeit beobachten wir in Cyg X-1, M 87 und anderswo solche Objekte. So hat sich die Gravitation, die schwächste uns bekannte Kraft und die einzige, mit der wir engen täglichen Kontakt haben, als die gewaltigste aller Energiequellen erwiesen. Bei einem Kollaps großen Ausmaßes kann sie in katastrophalem Umfang einen Teil der Energie wiederherstellen, die das Universum zu Beginn explodieren ließ.

Wir wissen auch, daß die Voraussetzungen, die nach unserer begrenzten Kenntnis der Physik zu Schwarzen Löchern führen sollten, gegeben sind: Sterne von solch enormer Masse, daß keine bekannte Kraft ihren Kollaps aufhalten kann, wenn ihr inneres Feuer erlischt. Mit der Geschwindigkeit eines Blitzes sollten sie die Dichte eines Weißen Zwerges, eines Neutronensterns überschreiten und in einen Zustand unendlicher Dichte in einem unendlich kleinen Volumen übergehen. Aus Experiment und Beobachtung wissen wir, daß die Vorhersagen der Relativitätstheorie über die Krümmung des Raums und die Verlangsamung der Zeit zumindest in weniger extremen Situationen richtig sind. Wenn diese Effekte beim Tod eines supermassiven Sterns nicht modifiziert werden, führt der Kollaps im Blickpunkt von jemandem, der in das Loch fällt, schnell zu einer Singularität, wo Raum und Zeit verschwinden (oder „anderswohin" führen). Für einen äußeren Beobachter hat die starke Schwerkraft des Lochs zur Folge, daß die Zeit praktisch zum Stillstand kommt, so daß der Kollaps, wäre er sichtbar, scheinbar stehenbliebe.

Da weder Licht noch andere Strahlung einem solchen Objekt entkommen kann (außer in der von Hawking vorhergesagten Weise), ist der Nachweis Schwarzer Löcher äußerst schwierig – wie die Auseinandersetzung um Cyg X-1 zeigte. Doch, wie in diesem Buch berichtet, ist es keine Frage, daß weniger massiver Kollaps stattfindet, wobei Weiße Zwerge und Neutronensterne (die sich als Radiopulsare oder, in Doppelsternsystemen, als Röntgenpulsare manifestieren) entstehen. Diese Objekte zeigen so extreme Dichte, Rotation, Magnetfelder und (bei den Röntgenpulsaren) Temperatur, daß die „Unendlichkeiten" eines Schwarzen Lochs plausibler werden. Folglich sind nun Astrophysiker von höchstem Ansehen überzeugt, daß Schwarze Löcher existieren, ebenso wie andere, genauso qualifizierte, skeptisch sind.

Wenn wir lernen, was beim Kollaps großer Materieanhäufungen wirklich passiert, könnte dies eine Antwort auf die fundamentalere Frage geben, was passiert, wenn das ganze Universum kollabiert. Würde es zu einem neuen Universum wiederauferstehen oder in einer Singularität verschwinden? Vielleicht werden wir ein neues Niveau von Naturgesetzen entdecken. Der Radioastronom Edward Harrison erwähnte die Revolution, die in der Physik stattfand, als man erkannte, daß die Gesetze, die für Planeten, Steine, Sandkörner gelten, auf atomarem Niveau zusammenbrechen und daß neue Gesetze – die Quantenmechanik – eingeführt werden mußten. Wird das gleiche, fragte er, in der entgegengesetzten Richtung bei sehr großen, massiven Objekten gelten? Oder werden wir erraten, was sich beim Kollaps supermassiver Riesensterne oder gar des ganzen Universums ereignet, wenn wir schließlich die kleinsten Dinge, etwa Quarks, verstehen?

Es befriedigt besonders bei wissenschaftlichen Forschungen, daß keine Wahrheit absolut ist. Keine Theorie, die versucht, die Natur zu beschreiben, kann endgültig sein. In den letzten Jahren haben uns neue Beobachtungsmittel – riesige optische und Radioteleskope, von Raketen emporgetragene oder in Umlaufbahn geschossene Instrumente – eine Unmenge neuer Wunder enthüllt, darunter Pulsare, Quasare, Röntgendoppelsterne und sogar die „Glut" des ursprünglichen Feuerballs (oder des Sternenlichts vergangener oder künftiger Universen). Selbst die wildesten Phantasien früherer Generationen konnten solche Vorstellungen nicht hervorbringen – nicht einmal die alten Griechen mit ihrer Vision vom Donnerkeile schleudernden Zeus oder die Isländer mit ihrer Legende vom Riesen Ymir, dessen Haut der Himmel, dessen Knochen die Felsen der Erde und dessen Blut das Meer wurde.

Obwohl die Menschheit seit Hunderttausenden von Jahren ehrfürchtig zum Himmel sieht, war es erst unserer Generation möglich, weit genug hinauszublicken, um die Nähe des „Anfangs" zu erreichen. Jedes Tor, das wir im Universum öffnen, scheint uns jedoch nicht die letzte Antwort zu enthüllen, sondern weitere zu öffnende Tore bereitzuhalten. Mit unseren Beobachtungsinstrumenten in Satelliten und einer Vielzahl weiterer neuer Methoden werden wir zwangsläufig neue Tore finden. Es könnte gut sein, daß die Suche niemals enden wird, solange unsere Nachkommen zum Himmel blicken.

LITERATURVERZEICHNIS

Der Verfasser hat ein sehr umfangreiches Quellenmaterial sorgfältig ausgewertet und im Text jeweils zitiert. Wir beschränken uns hier auf die wichtigsten und nach Kapiteln geordneten Quellenangaben.

KAPITEL 1

Baxter, J.; und Atkins, Th.: *The Fire Came By,* Garden City, N.Y.: Doubleday & Company, 1976; S. 161–165 weitere Literaturhinweise.

Beasley, W. H.; und Tinsley, B.A.: „Tungus event was not caused by a black hole", *Nature,* Vol. 250 (1974) S. 555–556.

Ben-Menahem, A.: „Source parameters of the Siberian explosion of June 30, 1908, from analysis and synthesis of seismic signals at four stations", *Physics of the Earth and Planetary Interiors,* Vol. 11 (1975), S. 1–34.

Brown, J. C.; und Hughes, D. W.: „Tunguska's comet and non-thermal ^{14}C production in the atmosphere", *Nature,* Vol. 268 (1977) S. 512–514.

Fesenkow, V. G.: „On the origin of comets and their importance for the cosmogony of the solar system", in *The Motion, Evolution of Orbits, and Origin of Comets,* Chebotarev, G. A., und andere Herausgeber, IAU Symposium Nr. 45, D. Reidel, Dordrecht (1972) S. 409–412.

Hawking, St.: „Gravitationally collapsed objects of very low mass", *Monthly Notices of the Royal Astronomical Society,* Vol. 152 (1971) S. 75–78.

Jackson, A. A. IV; und Ryan, M. P. jun.: „Was the Tungus event due to a black hole?" *Nature,* Vol. 245 (1973) S. 88–89.

Jones, G. H. S.: „High–explosive analogue of the Tunguska event", *Nature,* Vol. 267 (1977) S. 605; s. a. den Kommentar von B. W. Augenstein: *Nature,* Vol. 269 (1977), S. 355.

Kresak, L.: „The Tunguska object: a fragment of the comet Encke?" Bulletin, Astronomical Institutes of Czechoslovakia, Vol. 29 (1978) S. 129–134.

Krinow, E. L.: „Commentary on Kulik's The Tunguska Meteorite", *Source Book in Astronomy 1900–1950,* Herausgeber Harlow Shapley. Cambridge, Mass.: Harvard University Press (1960) S. 79–81.

Rich, Vera: „The 70-year-old mystery of Siberia's big bang", *Nature,* Vol. 274 (1978) S. 207.

Whipple, F. L.: „Comments on the 1908 Tunguska explosion", *Astronomical Journal,* Vol. 80 (1975) S. 530.

Solotow, A. V.: „The possiblity of ‚thermal' explosion and the structure of the Tungus meteorite", *Soviet Physics–Doklady,* Vol. 12 (1967) S. 101–104.

KAPITEL 2

Chandrasekhar, S.: „The density of white-dwarf stars", *The London Edinburgh and Dublin Philosophical Magazine and Journal of Science,* Vol. 11 (1931) S. 592–596.

Chandrasekhar, S.: „The increasing role of general relativity in astronomy", Halley Lecture for 1972, *Observatory,* Vol. 92 (1972) S. 160–174.

Compton, A. H.: *Atomic Quest.* New York: Oxford University Press, 1956, S. 144.

Newton, I.: *Optiks, Source Book in Astronomy 1900–1950,* Herausgeber Harlow Shapley. Cambridge, Mass.: Harvard University Press, 1960, S. 343.

KAPITEL 3

Baade, W.; und Zwicky, F.: „Supernovae and cosmic rays", abstract from December 1933 meeting of American Physical Society, in *Physical Review*, Vol. 45 (1934) S. 138.

Baade, W.; und Zwicky, F.: „Origin of stellar energy", *Nature*, Vol. 141 (1938) S. 333–334.

Zwicky, F.: „On collapsed neutron stars", *Astrophysical Journal*, Vol. 88 (1938) S. 522–225.

KAPITEL 4

Chandrasekhar, S.: „Verifying the theory of relativity", *Notes and Records of the Royal Society of London*, Vol. 30 (Januar 1976) S. 249–260

Clark, Ronald W.: *Einstein–The Life and Times.* New York: Thomas Y. Crowell Company, 1971, S. 228–229.

Hafele, J. C.; und Keating, R. E.: „Around-the-world atomic clocks: predicted relativistic time gains" and „Around-the-world atomic clocks: observed relativistic time gains", *Science*, Vol. 177 (1972) S. 166–168 und s. 168–170.

Kaufmann, W. J.: *The Cosmic Frontiers of General Relativity.* Boston: Little Brown, 1977.

KAPITEL 5

Eddington, A. S.: *The Internal Constitution of the Stars.* London: Cambr. Uni. Press, 1926, S. 6.

Laplace, P. S.: *Exposition du Système du monde*, 2. Ausgabe Paris: „An VII", S. 546–549.

Oppenheimer, J. R.; und Volkoff, G. M.: „On massive neutron cores", *Physical Review*, Vol. 55 (1939) S. 374–381.

KAPITEL 6

Hoyle, F.; und Fowler, W. A., „On the nature of strong radio sources", *Monthly Notices of the Royal Astronomical Society*, Vol. 125 (1963) S. 199–176.

Hoyle, F.; Fowler, W. A.; Burbidge, G. R.; und Burbidge, E. Margaret: „On relativistic astrophysics", *Astrophysical Journal*, Vol. 139 (1964) S. 909–928.

Robinson, I.; Schild, A.; und Schucking, E. L. (Herausgeber): *Quasi-stellar Sources and Gravitational Collapse-Including the Proceedings of the First Texas Symposium on Relativistic Astrophysics*, Chicago, Ill.: University of Chicago Press, 1965, S. xi–xvii.

KAPITEL 7

Alfvén, H.; und Elvius, Aina: „Antimatter, quasi-stellar objects, and the evolution of galaxies", *Science*, Vol. 164 (1969) S. 911–917.

Apparao, K. M. V.; Bignami, G. F.; Maraschi, L; Helmken, H.; Margon, B.; Hjellming, R.; Bradt, H. V.; und Dower, R. G.: „4U0241+61: A luminous low-redshift QSO", *Nature*, Vol. 273 (1978) S. 450–453.

Dicke, R. H.; Peebles, P. J. E.; Roll, P. G.; und Wilkinson, D. T.: „Cosmic black-body radiation", *Astrophysical Journal*, Vol. 142 (1965) S. 414–419.

Disney, M. J.; und Véron, Ph.: „BL Lacertae Objects", *Scientific American*, Vol. 237 (August 1977) S. 32–39.

Eachus, Lola J.; und Liller, W.: „Photometric histories of QSOs: 3C 279, the most variable and possibly most luminous QSO yet studied", *Astrophysical Journal*, Vol. 200 (1975) S. L61–L62.

Gottlieb, Elaine W.; und Liller, W.: „The historical light curve of PKS 2134+004, a highly luminous QSO", *Astrophysical Journal*, Vol. 222 (1978) S. L1–L2.

Greenstein, J. L.; und Matthews, Th. A.: „Red-shift of the unusual radio source 3C 48", *Nature*, Vol. 197 (1963) S. 1041–1042.

Hoyle, F.; und Burbidge, G. R.: „Relation between the red-shifts of quasi-stellar objects and their radio and optical magnitudes", *Nature*, Vol. 210 (1966) S. 1346–1347.

Metz, W. D.: „New light on quasars: Unraveling the mystery of BL Lacertae", *Science*, Vol. 200 (1978) s. 1031–1033.

Morrison, Ph.: „Resolving the mystery of the quasars?" *Physics Today*, Vol. 26 (März 1973) S. 23–29.

Penzias, A. A.; und Wilson, R. W.: „A measurement of excess antenna temperature at 4080 Mc/s", *Astrophysical Journal*, Vol. 142 (1965) S. 419–421.

Sandage, A.: „The existence of a major new constituent of the universe: The quasi-stellar galaxies", *Astrophysical Journal,* Vol. 141 (1965) S. 1560–1578.

Schmidt, M.: „Quasi-stellar objects", *Science Journal,* Vol. 2 (Oktober 1966) S. 77–83.

Terrell, J.: „Quasi-stellar diameters and intensity fluctuations", *Science,* Vol. 145 (1964) S. 918–919.

Weinberg, St.: *The First Three Minutes: A Modern View of the Origin of the Universe.* New York: Basic Books, 1977.

Wheeler, J. A.: „Geons", *Physical Review,* Vol. 97 (1955) S. 511–536.

Kapitel 8

Baade, W.: „The Crab Nebula", *Astrophysical Journal,* Vol. 96 (1942) S. 188–198.

Bowyer, S.; Byram, E. T.; Chubb, T. A.; und Friedman, H.: „X-ray sources in the galaxy", *Nature,* Vol. 201 (1964) S. 1307–1308.

Burnell, S. Jocelyn Bell: „Petit Four", *Eighth Texas Symposium on Relativistic Astrophysics, Annals of the New York Academy of Sciences,* Vol. 302 (1977) S. 685–689.

Gold, T.: „Thomas Gold talks about pulsars–the key to cosmic rays?" *Scientific Research* (Cornell University) (9. Juni 1969) S. 32–36.

Green, L. C.: „Pulsars today" (Parts I and II), *Sky and Telescope,* Vol. 40 (November und Dezember 1970) S. 260–262, 357–360.

Gunn, J. E.; und Ostriker, J. P.: „Magnetic dipole radiation from pulsars," *Nature,* Vol. 221 (1969) S. 454–456.

Hewish, A.: „Pulsars and high-density physics" (Nobel Lecture), *Science,* Vol. 188 (1976) S. 1079–1083.

Hewish, A.; Bell S. J.; Pilkington, J. D. H.; Scott, P. F.; und Collins, R. A.: „Observation of a rapidly pulsating radio source", *Nature,* Vol. 217 (1968), S. 709-713.

Wade, N.: „Discovery of pulsars: A graduate student's story", *Science,* Vol. 189 (1975) S. 358–364.

Warnow, Joan N. (Herausgeber): „Moments of discovery: Optical pulsars", *The Living History of Physics and the Human Dimension of Science,* Center for History of Physics, American Institute of Physics.

Kapitel 9

Bwyer, S.; Byram, E. T.; Chubb, T. A.; und Friedman, H.: „Cosmic X-ray sources", *Science,* Vol. 147 (1965) S. 394–398.

Friedman, H.: „Reminiscences of thirty years of space research", *NRL Report 8113,* Naval Research Laboratory, Washington, D.C. (August 1977).

Giacconi, R.; Murray, S.; Gursky, H.; Kellogg, E.; Schreier, E.; und Tananbaum, H.: „The *Uhuru* catalogue of X-ray sources", *Astrophysical Journal,* Vol. 178 (1972) S. 281–308.

Giacconi, R.; und Gursky, H. (Herausgeber): *X-ray Astonomy,* Dordrecht, Holland: D. Reidel 1974. S. 1–23.

Gursky, H.; Giacconi, R.; Gorenstein, P.; Waters, J. R.; Oda, M.; Bradt, H.; Garmire, G.; und Sreekantan, B. V.: „A measurement of the location of the X-ray source Sco X-1", *Astrophysical Journal,* Vol. 146 (1966) S. 310–316.

Johnson, H. M.; und Stephenson, C. B.: „A possible old nova near Sco X-1", *Astrophysical Journal,* Vol. 146 (1966) S. 602–604.

Oda, M.; Clark, G.; Garmire, G.; Wada, M.; Giacconi, R.; Gursky, H.; und Waters, J.; „Angular sizes of the X-ray sources in Scorpio and Sagittarius", *Nature,* Vol. 205 (1965) S. 554–555.

Sandage, A. R.; Osmer, P.; Giacconi, R.; Gorenstein, P.; Gursky, H.; Waters, J.; Bradt, H.; Garmire, G.; Sreekantan, B. V.; Oda, M.; Osawa, K.; und Jugaku, J.; „On the optical identification of Sco X-2", *Astrophysical Journal,* Vol. 146 (1966) S. 316–321.

Kapitel 10

Bahcall, J. N.; und Bahcall, Neta A.: „The period and light curve of HZ Herculis", *Astrophysical Journal,* Vol. 178 (1972) S. L1–L4.

Bolton, C. T.: „Dimensions of the binary system HDE 226868–Cygnus X-1", *Nature Physical Science,* Vol. 240 (1972) S. 124–126.

250

Boynton, P. E.: „The Clockwork Wonder", in *Physics and Astrophysics of Neutron Stars and Block Holes*, Herausgeber R. Giacconi und R. Rufino. Amsterdam: North Holland Publishing Co., 1978.

Bradt, H.; und Giacconi, R. (Herausgeber): *X- and Gamma-ray Astronomy*, Dordrecht, Holland: D. Reidel, 1973, IAU-Symposium in Madrid, 11. bis 13. Mai 1972.

Braes, L. L. E.; und Miley, G. K.: „Another correlated X-ray-radio transition in Cygnus X-1", *Nature*, Vol. 264 (1976) S. 731–732.

Coe, M. J.; Engel, A. R.; und Quenby, J. J.: „Anti-correlated hard and soft X-ray intensity variations of the black-hole candidates Cyg X-1 and A0620-00", *Nature*, Vol. 259 (1976) S. 544–545.

Cominsky, L.; Clark, G. W.; Li, F.; Mayer, W.; und Rappaport, S.: „Discovery of 3.6-s X-ray pulsations from 4U0115+63", *Nature*, Vol. 273 (1978) S. 367–369.

Cooke, B. A.; und Pounds, K. A.: „Further high-sensitivity X-ray sky survey from the Southern Hemisphere", *Nature Physical Science*, Vol. 229 (1971) S. 144–147.

Forman, W.; Jones, Christine A.; und Liller, W.: „Optical studies of *Uhuru* sources. III. Optical variations of the X-ray eclipsing system HZ Herculis", *Astrophysical Journal*, Vol. 177 (1977) S. L103–L107.

Friedman, H.: „Cosmic X-ray sources: A progress report", *Science*, Vol. 181 (1973) S. 395–407.

Giacconi, R.; Gursky, H.; Kellogg, E.; Schreier, E.; und Tananbaum, H.: „Discovery of periodic X-ray pulsations in Centaurus X-3 from *Uhuru*", *Astrophysical Journal*, Vol. 167 (1971) S. L67–L73.

Gottlieb, Elaine W.; Wright, Ed. L.; and Liller, W.: „Optical studies of *Uhuru* sources. XI. A probable period for Scorpius X-1 = V818 Scorpii", *Astrophysical Journal*, Vol. 195 (1975) S. L33–L35.

Heise, J.; Brinkman, A. C.; Schrijver, J.; Mewe, R.; den Boggende, A.; und Gronenschild, E.: „X-ray observations of Cyg X-1 with ANS", *Nature*, Vol. 256 (1975) S. 107–108.

Hjellming, R. M; Gibson, D. M.; und Owen, F. N.: „Another major change in the radio source associated with Cyg X-1", *Nature*, Vol. 256 (1975) S. 111–112.

Holt, S. S.; Boldt, E. A.; Serlemitsos, P. J.; Kaluzienski, L. J.; Pravdo, S. H.; Peacock, A.; Elvis, M.; Watson, M. G.; and Pounds, K. A.: „Evidence for a 17-d periodicity from Cyg X-3", *Nature*, Vol. 260 (1976) S. 592–594.

Liller, W.: „The story of AM Herculis", *Sky and Telescope*, Vol. 53 (Mai 1977) S. 351-354.

McClintock, J. E.; Rappaport, S.; Joss, P. C.; Bradt, H.; Buff, J.; Clark, G. W.; Hearn, D.; Lewin, W. H. G.; Matilsky, T.; Mayer, W.; und Primini, F.: „Discovery of a 283-second periodic variation in the X-ray source 3U 0900-40", *Astrophysical Journal*, Vol. 206 (1976) S. L99–L102.

Michanowsky, G.: *The Once and Future Star*. New York: Hawthorne Books, 1977.

Rao, U. R.; Kasturirangan, K.; Sharma, D. P.; und Radha, M. S.: „Observations of Cyg X-1 from Aryabhata", *Nature*, Vol. 260 (1976) S. 307–308.

Sanford, P. W.; Ives, J. C.; Burnell, S. J. Bell; Mason, K. O.; und Murdin, P.: „Ariel V and Copernicus measurements of the X-ray variability of Cyg X-1", *Nature*, Vol. 256 (1975) S. 109–111.

Schreier, E.; Giacconi, R.; Gursky, H.; Kellogg, E.; und Tananbaum, H.: „Discovery of the binary nature of SMC X-1 from *Uhuru*", *Astrophysical Journal*, Vol. 178 (1972) S. L71–L75.

Schklowski, I. S.: „On the nature of the source of X-ray emission of Sco XR-1," *Astrophysical Journal*, Vol. 148 (1966) S. L1–L4.

Sommer, M.; Maurus, H.; und Urbach, R.: „The hard X-ray spectrum of Cyg X-1 during the transition in November 1975", *Nature*, Vol. 263 (1976) S. 752–753.

Wade, C. M.; und Hjellming, R. M.: „Position and identification of the Cygnus X-1 radio source", *Nature*, Vol. 235 (1972) S. 271.

Wilson, A. M.; und Carpenter, G. F.: „X-ray outburst from Circinus X-1", *Nature*, Vol 261 (1976) S. 295-296.

Wright, E. L.; Gottlieb e. W.; und Liller W.: „Optical studies of *Uhuru* sources. XII. The light curve of Scorpius X-1 V818 Scorpii, 1889–1974", *Astrophysical Journal*, Vol. 200 (1975) S. 171–176.

KAPITEL 11

Bahcall, John N.: „Masses of neutron stars and black holes in X-ray binaries", *Annual Review of Astronomy and Astrophysics*, Vol. 16 (1978) S. 241–264.

Bahcall, J. N.; Dyson, F. J.; und Katz, J. I.: „Multiple star systems and X-ray sources", *Astrophysical Journal*, Vol. 189 (1974) S. L17–L18.

Brecher, K.; und Caporaso, G.: „‚Neutron‘ stars within the laws of physics", *Eight Texas Symposium on Relativistic Astrophysics, Annals of the New York Academy of Sciences,* Vol. 302 (1977) S. 471–481.

Bregman, J.; Butler, D.; Kemper, E.; Koski, A.; Kraft, R. P.; und Stone, R. P. S.: „On the distance to Cygnus X-1 (HDE 226868)", *Astrophysical Journal,* Vol. 185 (1973) S. L117–L120.

Cameron, A. G. W.: „Evidence for a collapsar in the binary system E Aur", *Nature,* Vol. 229 (1971) S. 178-180.

Colgate, St. A.: „Ejection of companion objects by supernovae", *Nature,* Vol. 225 (1970) S. 247–248.

Connors, P. A.; und Stark, R. F.: „Observable gravitational effects on polarised radiation coming from near a black hole", *Nature,* Vol. 269 (1977) S. 128–129.

DeWitt S.; und DeWitt, B. S., (Herausgeber): *Black Holes.* New York: Gordon & Breach, 1973.

Dolan, J. F.; Crannell, C. J.; Dennis, B. R.; Frost, K. J.; und Orwig, L. E.: „Intensity transitions in Cyg XR-1 observed at high energies from OSO 8", *Nature,* Vol. 267 (1977 S. 813–815.

Fabian, A. C.; Pringle, J. E.; und Whelan, J. A. J.: „Is Cyg X-1 a neutron star?" *Nature,* Vol. 247 (1974) S. 351–352.

Fechner, W. B.; und Joss, P. C.: „Quark stars with ‚realistic‘ equations of state", *Nature,* Vol. 274 (1978) S. 347–349.

Gursky, H.; und Ruffini, R. (Herausgeber): *Neutron Stars, Black Holes and Binary X-ray Sources.* Dordrecht: D. Reidel, 1975. Astrophysics and Space Science Library, Vol. 48.

Joss, P. C.; und Rappaport, S. A.: „Observational constraints on the masses of neutron stars", *Nature,* Vol. 264 (1976) S. 219–222.

Leach, R. W.; und Ruffini, R.: „On the masses of X-ray sources", *Astrophysical Journal,* Vol. 180 (1973) S. L15–L18.

Margon, B.; Bowyer, St.; and Stone, R. P. S.: „On the distance to Cygnus X-1", *Astrophysical Journal,* Vol. 185 (1973) S. L113–L116.

Metz, W. D.: „Astronomy from an X-ray satellite: Measuring the mass of a neutron star", *Science,* Vol. 179 (1973) S. 884–885.

Polidan, R. S.; Pollard, G. S. G.; Sanford, P. W.; und Locke, M. C.: „X-ray emission from the companion to V861Sco", *Nature,* Vol. 275 (1978) S. 296–297.

Rappaport, S.; Joss, P. C.; und McClintock, J. E.: „The 3U 0900–40 binary system: Orbital elements and masses", *Astrophysical Journal,* Vol. 206 (1976) S. L103–L106.

Rothschild, R. E.; Boldt, E. A.; Holt, S. S.; und Serlemitsos, P. J.: „Submillisecond measurements of the low state of Cygnus X-1", *Astrophysical Journal,* Vol. 213 (1977) S. 818–826.

Schakura, N. I.; und Sunjajew, R. A.: „A theory of the instability of disk accretion on to black holes and the variability of binary X-ray sources, galactic nuclei and quasars", *Monthly Notices of the Royal Astronomical Society,* Vol. 175 (1976) S. 613–632.

Thorne, Kip S.; und Price, Richard H.: „Cygnus X-1: An interpretation of the spectrum and its variability," *Astrophysical Jorunal,* Vol. 195 (1975) S. L101-L105.

Weisskopf, M. C.; und Sutherland, P. G.: „On the physical reality of the millisecond bursts in Cygnus X-1: Bursts and shot noise", *Astrophysical Journal,* Vol. 221 (1978) S. 228–233.

KAPITEL 12

Bardeen, J. M.; Carter, B.; und Hawking, S. W.: „The four laws of black-hole mechanics", *Communications ins Mathematical Physics,* Vol. 31 (1973) S. 161–170.

Chapline, G. F.: „Cosmological effects of primordial black holes", *Nature,* Vol. 253 (1975) S. 251–252.

Davies, P. C. W.: „Supertechnology", *New Scientist,* Vol. 77 (1978) S. 787–788.

Davies, P. C. W.; und Taylor, J. G.: „Do black holes really explode?" *Nature,* Vol. 250 (1974) S. 37–38.

DeWitt, C.; und DeWitt, B. S., (Herausgeber): *Black Holes.* New York: Gordon & Breach, 1973.

Gibbons, G.: „Black holes are hot", *New Scientist,* Vol. 69 (8. Januar 1976) S. 54–56.

Hawking, S. W.: „The quantum mechanics of black holes", *Scientific American,* Vol. 236 (Januar 1977) S. 34–40.

Jelley, J. V.; Baird, G. A.; und O'Mongain, E.: „Comments on the optical and radio detection of black hole explosions", *Nature,* Vol. 267 (1977) S. 499–500.

Kaufmann, W. J.: III. *Relativity and Cosmology.* New York: Harper & Row, 1973,3, Kap. 6 und 7.

Lake, K.; und Roeder, R. C.: „The present appearance of white holes", *Nature,* Vol. 273 (1978) S. 449–450.

Meikle, W. P. S.: „Upper limits for the radio pulse emission rate from exploding black holes", *Nature,* Vol. 269 (1977) S. 41–42.

Overbye, D.: „Out from under the cosmic censor: Stephen Hawking's black holes", *Sky and Telescope,* Vol. 54 (1977) S. 84–108.

Pathria, R. K.: „The universe as a black hole", *Nature,* Vol. 240 (1972) S. 298-299; s.a. *Science News,* Vol. 105 (1974) S. 99.

Penrose, R.: Black holes and gravitational theory", *Nature,* Vol. 236 (1972) S. 377–380.

Porter, N. A.; and Weekes, T. C.: „Optical pulses from primordial black hole explosions," *Nature,* Vol. 267 (1977), S. 500–501.

Press, W.; und Teukolsky, S. A.: „Perturbations of a rotating black hole. II. Dynamical stability of the Kerr metric", *Astrophysical Journal,* Vol. 185 (1973) S. 649–673.

Rees, M., Ruffini, R.; und Wheeler, J. A.: *Black Holes, Gravitational Waves and Cosmology.* New York: Gordon & Breach, 1975, S. 51, 286–307.

Simpson, M.; und Penrose, R.: „Internal instability in a Reissner-Nordström black hole", *International Journal of Theoretical Physics,* Vol. 7 (1973) S. 183–197.

Wood, L.; Weaver, Th.; und Nuckolls, J.: „New approaches to CTR: General relativistic power plants", *Annals of the New York Academy of Sciences,* Vol. 251 (1975) S. 623–631.

KAPITEL 13

Bolyai, F.: in „Geometry, non-Euclidean", Encyclopaedia Britannica (Macropaedia), Vol. 7 (1976) S. 1113.

Burbidge, G.: „Was there really a big bang?" *Nature,* Vol. 233 (1971) S. 36–40.

Davies, P. C. W.: „A new theory of the universe", *Nature,* Vol. 255 (1975) S. 191–192.

Dicke, R. H.; Peebles, P. J. E.; Roll, P. G.; und Wilkindson, D.T.: „Cosmic black-body radiation", *Astrophysical Journal,* Vol. 142 (1965) S. 414–419.

Einstein, A., in: *The Principle of Relativity,* H. A. Lorentz, und andere. London: Methuen, 1923. *Physics Today,* Vol. 30 (Juni 1977) S. 34.

Hoyle, F.; und Narlikar, J. V.: „On the effects of nonconservation of baryons in cosmology", *Proceedings of the Royal Society of London,* Serie A, Vol. 290 (1966) S. 143–161.

Narlikar, J. V.: „Singularity and matter creation in cosmological models", *Nature Physical Science,* Vol. 242 (1973) S. 135–136.

Thomsen, D. E.: „Cosmology according to Hoyle", *Science News,* Vol. 107 (14. Juni 1975) S. 386–387.

KAPITEL 14

Bekenstein, J. D.: „Black holes and entropy", *Physical Review D–Particles and Fields,* Vol. 7 (1973) S. 2333–2346.

Davies, P. C. W.: „Closed time as an explanation of the black body background radiation", *Nature Physical Science,* Vol. 240 (1972) S. 3–5; s. a. Kommentar in *Nature,* Vol. 240 (1972) S. 15.

Gal-Or, B.: „The crisis about the origin of irreversibility and time anisotropy", *Science,* Vol. 176 (1972) S. 11–17.

Peat, F. D.: „Black holes and temporal ordering", *Nature,* Vol. 239 (1972) S. 387.

Sachs, R. G.: „Time reversal", *Science,*Vol. 176 (1972) S. 587–597.

Thomsen, D. E.: „A cosmological triple play–Is ours only one of three universes?" *Science News,* Vol. 105 (16. Februar 1974) S. 109.

Tipler, F. J.: „Black holes in closed universes", *Nature,* Vol. 270 (1977) S. 500–501.

Wheeler, J. A.: „At last a sane look at the ‚arrow of time‘", *Physics Today,* Vol. 28 (Juni 1975) S. 49–50.

KAPITEL 15

Clark, G. W.; Jernigan, J. G.; Bradt, H.; Canizares, C.; Lewin, W. H. G.; Li, F. K.; Mayer, W.; und McClintock, J.: „Recurrent brief X-ray bursts from the globular cluster NGC 6624", *Astrophysical Journal,* Vol. 207 (1976) S. L105–L108.

Evans, W. D.; Belian, R. D.; und Connor, J. P.: „Observations of intense cosmic X-ray bursts", *Astrophysical Journal,* Vol. 207 (1976) S. L91–L94.

Fabian, A. C.; Maccagni, D.; Res, M. J.; und Stoeger, W. R.: „The nucleus of Centaurus A", *Nature,* Vol. 260 (1976) S. 683–685.

Field, G. B.; und Perrenod, St. C.: „Constraints on a dense hot intergalactic medium", *Astrophysical Journal,* Vol. 215 (1977) S. 717–722.

Forman, W.; und Jones, C.: *„Uhuru* observations of a X-ray burst at high galactic latitude centered on the X-ray globular cluster NGC 1851", *Astrophysical Journal,* Vol. 207 (1976) S. L177–L180.

Forman, W.; Jones, Christine; Cominsky, L.; Julien, P.; Murray, Stephen; Peters, Geraldine; Tananbaum, H.; und Giacconi, R.: „Fourth *Uhuru* catalogue of X-ray sources", *Astrophysical Journal* (Supplement) Vol. 38, Nr. 4 (1978).

Green, L. C.: „Some new developments in X-ray astronomy", *Sky and Telescope,* Vol. 53 (Mai 1977) S. 340–343.

Grindlay, J. E.: „Diffuse γ-ray background from Seyfert galaxies", *Nature,* Vol. 273 (1978) S. 211.

Grindlay, J.; Gursky, H.; Schnopper, H.; Parsignault, D. R.; Heise, J.; Brinkman, A. C.; und Schrijver, J.: „Discovery of intense X-ray bursts from the globular cluster NGC 6624", *Astrophysical Journal,* Vol. 205 (1976) S. L127–L130.

Harrison, E. R.: „Has the sun a companion star?" *Nature,* Vol. 270 (1977) S. 324–326.

Henrichs, H. F.; und Staller, R. F. A.: „Has the sun really got a companion star?" *Nature,* Vol. 273 (1978) S. 132–134.

Hughes, V. A.; und Viner, M. R.: „W3 (OH): a ‚runaway' compact object?" *Astrophysical Journal,* Vol. 222 (1976) S. L27–L31.

Joss, P. C.; und Rappaport, S.: „A simple physical model for X-ray burst sources", *Nature,* Vol. 265 (1976) 222–224.

Kellermann, K. I.; Shaffer, D. B.; und Clark, B. G.: „The small radio source at the galactic center", *Astrophysical Journal,* Vol. 214 (1977) S. L61–L62.

Lewin, W. H. G.; Hoffman, J. A.; Doty, J.; Hearn, D. R.; Clark, G. W.; Jernigan, J. G.; Li, F. K.; McClintock, J. E.; und Richardson, J.: „Discovery of X-ray bursts from several sources near the galactic centre", *Monthly Notices of the Royal Astronomical Society,* Vol. 177 (1976) S. 83p–92p.

Lewin, W. H. G.: „X-ray burst sources", *Monthly Notices of the Royal Astronomical Society,* Vol. 179 (1977) S. 43–53.

Liller, M. H. und Liller, W.: „Preliminary photometry of the X-ray globular cluster NGC 6624", *Astrophysical Journal,* Vol. 207 (1976) S. L109–L111.

Liller, W.: „Optical Observations of X-ray globular clusters", *Annals of the New York Academy of Sciences,* Vol. 302 (1977) S. 248–260.

Murray, S. S.; Forman, W.; Jones, C.; und Giacconi, R.: „Evidence for X-ray emission from superclusters of galaxis determined from *Uhuru*", *Astrophysical Journal,* Vol. 219 (1978) S. L89–L93.

Oort, J. H.: „The galactic center", *Annual Review of Astronomy and Astrophysics,* Vol. 15 (1977) S. 295–362.

Pounds, K. A.: „The Ariel V high latitude catalogue", *Annals of the New York Academy of Sciences,* Vol. 302 (1977) S. 361–385.

Pounds, K.: „Rise and fall of an X-ray star", *New Scientist,* Vol. 69 (4. März 1976) S. 494–496.

Readhead, A. C. S.; Cohen, M. H.; und Blandford, R. D.: „A jet in the nucleus of NGC 6251", *Nature,* Vol. 272 (1978) S. 131–134.

Sargent, W. L. W.; Young, Peter J.; Boksenberg, A.; Shortridge, Keith; Lynds, C. R.; und Hartwick, F. D. A.: „Dynamical evidence for a central mass concentration in the galaxy M87", *Astrophysical Journal,* Vol. 221 (1978) S. 731–744.

Seward, F. D.; und Liller, W.: „Was the bright transient X-ray source Centaurus XR-4 a globular cluster?" *Publications of the Astronomical Society of the Pacific,* Vol. 89 (1977) S. 696–698.

254

Tarter, Jill C.: „Some problems with the interpretation of recent microwave background observations in the direction of galaxy clusters, or, beware of negative antenna temperatures", *Astrophysical Journal,* Vol. 220 (1978) S. 749–755.

Wheeler, J. C.; und Shields, G. A.: „Origin of the black hole in Cyg X-1", *Nature,* Vol. 259 (1976) S. 642–643.

Waggett, P. C.; Warner, P. J.; und Baldwin, J. E.: „NGC 6251, a very large radio galaxy with an exceptional jet", *Monthly Notices of the Royal Astronomical Society,* Vol. 181 (1977) S. 465–474.

Wolfendale, A. W.: „Origin of the diffuse cosmic gamma rays", *Nature,* Vol. 274 (1978) S. 314–315.

Wolfendale, A. W.; und Worrall, Diana M.: „Cosmic rays near the galactic centre", *Nature,* Vol. 263 (1976) S. 482–483.

Young, P. J.; Westphal, J. A.; Kristian, J.; Wilson, Ch. P.; und Landauer, F. P.: „Evidence for a supermassive object in the nucleus of the galaxy M87 from SIT and CCD area photometry", *Astrophysical Journal,* Vol. 221 (1978) S. 721–730.

Zusätzliche Quellenhinweise:
Random House, Inc. gab die Erlaubnis für den Auszug auf den Seiten 81 bis 83 aus *The Changing Universe,* © 1956 John Pfeiffer.
University of Chicago Press gestattete den Auszug auf Seite 104 aus *Quasi-Stellar Sources and Gravitational Collapse,* Ivor Robinson et al., © 1965 University of Chicago.

Zusätzliche Bildhinweise:
AIP Niels Bohr Library (Seite 52), The Hale Observatories (Seite 100), Australia's Commonwealth Scientific and Industrial Research Organization (Seite 120), Department of Defense (Seite 162), The Hale Observatories (Seite 206), Cerro Tololo Inter-American Observaroty (Seite 245).

REGISTER

258

259

261

INDEKS. Gesellschaft
für Indexierung & Klas-
sifikationssysteme mbH
D-6000 Frankfurt/M. 50